高等教育面向 21 世纪现代农业特色"十四五"系列教材

智慧农业测控技术与装备

主　编　黄伟锋　朱立学
副主编　付根平　黄沛琛　张世昂

U0205994

西南交通大学出版社
·成都·

内容提要

"智慧农业测控技术与装备"是高等农林渔牧类院校农业工程、环境科学、水产养殖、土地利用与管理、园艺（果树、蔬菜、花卉）、园林、植物保护、自动化等专业的一门重要课程。它不仅直接服务于农业生产领域，而且服务于环境生态建设、海洋利用、资源合理利用与保护、农业持续发展等领域，是学生素质教育必不可少的课程之一。本书既可作为农学、农机、水产、环境、园艺、园林、植保、自动化等专业本科和农业推广领域硕士研究生的教材，也可供从事现代农业相关领域的教学、培训科技人员参考。

图书在版编目（ＣＩＰ）数据

智慧农业测控技术与装备 / 黄伟锋，朱立学主编

. —成都：西南交通大学出版社，2021.9

高等教育面向 21 世纪现代农业特色"十四五"系列教材

ISBN 978-7-5643-8226-1

Ⅰ. ①智… Ⅱ. ①黄… ②朱… Ⅲ. ①信息技术 – 应用 – 农业 – 高等学校 – 教材 Ⅳ. ①S126

中国版本图书馆 CIP 数据核字（2021）第 174646 号

高等教育面向 21 世纪现代农业特色"十四五"系列教材

Zhihui Nongye Cekong Jishu yu Zhuangbei

智慧农业测控技术与装备

主编 黄伟锋　朱立学

责任编辑	陈　斌
封面设计	何东琳设计工作室

出版发行	西南交通大学出版社 （四川省成都市金牛区二环路北一段 111 号 西南交通大学创新大厦 21 楼）
邮政编码	610031
发行部电话	028-87600564　028-87600533
网址	http://www.xnjdcbs.com
印刷	四川煤田地质制图印刷厂

成品尺寸	185 mm×260 mm
印张	15.75
字数	392 千
版次	2021 年 9 月第 1 版
印次	2021 年 9 月第 1 次
定价	45.00 元
书号	ISBN 978-7-5643-8226-1

课件咨询电话：028-81435775

本书编委会

主　　编：黄伟锋　朱立学

副 主 编：付根平　黄沛琛　张世昂

编　　者：（以姓氏笔画为序）

王旭东（仲恺农业工程学院）

付根平（仲恺农业工程学院）

张世昂（仲恺农业工程学院）

张瑞华（仲恺农业工程学院）

刘少达（仲恺农业工程学院）

朱立学（仲恺农业工程学院）

吴卓葵（仲恺农业工程学院）

林江娇（仲恺农业工程学院）

周玉梅（仲恺农业工程学院）

俞国燕（广东海洋大学）

莫冬炎（仲恺农业工程学院）

黄伟锋（仲恺农业工程学院）

黄沛琛（仲恺农业工程学院）

本书是高等教育面向 21 世纪现代农业特色"十四五"系列教材之一。全书由仲恺农业工程学院、广东海洋大学等高校联合编写。在编写过程中，我们遵循"继承与创新"原则，广泛收集了本领域国内外最新研究成果，力求编写出适应我国现代农业高等教育需要、整体水平较高的新教材。

本书是为适应 21 世纪现代农业发展高等教育教学改革而编写的一门综合性特色教材，同时本课程是高等农林院校农业工程、环境科学、园林园艺、植物保护、自动化等专业的一门重要课程。该教材紧扣各专业对智慧农业控制技术的知识要求，着重介绍现代智慧农业（包括智慧园艺、智慧渔业、智慧畜禽等）的控制技术与装备，体现出现代农业工厂化、人工化、智慧化生产中的新知识、新技术、新动向，有利于扩展学生的专业领域视野，为智慧农业生产与管理提供必需的理论和专业知识。内容以智慧园艺生产技术为中心，将智慧农业生产中的控制技术与装备有机地融合成一个整体。除智慧园艺基本内容外，还拓展了智慧畜禽养殖、智慧渔业的控制技术与装备等新内容，反映了本学科的前沿发展动向。在研究方法手段上，本书将信息技术、生物工程技术以及现代化测试技术应用于现代智慧农业生产中，不仅直接服务于农业生产领域，而且服务于农业生产建设、资源合理利用与保护、农业持续发展等领域，是专业素质教育必不可少的课程之一。

全书共由九章构成。第一章绪论概述了智慧农业的概念、类型、发展历程和发展现状；第二章智慧农业检测技术基础则从农业检测技术的基本概念出发，分析了设施农业中的测量方法与误差，介绍了农用传感器技术和设施农业过程参数的检测技术；第三章智慧农业控制技术基础主要介绍了自动控制的基本概念、农用控制系统的数学模型和农用控制系统的性能；第四章智慧农业机器人运动学建模和运动轨迹规划介绍了果园、田间机器人运动学基础和路径规划方法；第五章智慧设施栽培控制技术与装备包括地膜覆盖技术、园艺作物温室栽培控制技术、植物工厂的控制技术与装备等；第六章智慧畜禽环境工程控制技术与装备对工厂化养殖控制技术、塑料暖棚饲养畜禽控制技术及其他畜牧业控制技术与装备等均做了介绍；第七章智慧渔业控制技术与装备介绍了工厂化养殖控制技术与装备、海水网箱养殖控制技术与装备等；第八章智慧农业控制技术与装备案例介绍了国内外智慧农业的发展趋势，包括智慧园艺、智慧畜牧业和智慧渔业的发展趋势；第九章为实验与课程设计。全书各章前后呼应，对智慧农业基本理论及控制技术做了较系统的论述，尤其增加了近些年出现的新技术，并突出了新时代中国特色现代农业。

本书的编写分工如下：第一章由朱立学编写，第二、三章由黄伟锋、吴卓葵和张世昂编写，第四章由付根平编写，第五、六章由张瑞华编写，第七章由俞国燕编写，第八章由黄沛琛、俞国燕、林江娇编写，第九章由周玉梅、俞国燕编写。王旭东、刘少达、莫冬炎对本书的编写亦有贡献。全书由朱立学、黄伟锋负责统稿、润色、修改、定稿。

本书承蒙华南农业大学洪添胜教授悉心审阅，并提出了许多宝贵意见和建议。同时，本书参阅了近年来国内外同行的大量论著、文献，部分虽已列入参考文献，尚有不少未及一一列出，在此一并致谢。

限于编者水平，本书难免有诸多不足，诚望同行和广大读者批评指正。

编 者

2021 年 5 月于广州

【目录】 >>>>

绪　论

1.1　智慧农业概述

智慧农业是以信息和知识为核心要素，通过将互联网、物联网、大数据、云计算、人工智能等现代信息技术与农业深度融合，实现农业信息感知、定量决策、智能控制、精准投入、个性化服务的全新农业生产方式，是农业信息化发展从数字化到网络化再到智能化的高级阶段。现代农业有三大科技要素：品种是核心，设施装备是支撑，信息技术是质量水平提升的手段。智慧农业完美融合了以上三大科技要素，对农业发展具有里程碑意义。智慧农业具有技术集约和资本集约的特点，可以大大提高农业资源的利用率、农产品的产量和质量，获得很高的产出率，又能有效地保护农业生态环境。它不仅使单位面积产量及畜禽个体生产量大幅度增长，而且保证了农牧产品，尤其是蔬菜、瓜果和肉、蛋、奶的全年均衡供应。它是解决农业发展、资源及环境三大基本问题的重要途径。

智慧农业通过生产领域的智能化、经营领域的差异性以及服务领域的全方位等信息服务，推动农业产业链改造升级，实现农业精细化、高效化与绿色化，保障农产品的安全、农业竞争力的提升和农业的可持续发展。智慧农业是智慧经济的重要组成部分，是智慧城市发展的重要方面。对于发展中国家而言，智慧农业是消除贫困、实现后发优势、经济发展后来居上、实现赶超战略的主要途径。

1.1.1　智慧农业的特征

智慧农业是运用工程智慧技术，营造局部范围改善或创造出适宜的保护性环境空间，为动植物生长发育提供良好的环境条件而进行有效生产的农业。智慧农业就是利用人工建造的智慧成果，为种植业、养殖业等提供较适宜的环境条件，以期将农业生物的遗传潜力变为现实的巨大生产力，获得高产、优质、高效的农、畜、水产品。狭义的智慧农业就是充分应用现代信息技术成果，集成应用计算机与网络技术、物联网技术、音视频技术、无线通信技术及专家智慧与知识，实现农业可视化远程诊断、远程控制、灾变预警等智能管理的农业生产新模式（见图 1-1）。广义的智慧农业是指将云计算、传感网、5S 等多种信息技术在农业中综合、全面的应用（见图 1-2）。

现代农业相对于传统农业，是一个新的发展阶段和渐变过程。智慧农业既是现代农业的重要内容和标志，也是对现代农业的继承和发展。智慧农业的基本特征是高效、集约，核心是信息、知识和技术在农业各个环节的广泛应用。智慧农业是一个产业，它是现代信息化技术与人类经验、智慧的结合及其应用所产生的新的农业形态。在智慧农业环境下，现代信息技术得到充分应用，可最大限度地把人的智慧转变为先进的生产力。智慧农业将知识要素融入其中，实现资本要素和劳动要素的投入效应最大化，使得信息、知识成为驱动经济增长的主导因素，使农业增长方式从依赖自然资源向依赖信息资源和知识资源转变。因此，智慧农业也是低碳经济时代农业发展形态的必然选择，符合人类可持续发展的愿望。智慧农业被列入政府主导推动的新兴产业，它与现代农业同步发展，使现代农业的内涵更加丰富，时代性更加鲜明，先进性更加突出，这必将极大地提升农业现代化的发展步伐。

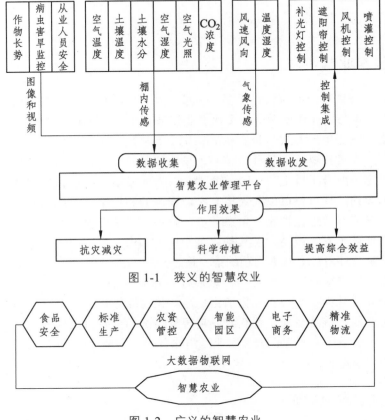

图 1-1　狭义的智慧农业

图 1-2　广义的智慧农业

1.1.2　智慧农业的类型

智慧农业按主体不同，可以分为两种类型：

（1）智慧栽培——目前主要是蔬菜、花卉及瓜果类的智慧栽培，其主要智慧有各类温室、塑料棚和人工气候室及其配套设备等。对比传统农业，智慧农业的蔬菜无须栽种于土壤，甚至无须自然光，但产量却可达到常规种植的 3～5 倍；农作物的灌溉和施肥无须人工劳作，而由水肥一体化灌溉系统精准完成，比大田漫灌节水 70%～80%；种植空间不只限于平面，还可垂直立体，土地节约高达 80%；可利用无人机打农药，大棚采摘可利用机器人。传统农业的耕地、收割、晒谷、加工已全程实现机械化。

（2）智慧养殖——目前主要是畜禽、水产品及特种动物的智慧养殖，其主要智慧有各类保温、遮阴棚舍和现代集约化饲养畜禽舍及配套的智慧设备。养殖户采用高科技饲养家禽。农村里的鸡舍、猪舍也实现了现代化管理，养殖户通过智能系统可以实现自动喂食、喂水，自动清洗动物粪便，还可以通过物联网监测与控制舍内环境，为鸡与猪创造良好的生长环境，肉、蛋的品质自然也就提高了。

1.2　世界智慧农业发展的历程

1.2.1　国外智慧农业发展的历程

1. 国外智慧栽培发展的历史

在国外，公元前 4 世纪已有著作记述植物被种在保护地上生长；到了公元初期的罗马时代，已利用透明的云母片覆盖黄瓜、果树等，使之提早成熟；到了 15 ~ 16 世纪，英格兰、荷兰、法国和日本等国家就开始建造简易的温室，栽培时令蔬菜或小水果。20 世纪 50 ~ 60 年代，美国、加拿大的温室发展与生产达到高峰。欧洲的荷兰、德国的温室工业化生产业已兴起。20 世纪 60 年代，美国成功研制无土栽培技术，使温室栽培技术产生一次大变革。1980 年，全世界用于蔬菜生产的温室面积达 16.5 万 hm^2（1 hm^2=10^4 m^2），年总产值达 300 亿美元；用于花卉生产的温室达 5.5 万 hm^2，年总产值达 160 亿美元。这个时期，亚洲和地中海地区温室数量迅速增加。欧洲南部的温室主要生产蔬菜，而北欧的温室则主要生产附加值高的鲜花和观赏植物。

2. 国外智慧养殖发展的历史

在国外，畜禽智慧养殖发展较晚，20 世纪 30 年代人工合成维生素的成功和蛋白质工业的出现，40 年代饲料添加剂的问世，随着饲料工业的发展，促使畜牧养殖业向现代化、集约化方向发展。50 年代以后开始相继出现工厂化养鸡、养猪和养牛。经过多年实践，智慧养殖业的生产方式及工程配套技术逐步成熟，并根据气候特点，形成了具有当地区域特点的工艺模式。至 20 世纪 80 年代末、90 年代初，已分别形成了各气候区的猪、肉鸡、蛋鸡、牛、羊等的养殖工艺和配套智慧标准化设计。日本作为世界上最先采用工业成套设备从事鱼类养殖的国家之一，开始阶段以养鲤为主，后来扩大到养鳗、鲟、香鱼和黑鲷等鱼类，生产目的也扩展为亲鱼培育和苗种繁殖等。

1.2.2　我国智慧农业发展的历史

1. 我国智慧栽培发展的历史

我国是智慧栽培起源最早且历史悠久的国家，在 2 000 多年前已使用温室（温室的雏形）栽培多种蔬菜。20 世纪 40 年代在智慧蔬菜生产上已少量应用风障、阳畦、简易覆盖及土温室；50 年代大量应用近地覆盖、风障、冷床、温床覆盖、土温室等。面积不断扩大，水平不断提高，以后出现了改良阳畦、北京改良温室、加温温室以及鞍山式温室，多以玻璃为透明覆盖材料；50 年代末，在华北地区曾经建造过屋脊型大型玻璃温室；50 年代末、60 年代初，发展了塑料小棚覆盖及大型温室，以阳畦、温室、日光温室、塑料中小棚为主体的智慧栽培取得迅速发展；70 年代在东北、华北、西北的广大地区普及推广，成为智慧栽培的新热点，有力推动了我国智慧栽培向新的高度发展，塑料大棚也由简单的竹木结构向竹木水泥混合结构、焊接式短柱钢结构、薄壁热镀锌钢管组装式大棚发展；70 年代中后期，生产水平迅速提高，我国开始自己设计和建造自动化程度较高的现代化连栋玻璃温室。

20 世纪 90 年代中期，随着改革开放的深入，我国国民经济进入重要的转型期，由于农业结构调整的需要，给我国智慧栽培和现代温室的发展带来了更大的动力和活力。几乎全国所有的省、市、自治区都引进了温室。在引进温室成套智慧硬件的同时，还引进了配套品种、栽培技术、专家系统等软件成套技术，总体上取得了很大的成功和良好的效果，对我国现代温室、智慧栽培和温室制造业等，起到了非常明显的促进作用。随着我国第二次大规模引进国外现代温室的高潮及取得的成功，形成现代温室市场的巨大潜力，带动了我国温室业的快速发展。与此同时，各地各级政府掀起了兴建现代农业高新技术示范园区的热潮，进一步促进了我国温室业的快速发展，使我国的智慧栽培进入了一个蓬勃发展的新阶段。

2. 我国智慧养殖发展的历史

我国早在公元前 5 世纪就有水产养殖的记载，这是迄今为止世界上最早的养鱼记载。到了近代，水产养殖得到稳定的发展。20 世纪 60 年代，随着家鱼人工繁殖技术的推广普及，人工孵化智慧的日臻完善，在技术上使淡水渔业得到快速发展。大约从 1973 年开始，我国在湖泊水库中进行了成功试验并逐渐推广，但真正大规模高效益的应用是在 20 世纪 80 年代。改革开放的政策催化了渔业生产力的飞跃发展。在以后的 20 多年中，我国渔业，尤其水产养殖业获得迅猛发展。

在我国，从 20 世纪 60 年代初起步从事机械化养鸡，到 70 年代中期在广东、北京、上海等十多个大中城市郊区建立了一批规模较大的工厂化养鸡场和养猪场，在这些养殖场内都不同程度地进行了舍内环境控制。实践证明这些智慧设施在稳定肉蛋奶的供应方面发挥了显著的作用，获得了巨大的社会效益和经济效益。我国发展规模化智慧畜牧业较晚。80 年代初，广东及沿海城市建成多个万头现代化养猪场。与之相适应，一批现代化饲料加工厂随之兴建。

1.3 世界智慧农业的发展现状

1.3.1 国外智慧农业的发展现状

智慧农业已成为当今世界现代农业发展的大趋势，世界多个发达国家和地区的政府和组织相继推出了智慧农业发展计划。据国际咨询机构研究与市场（Research and Market）预测，到 2025 年，全球智慧农业市值将达到 300.1 亿美元，发展最快的是亚太地区（中国和印度），2017—2025 年复合增长率（Compound Annual Growth Rate，CAGR）达到 11.5%，主要内容包括大田精准农业、智慧畜牧业、智慧渔业、智能温室，主要技术包括遥感与传感器技术、农业大数据与云计算服务技术、智能化农业装备（如无人机、机器人）等。智慧农业的发展以生产优质产品为目标，其技术创新贯穿于相关的各个环节。智慧园艺技术日新月异，国外发展迅速，发达国家的智慧园艺已具备了技术成套、智慧设备完善、生产技术规范、质量保证性强、产量稳定等特点；形成了智慧制造、环控调控、生产资材为一体的多功能体系，并在向高层次、高科技以及自动化、智能化和网络化方向发展，实现了周年生产、均衡上市。智慧园艺正朝自动化、无人化的方向发展，其主要目的是提高控制及作业精度，提高作业效率，增加作业者的舒适性及安全性。遥测技术、网络技术、控制局域网已逐渐应用于温室的管理与控制中，温室网络管理体系可将环境调控、灌溉系统及营养液供给系统作为一个整体，实现远程控制。

1. 环境因子的调控

创造适宜的园艺作物生长发育环境，使其生长良好，是智慧园艺环境调控的主要目的和智慧园艺的主要任务。环境控制的主要内容是温湿度的自动调节，灌水水量、水温自动调节，CO_2 施肥自动调节，温室通风换气自动调节等。环境调控由单因子控制向多因子综合控制方向发展，主要通过计算机来控制温室环境因子。它将作物在不同生长发育阶段要求的适宜环境条件编制成计算机程序，当某一环境因子发生改变时，其余因子自动做出相应修正或调整。一般以光照条件为始变因子，温度、湿度和 CO_2 浓度为随变因子，使这四个主要环境因子随时处于最佳配合状态，创造作物最佳的生长环境。

2. 作业自动化

随着经济的发展，劳动力成本越来越高，智慧园艺生产中控制投入成本显得十分重要。智慧栽培中耕耘、育苗、定植、收获、包装等作业种类繁多，像摘叶、防病、搬运等作业需要反复进行，要投入大量的劳动力。又由于设施内高温、高湿等不良劳动环境，实现自动化将大大提高劳动效率。因此，发明了机器人移苗机、嫁接机、收获机等。移苗机可以进行大量种苗移栽的繁重劳动，并能辨别好苗和坏苗，可把好苗准确地移栽到预定的位置上，而把坏苗剔除。机器人还能根据光的反射和折射原理，准确地测定植物需水量，从而进行灌溉控制。嫁接机可以准确进行蔬菜秧苗的嫁接，从而节省劳力。收获机可以根据作物的成熟度进行适期收获。这些机器人的应用为设施节能、施肥、经营管理提供了方便。

3. 智能控制

一些国家在实现了作业和控制自动化的同时进行了人工智能的广泛应用研究，如将专家系统应用于温室的管理、决策、咨询等方面，并开发了大量的软件。在温室自动控制技术和生产实践的基础上，通过总结、收集农业领域知识、技术和各种试验数据构建专家系统，以植物生长的数学模型为理论依据，研究开发出适合不同作物生长的温室专家控制系统。这种智能化的控制技术将农业专家系统与温室自动控制技术有机结合，以温室综合环境因子作为采集与分析对象，通过专家系统的咨询与决策，给出不同时期作物生长所需要的最佳环境参数，并且依据此最佳参数对实时测得的数据进行模糊处理，自动选择合理、优化的调整方案，控制执行机构的相应动作，实现温室的智能化管理与生产。农业专家系统为我们提供了一种全新的处理复杂农业问题的思想方法和技术手段。它能够根据温室环境条件和作物生长状况，应用适当的知识和规则，推理决策出最适合作物生长的温室环境。

将农业专家系统应用于温室的实时监控与自动调控是温室发展的新亮点。这种控制方式既能体现作物生长的内在规律，发挥农业专家在农业生产中的指导作用，又可充分利用计算机技术的优势，使系统的调控非常方便和有效，实现温室的完全智能化控制。因此，温室专家控制系统技术是一种比较理想、有发展前途的控制方式。

4. 区域化布局

根据自然环境、消费需求进行温室的合理布局，达到最大利用自然能源的目的，从而达到节能、高效的目的。法国、西班牙、英国、德国、荷兰、比利时、卢森堡，由于地理环境的不同，气候生态类型也不尽相同。英国和荷兰属于海洋性气候；德国、比利时、卢森堡属于海洋性气候向大陆性气候过渡地带；法国西部、中部属于海洋性气候，东部是大陆性气候；最复杂的是西班牙，北部是温带海洋性气候，中部为大陆性气候，西部为地中海气候。根据区域气候生态类型，布局智慧园艺的区域分布，能有效、合理地利用各种资源，取得较好的生产效果。区域化布局是规模化经营发展的需要。它的最大优点就是根据智慧园艺作物对生态气候条件的选择，充分合理利用自然资源，在最适合它生长发育的地方充分发挥其生产效率，形成优质品质，取得最好的生产效果。根据市场的需要进行必要的产业结构调整，能高效、合理地利用资源，取得事半功倍的成效。

1.3.2 我国智慧农业的发展现状

近年来，在政府的大力支持下，我国智慧农业发展迅速，农村网络基础设施建设得到加强，"互联网+现代农业"行动取得了显著成效，实现了用数据管理农产品的服务，引导产销。截至 2018 年 7 月，以山东、河南等为代表的全国 18 个省市开展了整省建制的信息进村入户工程，全国 1/3 的行政村（约 20.4 万个村）建立了益农信息社，农村信息综合服务能力不断提升。广东、浙江等 14 个省市开展了农业电子商务试点，电子商务进农村综合示范工程已累计支持了近 800 个县，在农业物联网工程区域试点，形成了近 500 项节本增效农业物联网产品技术和应用模式。围绕设施温室智能化管理的需求，自主研制出了一批设施农业作物环境信息传感器、多回路智能控制器、节水灌溉控制器、水肥一体化等技术产品，这对提高我国温室智能化管理水平发挥了重要作用。我国精准农业关键技术取得重要突破，建立了天空地一体化的作物氮素快速信息获取技术体系，可实现省域、县域、农场、田块不同空间尺度和作物不同生育时期时间尺度的作物氮素营养监测；研制的基于北斗自动导航与测控技术的农业机械，在新疆棉花精准种植中发挥了重要作用；研制的农机深松作业监测系统解决了作业面积和质量人工核查难的问题，得到了大面积应用。在所有的智慧栽培面积中，大型现代化温室的增长速度最快，并正在成为中国智慧农业中最具热点的产业之一，同时，与之相关的温室材料、温室配套智慧、温室作业机具等也得到了巨大发展。

1. 工厂化高效农业示范工程的实施效果明显

为了加速我国农业现代化进程，针对我国人口众多、资源短缺、环境恶化、农业基础设施薄弱、抗御自然灾害能力不强、智慧园艺环境控制能力差等问题，本着立足国内目前生产上存在的问题，总结提高，引进国外先进技术，消化、吸收、集成、创新，形成有中国特色的工厂化高效农业体系。特别是科技部在"九五""十五"期间组织实施了"工厂化高效农业示范工程"，在种子种苗、园艺设施、栽培技术、环境控制、配套工程等方面进行了广泛的研究、开发和推广、应用，使我国智慧园艺的科技水平和生产能力得到了飞跃式的提高，促进我国现代农业的发展，同时引导我国农业从粗放型、传统的经营方式向现代集约高效农业转变。

2. 现代园艺设施初具规模

一批由我国自行设计、制造，具有中国特色的现代温室设施拔地而起，大量的温室制造及配件生产企业如雨后春笋般地出现，大型连栋温室制造已形成产业，国产率高达 90%，基本取代了进口温室。在吸收国外先进成果和经验的同时，紧密结合我国实际，按照现代农业设施标准设计、建造了具有我国自主知识产权的 10 余种优型温室设施，较国外产品价格降低40%，节能 30%～45%，现代化园艺设施及配套技术开始展现出来，为我国工厂化农业的发展打下了坚实基础。

3. 开始研究温室作物模型和环境模型

借鉴我国对作物模型研究的成果和经验，对温室作物模型进行了研究。江苏省农业科学院、南京农业大学、中国农业大学等在大田作物模型方面的研究走在全国的前列，同时也进行了温室作物模型方面的研究，其他一些经济发达地区凭借资金和人才的优势也开始了相关的研究。不少科研院校对温室内的温度、湿度、光照、病虫害等环境因子做了比较深入的研究，提出了一些温室环境控制模型，从而促进了我国温室智能化控制水平的提高和专家系统的开发、利用。

4. 种子、种苗技术创新成绩显著

在"工厂化高效农业示范工程"实施过程中，我国从国外引进了大量种质资源和优良品种，同时筛选和培育了适合我国不同气候区域、不同设施类型的作物新品种，使智慧园艺栽培品种更新换代，有些品种和种子可以取代进口材料；建立了一批现代化穴盘育苗工厂，初步实现了蔬菜、花卉等作物育苗的规范化、良种化、标准化和商品化，将我国育苗产业大大地推进了一步。

5. 智慧作物栽培实现优质、高产、高效

建立了温室主栽作物高产、稳产、规范的量化管理指标，开发计算机辅助决策系统和无公害蔬菜病虫害综合防治系统，智慧栽培产品的产量和品质有了较大的提高。温室黄瓜最高产量达到 30 kg/m²、番茄达 33 kg/m²、甜椒达 13 kg/m²，节水 30%，产品商品率提高 10%，病虫害防效达 90% 以上，农药用量减少 30%～50%，实现了智慧园艺的无公害生产。无土栽培技术得到了广泛的推广应用，同时制定了数十种蔬菜、花卉作物无土栽培技术规程。智慧园艺生产显示了较好的社会效益、经济效益及生态效益。

6. 园艺智慧环境综合调控技术明显提高

通过技术引进、自主创新，上海自行设计制造了我国首座面积为 3 300 m² 的智能化连栋塑料温室，其智能化、自动化环境调控系统及配套装置以及设备仪器等技术先进、性能稳定，可与国际接轨。创新建造的辽沈 I 型日光温室、华北双层充气连栋温室、适于东南地区的系列连栋节能温室等，环境控制关键技术已达到国际先进水平，在我国适宜地区已推广应用。

在温室环境控制设备及技术研究方面，浙江大学、中国农业大学、吉林大学、江苏大学等在基于单片机应用条件下的工业现场控制技术、远程通信系统及接口技术、虚拟现实技术、分布式网络控制技术、蓝牙技术等方面在温室中的应用做了大量的研究工作，取得了一定的成就，国产的温室控制系统开始在一些农业园区中使用。在从以色列、美国、日本、荷兰等

国引进了许多先进的现代化温室的基础上，吸收、消化和创新地进行温室内部温度、湿度、光照、CO_2浓度等环境因子控制技术的综合研究，先后建立了温室环境自动检测系统，可以自动调节温室内温度、湿度、光照及 CO_2 浓度等参数；建立了以节能为目标的温室微机控制系统；智能喷水器可根据环境的变化，自动调节喷水量等。

7. 智慧园艺标准化初见成效

中国温室行业在借鉴国外温室行业、总结国内温室行业发展经验的基础上，相继出台了一些温室行业标准。温室企业也自发起草和编写自己的企业标准，通过继续努力，温室行业中将有一大批相关标准面世，届时温室行业发展将会真正走向标准化、规范化时代。在栽培管理上，也制定了一些智慧园艺作物栽培的标准化技术规程。

1.4　智慧畜牧业的国内外发展现状

1.4.1　国外智慧畜牧业发展现状

为了给现代化畜禽场提供获得最佳经济效益所需的环境条件，畜牧业发达国家在畜禽生产装置和设备上投入了大量资金，以提高产品率和劳动生产力。在国外，以人工智能为代表的新一代信息技术正在加速畜牧业向科技型、标准化产业转型升级，智慧畜牧作为智慧农业的典型应用方案得到了广泛的研究与实践。

1. 工厂化养殖畜禽技术

工厂化养殖畜禽是为畜禽舍创造最适宜的卫生环境和小气候，以机械、电器代替手工进行劳动，以先进的畜牧业技术（包括饲料配合、现代饲养管理方式及先进的繁殖技术）改善生产流程从而取得高的劳动生产率、好的饲料效率、最大的经济效益，达到高产、高效、优质、低耗的目标。

工厂化养殖畜禽自 20 世纪 70 年代兴起，现在已发展到工厂化养鸡、工厂化养猪、工厂化养肉羊和工厂化养奶牛等生产领域。其中，以工厂化养鸡规模最大、效益最高，广泛被采用。目前，许多经济发达国家的工厂化养鸡场都采取了全封闭式自动环控禽舍。这样成本虽高，但鸡不会感染疾病，同时，由于人工控制环境温度和饲料等，所以鸡产肉、蛋更多。发展中国家则普遍利用自然条件的有利因素，研制简易节能和利用新能源的环控鸡舍，以尽可能少的投入获得尽可能多的畜禽产品，保障畜牧生产的最大经济效益。

2. 塑料暖棚饲养畜禽技术

在寒冷地区，冬季用塑料棚养殖畜禽，因成本低廉，近年也获得较多应用。一般用厚度300 mm 的两层薄膜，中间用聚苯乙烯填充保温，内壁膜一般用白色或银色以反射光与热，外层多用黑色塑料膜以增加热量吸入。目前，主要用于养鸡、猪、羊等，经济效益也比较高。

3. 草地围栏及供水系统

利用太阳能、电围栏以及放牧场防冻供水系统是现代化草地建设最基本的措施，美国、澳大利亚等国已普遍采用。

4. 其他畜牧业的设施

目前，国外研制出的畜牧业设施还包括：先进的装卸、运输家畜（禽）的装置和设备；保护畜禽免受气候、疾病和应激因素影响的设施；饲料储藏、调制加工的装置和设备；有效地处理和利用畜禽粪便的装置。

1.4.2　国内智慧畜牧业研究与生产现状

改革开放以来，我国畜禽规模养殖和种畜禽生产得到长足发展。目前，我国畜牧业发展正处在转型关键期，社会资本正在逐渐进入畜牧行业，规模化、标准化，尤其是集科研、生产、营销一体化的畜牧企业正在蓬勃发展，散养、小规模养殖、小规模饲料厂、兽药厂在逐渐退出，畜牧企业的品牌意识在逐渐增强，我国畜牧业正朝着高效、环保、可持续发展方向发展，未来 10～20 年我国畜牧业将赶上或超过发达国家，畜产品质量安全会得到有效保障。但是，与国际先进水平相比，与农业现代化发展要求相对照，我国畜牧业在整体装备水平上尚处于由传统型生产向局部机械化、自动化和集约化生产过渡的阶段。其基本特点是：

1. 不同类型的畜种具有其特定的设施装备

目前，生猪生产设施装备应用的重点是母猪繁育和仔猪培育环节，主要采用母猪限位笼养、分娩床和仔猪网上培育；种猪舍建筑设有母猪配种保胎舍、仔猪培育舍、育成舍。商品猪生产大多采用自动饮水设备，部分猪场采用机械刮粪设备。家禽生产设施装备应用的重点是孵化设备、自动饮水设备、蛋鸡笼养设备、肉鸡平养设施、肉鸭高床饲养设施。奶牛生产设施装备应用的重点是机械化挤奶设备，一般奶牛场使用简便推车式挤奶器，大型规模化奶牛场采用管道式挤奶系统和集中式挤奶厅。肉羊生产设施相对简陋，应用最多的是舍饲高床。

2. 智慧畜牧生产地区发展不平衡

目前，我国尚未形成智慧畜牧业社会生产体系，地区间智慧畜牧生产发展不平衡。广大农村仍处于"后院养殖业"的状态，缺乏统一规划，畜禽群舍过于集中，生产管理又过于分散，畜禽交错，人畜混杂。大城市郊区虽有分区规划，但多数养殖场自净能力很差，粪污处理功能不健全、不完善，甚至无处理即行排放，导致污染，形成公害。经济发达地区规模化养殖场的设施化水平相对较高，规模化起步早、发展快、比例高，明显高于经济不发达地区。由于规模化养殖场对设施的要求高，因此设施装备水平相对较高。

3. 种畜禽场智慧化水平较高

种畜禽场是实施畜禽品种改良的依托，也是科技水平和经济效益较高的行业，因此，其设施装备水平也较高。一些大型种猪场不仅拥有种猪测定室、疫病诊断室、饲料化验室等设施设备，其全场种猪生产甚至实行全进全出全封闭。

4. 规模养殖场粪便及污水处理设施开始应用

养殖企业的环保意识不断增强，但总体水平不高。例如，在江苏太湖流域，环境污染治理工作得到各级政府的高度重视，太湖周边地区的畜禽规模养殖场被列为重点治理对象，迫使这些养殖场兴建了粪便污水处理设施，提高了畜禽养殖行业的环境保护意识。

1.5 智慧渔业的国内外发展现状

1.5.1 国外智慧渔业发展现状

国外智慧渔业主要包括工厂化养殖、网箱养殖和休闲渔业等。智慧渔业是指大渔业中的养殖业和休闲渔业。智慧渔业相对于传统的养鱼业，是由粗放式的养殖技术向集约化养殖技术发展。与传统粗放型养殖模式相比，智慧渔业具有明显的优点：① 智慧渔业运用了先进的养殖与控制技术，其机械化、自动化程度较高；② 智慧渔业通过循环用水和污水处理，实现高密度养殖并能节约水资源，是一种环保型、节水型、高产值的养殖模式；③ 由于从事智慧渔业的人员大多数具有较高的科技、文化素质，因此智慧渔业的生产效率与企业的经营管理水平较高。

国外智慧渔业比较发达的国家有丹麦、挪威、美国、德国、英国、法国、日本、韩国等，主要是因为这些国家经济实力较强，科学技术发达，具有联合研发能力，材料设备先进。

1. 工厂化养殖

工厂化养殖是将工程技术、机械设备、控制仪表等现代化技术设施集于一体，对养鱼过程进行控制，使鱼类生长在最佳条件下，实现高密度、高产值、高效益的标准化养殖模式。世界工厂化养鱼起源于 20 世纪 60 年代初期，比较发达的国家有丹麦、日本、美国、德国、英国、法国、俄罗斯等。国外工厂化养鱼主要是养殖肉食性鱼类，如虹鳟、香鱼、鳗鱼、鲑鱼、罗非鱼等。

2. 网箱养殖

网箱是由框架、网衣和固定系统组装而成的一种集约化水产养殖设施。最初是由渔民用来暂养渔获的"箱笼"演变而来的，类似于捕鱼用的一种"陷阱网"。网箱养鱼是大水域集约化的养殖模式，最早采用的国家是柬埔寨，湄公河下游称为国际网箱养鱼的发源地。以后逐渐地扩展到欧洲、非洲、美洲等30多个国家。北欧和西欧的挪威、芬兰、法国、德国等近十多年来已开展了大型海洋网箱研究。在挪威等北欧沿海国家，深水网箱的发展十分迅速。从60年代开始，网箱养鱼进入了迅速推广和发展阶段。日本在北海道等海区进行平台网箱群养殖试验，取得了很好的效果。我国传统港湾网箱养鱼业尚在低水平的大规模发展时期，缺乏政府的严格控制和管理，整体技术水平不高。学习和借鉴发达国家的先进技术和经验，研发适合中国国情的新一代养鱼技术十分重要。

3. 休闲渔业

休闲渔业（Leisure fisheries）是指人们劳逸结合的渔业方式。它自20世纪60年代开始，在一些经济较为发达的沿海国家和地区迅速崛起，并随着时代的发展，从休闲、娱乐、健身逐渐发展到旅游、观光、餐饮与渔业的有机结合，实现了渔业与第三产业的结合。这样既充实了渔业的内容、扩大了渔业的发展空间，又为渔民、渔业创造更大的社会、生态和经济效益。

4. 渔业数字化信息网络

全球互联网的广泛应用，使得各类渔业信息能够高效的传输和快速的获取，从而大大加快了渔业信息化的步伐。因此，要实现渔业信息化，渔业信息网络的建设和研发是必然要求。目前，国外发达国家的渔业信息网络的建设和研发比较成熟，类型多样、数量众多、功能较为齐全、实用性强，如日本渔业情报信息网、美国水产资源网站和水产资源信息网、亚洲水产养殖中心网等。

1.5.2　国内智慧渔业的发展现状

国内智慧渔业主要包括工厂化养殖、网箱养殖、大水域设施养殖、休闲渔业等。在我国渔业发展中，传统的设施养殖模式曾对我国水产品产量的快速增长起了重大的作用。但随着人们消费水平和环保意识的增强，群众的饮食习惯和结构已发生了很大变化，绿色水产品越来越受到消费者的青睐。传统的养殖模式在生产实践中却存在种种弊端，所生产的水产品难以满足市场需求。我国智慧渔业的研究早期投入较少，起步较晚，基础较差，比发达国家落后至少十几年。但近几年来，国家对智慧渔业的研究高度重视，高新技术研究发展计划中对工厂化养鱼和外海抗风浪网箱等项目的研究与开发给予了专项支持。通过深入地研究和试验基地的建设，大力地推动了我国智慧渔业的快速发展。

"十三五"以来，我国渔业信息网络的建设持续发展，已建立众多渔业信息网站和渔业信息化业务系统。目前，我国的各类渔业信息网站主要由政府机构和各省市的涉渔主管部门创建，如中国水产频道、中国水产养殖网、中国水产渔药网、船讯网、中国水产信息网、渔商阿里等。通过这些渔业信息相关网站，可以获得最新的市场动态、科研成果、渔业新品种和养殖新技术等信息，加快了渔业信息的传输速度，实现了渔业信息的交流和共享。

1.6　国内外智慧农业发展趋势

1.6.1　国外智慧农业的发展趋势

20世纪70年代以来，西方发达国家在智慧农业上的投入和补贴较多，智慧农业发展迅速，已具备了技术成套、设施设备完善、生产比较规范、产量稳定、质量保证性强等特点。目前已形成设施制造、环控调节、生产资材为一体的多功能体系，实现了周年生产、均衡上市，并向高度自动化、智能化和网络化方向发展，智慧农业已发展成为由多学科技术综合支持的技术密集型产业，它以高投入、高产出、高效益以及可持续发展为特征，有的已成为其国民经济的重要支柱产业。其主要发展趋势体现在以下几方面：

1. 无土栽培将成为主要的栽培方式

无土栽培技术在西方发达国家发展十分迅速，并逐渐成为主要的栽培方式。欧共体明确规定，所有欧共体国家的园艺作物都要全部实现无土栽培。无土栽培不仅高产，而且可向人们提供健康、营养、无公害、无污染的有机食品。无土栽培的营养液可循环利用，能节省投资，保护生态环境。

2. 覆盖材料多样化

对于覆盖材料，北欧国家多用玻璃，法国等南欧国家多用塑料，美国多用聚乙烯膜双层覆盖，日本应用聚氯乙烯膜。覆盖材料的保温、透光、遮阳、光谱选择性能渐趋完善。近年来，日本、美国开发出的功能膜具有光谱选择、降温、杀菌、防虫等特点。

3. 智慧大型化

发达国家的生产型温室不断向大型化方向发展，连栋温室得到普遍推广，温室空间扩大，可进行立体栽培且便于机械化作业。

4. 生产机械化、自动化

设施内部环境因素（如温度、湿度、光照度、CO_2浓度等）的调控由过去单因子控制向利用环境、计算机等多因子动态控制发展。发达国家的温室作物栽培，已普遍实现了播种、育苗、定植、管理、收获、包装、运输等作业的机械化、自动化。

5. 高新技术化

发达国家应用于智慧农业的高新技术主要有：营养液调配技术、环境监测调控技术、二氧化碳施肥技术、蜜蜂授粉（生物）技术、基质消毒技术、机械消毒技术、机械化作业技术、产品采后处理技术、新能源技术、激光技术、空间技术和海洋工程技术等现代技术。例如，为防治温室内部的化学物质污染，发达国家重视在温室内减少农药使用量，大力发展生物防治技术。

6. 工厂化

（1）工厂化养殖。

工厂化养殖是通过给动物创造最适宜的卫生环境和小气候，以机械、电器代替手工进行劳动，以先进的养殖业技术（包括饲料配合、现代饲养管理方式及先进的繁殖技术）改善生产流程从而取得高的劳动生产率、良好的饲料效率、最大的经济效益，达到高产、高效、优质、低耗的目标。

（2）植物工厂。

植物工厂是继温室栽培之后发展的一种高度专业化、现代化的智慧农业。它与温室生产的不同点在于，完全摆脱大田生产条件下自然条件和气候的制约，应用近代先进技术设备，完全由人工控制环境条件，全年均衡供应农产品。由于这种植物工厂的作物生产环境不受外界气候等条件影响，蔬菜种苗移栽 2 周后，即可收获，全年收获产品 20 茬以上，蔬菜年产量是露地栽培的数十倍，是温室栽培的 10 倍以上，但植物工厂设备投资大、耗电多，如何降低成本是今后研究的主要课题。

7. 低碳设施生产

减少能耗，提高能源利用效率，包括降低矿物燃料消耗，发展风能、太阳能、工业余热利用，改善温室结构与覆盖材料、小气候控制等提高能源利用效率的措施。针对大型温室夏季室温过高的问题，对其结构形式进行了一系列分析研究，尽可能增大温室的通风换气效率，开发研究通风换气率高的温室，以在适宜的地区应用，减少降温的能耗。

8. 生产体系专业化

现代智慧园艺业正朝着专业化、集约化、规模化生产方向迈进。规范有序的市场经营模式和以市场为导向的完整体系，能提供商品信息和产品质量标准，调节市场供需，控制市场进程，为生产者提供优质服务。随着全球经济一体化的进程，智慧园艺产品，特别是高档花卉、蔬菜已进入了国际化的市场体系，许多能产生高附加值的品种，如香料植物、特种植物、工业原料植物、药用植物、食用菌和其他观赏植物均已成为温室栽培的主要品种。

9. 封闭式内循环生产方式

发达国家发展智慧农业，保护环境是前提条件，封闭式内循环种植、养殖方式已成为发展方向。工厂化种植和养鱼中的技术关键是营养液、养殖用水的净化处理及重复利用，即建立循环水系统。世界各地出现了许多由装备技术支撑的大型、超大型养鱼工厂，其中包括鱼藻共生、遥控无人养鱼车间，使水净化到适合鱼类生长的超自然状态，达到排放标准的无环境污染生产，优质高产。

1.6.2 我国智慧农业的发展趋势

我国农业将由传统的粗放型向现代集约型转变，由单纯追求数量向追求质量效益转变。高效节能、无公害清洁生产将是设施发展的大趋势，这就要求建立高效低能耗的设施设备成套技术体系、高效设施栽培管理体系和设施生产产业化体系，采用先进的设施生产工艺和环境控制技术，从机械化、电气化、信息化着手，提高设施结构与设备技术水平，进一步发展成为由多学科技术组成的密集型产业。随着设施农业面临国际市场的竞争，新型设施企业必须要集成国内外农业高新技术，以市场为导向，科技为先导，降低生产成本，提高产品质量，开创出一条适合我国国情的智慧农业新模式。

1. 新型设施结构

研究开发出适宜于不同地区、不同生态类型的新型系列种植和养殖建筑设施及相关设备。开发新型墙体材料、保温材料和骨架材料，要设计出大跨度、高空间、透光保温好和便于机械化操作的新型设施结构，以提高结构性能与档次。形成区域化、系列化、成套化、标准化的建筑设施及相关设备。更多地从动物福利角度考虑畜舍的建筑空间和饲养设备，从环境系统角度，综合考虑舍内通风、降温与加温等设施。

2. 智慧农业环境控制技术

针对我国设施可控水平低、机械不配套的现状，应尽快提高环境控制能力，促进改变靠天吃饭进程，缩小与发达国家的差距。以节能为核心，以经济最优为目标，根据动植物不同生长阶段对生态环境的要求，进行光、温、水、气、肥环境因子协调控制。应该着眼于整个生产系统，把动植物生长模型、环境控制模型、经济模型置于一个系统中加以研究，寻求最佳的环境控制管理技术，提高智慧农业生产效益；利用最新的智能控制技术手段，进行控制系统的创新设计，开发准确、实用的设施控制测试仪器，研发智慧农业的现场总线、专家控制系统以及远程决策诊断系统。形成具有自主知识产权的智慧农业环境控制技术，赶超国际先进水平。

3. 设施配套装备与设施生产作业机械

关于设施装备改进，主要是开发包括温室用小型农机具、建筑设施传动机构等关键配套产品，提高机械化作业水平和劳动生产率。开发出一系列温室小型农机具，能够进行温室内耕翻、定植、铺膜、消毒、嫁接、作埂、开沟、施肥、打药、收获、清洗、包装等作业，使人们从简单繁重的劳动作业中解放出来。研究开发产后加工处理技术，包括采后清洗、分级、预冷、加工、包装、储藏、运输等过程的工艺技术及配套设施装备等，提高产品附加值和国际市场竞争力。

4. 配套栽培技术

现代化的农业设施中，光、温、水、肥的有效调控，为农作物生长创造了良好的环境条件。但常规的陆地栽培品种，其生长潜力受到限制，所以，要加快培育和引进具有耐低温、弱光和抗病、高产、优质特征的优良品种，尤其是要加强具有自主知识产权的创新品种选育研究，改变我国智慧园艺主栽品种长期依赖国外进口的局面。要采用无土栽培技术、水肥调配技术、立体栽培、植物生长调节技术、有机基质栽培技术，建立从品种选育、栽培管理到采收包装一整套完整的规范化技术体系。

5. 清洁生产技术

（1）无公害蔬菜生产技术。智慧栽培中最容易发生的问题是连作障碍，是土壤连茬栽培后积累的大量盐类物质和病虫害。大量农药和有害物质积累严重污染蔬菜，危害人们的身体健康。另外，由于连作障碍影响温室生产，限制了智慧农业的发展。因此，防止连作障碍，减少农药化肥污染，生产无公害蔬菜已是今后智慧栽培中重点研究内容之一，开展如绿色产品生产技术、环境控制与污染治理技术、土壤和水资源保护技术等的研究。

（2）生物防治技术。进行适应温室环境条件的以生物防治为主的病虫害综合防治技术研究与应用，研究不同病虫害的天敌利用和生物药剂，推广应用到温室作物生产中去，如番茄授粉采用专用蜜蜂进行等。

（3）畜禽场粪污及有害气体处理技术。对现代高新技术的清洁生产新工艺、新型畜禽舍建筑设施的研究，提出实用化与简易化的畜禽场粪污处理技术，实现清洁生产绿色养殖。研究畜禽舍有害废气排放的内在规律，提出降低有害气体产生和排放的环境调控技术，采用喷油和雾化技术、生物技术、肥料添加剂减少有害气体的浓度和含量。

（4）封闭式内循环养殖技术。工厂化养鱼中的技术关键是养殖用水的净化处理及重复利用，即建立循环水养殖系统。围绕如何保持循环水养殖系统中的生态平衡，加强研究有效清除养殖鱼类排泄的有机物和氮等有害物质的技术问题。封闭式内循环高密度集约化养殖将成为未来渔业可持续发展的必然趋势和主流。

6. 设施资源高效利用技术

设施资源高效利用技术研究开发，如节水节肥技术、增温降温节能技术、补光技术、隔热保温技术等，可以降低消耗、提高资源利用率。进行综合节能技术研究，加强温室保温和光能、生物质能等可再生能源利用的深入研究，由于能耗高是温室经营困难的重要因素，能源成本约占运行成本的 $40\% \sim 60\%$，因此开发综合温室节能技术十分紧迫。

7. 智慧农业标准化

加强智慧农业设备与智慧农业产品生产标准化研究，包括设施建筑及配套设施性能、结构、设计、安装、建设、使用标准；智慧农业生产工艺与生产技术规程；产品质量与监测技术标准等。使先进的智慧农业工艺技术物化、固化在建筑设施与设备上。

8. 生态型智慧农业

在环境与经济协调发展思想的指导下，以设施工程为基础，在可控环境内，按照农业生态系统内物种共生、物质循环、能量多层次利用的生态学原理，因地制宜利用现代科学技术与农业技术，实现改善智慧生态系统内外环境、智慧农业的绿色（清洁）生产、智慧农业高效可持续发展。如发展生态型智慧农业，以立体、全封闭、多功能温室为载体，以高效植物种植、动物养殖、微生物开发及新能源利用为基础，借助植物、动物、微生物的共生和良性循环，以沼气、沼液、沼渣替代化肥、农药和添加剂进行使用，确保农业生态环境和食品安全。

9. 智慧农业大数据互联技术

随着互联网技术的发展和社会的进步，大数据在农业领域也将得到广泛应用，这对我国农业实现网络化、智慧化、精准化生产产生了促进作用。大数据技术的普及应用趋势，将进一步挖掘农业的深层价值，实现农业快速发展，让我国农业资源得到充分利用和整合，打破了传统农业信息化服务的限制，同时加强了各方之间的联系，如政府和农业企业等。大数据的应用为现代化农业发展打下了坚实基础，在助推农业供给侧结构性改革的同时，指引农业走上可持续发展道路，对于规范我国农业生产市场、改变农业管理模式、推动农业现代化发展都具有积极意义。

1.6.3 我国智慧园艺的发展趋势

智慧园艺是利用工程技术手段为植物创造适宜的生长环境来生产园艺产品的现代农业生产方式。智慧园艺生产过程中，通过调控环境因子，使植物处于最佳的生长状态，使光、热、土地等资源都得到最充分的利用。智慧园艺可以实现周年生产，均衡供应，从而大大提高了土地利用率、劳动生产率、农产品质量和经济效益，促进了农业产业结构的调整和现代农业的发展。智慧园艺是智慧农业的最重要组成部分，智慧园艺装备包括塑料大棚、温室、植物工厂三种不同的技术层次，其产业发展受到温室硬件技术水平（质量和功能性）、生物与育种技术（专用品种的质量和推广范围）、温室栽培管理技术等方面的影响。我国经济基础还不强大，人民生活水平较低，购买能力与消费观念与发达国家还有相当大的差距，园艺生产要考虑走低成本、低消耗和高效益的发展道路。以市场为导向，科技为先导，集成国内外农业高新技术，大幅度提高单位面积产量与效益，继续走适合我国国情的现代智慧园艺发展道路。

1. 与现代工业技术进一步结合，加快关键技术开发

我国温室的覆盖材料，尤其是塑料薄膜在透光性能、抗老化、防结露等方面和国外还有一定差距；环境控制系统基本靠人工经验管理，半机械化操作；温室中无土栽培技术的关键营养液配制还依赖于国外产品。加快我国温室关键技术的开发是我国温室产业走出发展瓶颈的重要一环，在提高园艺设施主体结构质量的同时，应不断增强配套能力，包括育苗机械、播种机械、耕作机械、收获机械、灌溉及施肥设备、植保机械、环境因子控制设备、加温设备、通风设备、预冷储藏设备、包装分级机械、运输机械、基质消毒设备等的能力。

2. 智慧装备制造与园艺产品生产向标准化发展

温室作为智慧园艺的重要装备,要形成产业,大面积推广应用,就必须具备从设计配套到施工安装以及运行管理等各个质量环节的标准规范。现在温室标准概括起来共有 6 个,即温室设计荷载标准、温室结构设计标准、温室施工安装标准、温室性能验收标准以及温室建设标准等。温室属于建筑范畴,在制定和完善温室建设标准的过程中,温室本身的结构安全性是首先要考虑的,其次要根据生产需要继续制定和完善温室施工安装标准和温室性能验收标准。智慧栽培工艺与生产技术规程标准和产品质量与监测技术标准等对促进智慧园艺的发展也具有重要意义。

3. 适应我国国情的智能化温室得到不断发展

我国日光温室经济效益普遍较好,在很长一段时间内将会是我国温室业的主流。大型连栋温室作为一种结构类型存在,但所占比例较低。由于建成的大型连栋温室在节能和经济效益方面还存在一些问题,所以加强科技攻关,设计开发出低能耗,环境控制水平较高,适宜我国经济发展水平,又能满足不同生长气候条件的现代化温室非常必要。

4. 新品种培育与无公害栽培技术开发

优良的温室品种与成熟的管理技术是获得高产、高效、优质产品的根本保证,所以,要开展新品种及配套栽培技术的研究。开发出具有逆性强、抗病虫害、耐储藏和高产的温室作物新品种,全面提高温室作物的产量和品质。用立体栽培、营养液栽培新技术、生物制剂、生物农药、生物肥料等专用生产资料,向精细农业方向发展,为社会提供更加丰富的无污染、安全、优质的绿色健康食品。

5. 推进智慧农业的产业化进程

智慧农业作为产业化体系包括设备设施与环境工程、种子工程、产后处理工程、蔬菜工厂化种植工艺工程等部分,是设计、制造、生产、销售一条龙,农科贸一体化系统。所以,智慧农业要实行企业经营管理,走公司加农户道路,形成求实高效的管理体制。为顺利运转整体系统,还需要建立社会服务体系、人才培训体系、信息收集分析体系等,这样庞大的系统需要人才、技术、资金、管理等方面的集成优势,统一协调,最后形成强大的产业集团,走向市场,走向世界。

6. 温室相关技术、管理、开发人才的培养

我国智慧农业与世界先进国家的差距,其本质上是人才的差距。所以,政府应重视人才工程,大力培养专门人才,提高管理者素质,才能尽快赶上世界发达国家水平。

7. 区块链技术在智慧园艺领域的应用

新一代信息技术发展日新月异,不断在各领域深度融合,促进了新的产业模式不断涌现。物联网、移动互联网、大数据、人工智能等在农业诸多领域的不断拓展应用,为智慧园艺的深度发展开拓了广阔的空间。尤其是近几年区块链(Block Chain)技术的兴起,为新一代信息技术增加了新的支撑要素,已成为各行业关注的热点,也为智慧农业和智慧园艺注入了新的发展活力。

1.6.4 国内外智慧畜牧业的发展趋势

1. 畜牧业的生产方式正向良种化、专一化和工厂化的方向发展

现代畜牧业正在摆脱传统畜牧业个体性、附属性和粗放性的生产方式的束缚，迅速向饲养动物良种化、生产性能（用途）专一化和生产规模集约化的方向发展。

首先，人们尽量饲养优良的畜禽品种，扩大良种覆盖率，提高动物生产性能，以适应饲养畜牧迅速商品化的发展趋势。同时，各类畜禽配合饲料及其添加剂也日益实现了品种专一化。一方面，所有的配合饲料及其添加剂均实现了为特定动物所研制。另一方面，为了某种特殊生产目的的需要，专门研制出一些专一性的添加剂。例如，用于青贮料储存的双乙酸钠（SDA）、用于饲料着色的叶黄素、露康定和金黄色素等，用于诱食的香兰素、茴香油和蔗糖酶等，用于抗病虫感染的六畜素，用于分解纤维类物质的酶制剂和用于防止饲料霉变的防霉剂等。最后，饲养畜禽鱼的数量越来越多，规模越来越大，生产工艺也越来越趋于工厂化。同时，国内外饲料工业的一个共同特点是，一些中小型而又缺乏有影响的产品厂家，逐步被一些有名牌产品的大型厂家兼并，这样有的厂家越来越大，变成大公司，中小型厂家却越来越少，从而形成名牌产品集中生产的趋势。总之，畜牧业的良种化、生产性能专一化和生产规模化是在适应畜牧业的急剧商品化的进程中产生，而它又极大地促进了畜牧业向集约化和工厂化的生产方向发展，故工厂化的实质就是现代智慧畜牧业。

2. 畜牧业的生产技术正向多学科结合的方向发展

畜牧业现代化的进程证明，它的发展越来越依赖于现代科学技术的进步及其综合组装和配套。首先，应用于畜牧业的科学技术正向深度和广度拓展。在微观上，如用基因工程、细胞工程和酶工程等高新生物技术去探索畜禽等动物生命奥秘及其规律，以期在生产质量上（如产肉性能）有新的突破；在宏观上，用现代多学科技术的组装配套，促进养殖业向多领域空间，向产前和产后多功能发展，以期将生产力上升到新水平。例如，在肉牛生产上，一方面可通过胚胎移植、基因转移和克隆等高新技术，培育"超级牛""克隆牛"等新种，以使生产性能有突破性发展；另一方面综合应用饲料营养、疫病防治、产品加工和营销以及先进企业管理等多学科技术，以期达到高产、优质和高效的总目标。最后，应用于养殖业的科学技术正在形成新的独特的技术体系，它不再是某几种单项技术的组合与搭配，它正向着以生物科学为主的众多门类的自然科学与社会科学、技术科学与经济科学以及现代生物技术措施和现代工程技术设施紧密结合的方向发展。总之，现代养殖业技术体系是生物、环境、建筑、机械、能源、材料、构造和系统工程等多学科的综合体，其内容涉及规划、设计、施工、安装、调试及维修等，还涉及畜禽饲养、环境、畜舍建筑、设备配置、饲料营养和经营管理等，而这一切最终都集中体现在智慧畜牧业的生产上。

3. 畜牧业的生产管理正向标准化和程序化的方面发展

畜牧业现代化一方面要严格按畜禽的营养需要标准进行饲养管理，以达到用尽量少的饲料（草）资源，获取尽可能高而优的畜产品，得到尽可能最佳的经济效益。因此，各国都十分重视畜禽的营养标准的研究与制定。例如，美国的 NRC 标准是世界上广泛采用的饲养标准。我国也已先后制定了肉鸡、奶牛和瘦肉型猪等的饲养标准。根据这些饲养标准进行饲养畜禽，其生产性能均可达到标准化的要求。另一方面要严格按生产工艺的程序进行标准化操作和管理，因为任何集约化畜牧业都有一个特定的生产工艺程序，各个环节紧密相接，相辅相成，协调运转；同时，每个生产工序都有其特定的标准要求，如某一环节未达到标准化要求，将影响下一个环节乃至整个生产程序的成败和效益的高低。所有这些生产环节都有严格的顺序和特定的标准要求，必须用计算机进行严格的程序化生产管理。总之，所有这些营养需要标准、饲料或添加剂质量标准以及程序化生产标准，都能促进畜牧业向标准化的质量型生产方式发展，而实现这种标准化生产只有在特定的设施环境中进行饲养才有可能。

4. 饲养业经营机制向生产和经销一体化的方向发展

畜牧业现代化的必由之路是产业化，而产业化的运行机制要求实行种养、产供销和牧工商一体化生产体制，进行专业化生产、企业化管理、社会化服务和商品化经营。在一体化生产方面，首先要大力发展"龙头"企业，实行市场牵"龙头"、"龙头"带基地、基地连农户、农户得效益的发展模式。其次要选好主导产业，建好商品生产基地，发展专业化生产。最后要实行产前、产中和产后一体化服务方式。在产前要提供贷款，进行建筑设计和供应生产资料；在产中要提供种苗、饲料、药品和疫病防治技术；在产后要进行产品加工、储藏运输和销售服务。在商品化经营方面，要让所有畜禽产品及其加工产品进入市场，完全实行商品化经营，提高商品率。总之，畜牧业的经营机制正由产供销脱节向生产、经营和服务一体化的方向发展，这种产业化的运行机制也只有在智慧畜牧业生产体制中才能得到全面的实施。

5. 以畜牧安全为核心的智能化技术发展

随着畜牧养殖模式和生态环境的改变以及世界经济一体化进程的加快，与畜牧业发展息息相关的动物疫病流行态势发生了显著变化，从最初影响动物健康、损害畜牧业健康发展，逐步扩大到畜牧产品质量安全、公共卫生安全、环境安全以及国际贸易、社会稳定等多方面，特别是重大动物疫病已对全球社会经济和公共卫生安全造成严重威胁。现阶段，互联网、云计算和大数据等关键技术已经被用于疫病的远程诊断，出现了多种远程智能诊疗系统，可实现远程诊疗、图片影像诊断、疾控信息发布、产品追溯等功能，该类技术正在不断地改进、发展和普及应用。

1.6.5 国内外智慧渔业发展趋势

无污染、低消耗、有投资回报效益、保证食用安全是 21 世纪国内外智慧渔业发展所追求的首要目标。集约式养殖将成为渔业生产的主要模式，循环水工厂化养殖和网箱智慧养殖则是主要的养殖形式。其中，工厂化养殖设施及装备将越来越注重生产系统的节水、节能和达标排放，追求投资回报率将引导系统技术水平不断升级，主要品种标准化生产模式及养殖专家软件系统将是规模化生产的主要支持手段。深海网箱养殖生产系统将更注重设施化与生态化的结合，在健康养殖的前提下提高生产的集约化程度，减小对自然水域环境的影响。

1. 深海网箱的发展趋势

目前，世界各国已先后开发了十几种性能优良的深海网箱，典型的有挪威的 HDPE 网箱和 TLC 张力腿网箱，美国的海洋站网箱和海洋平台式网箱，瑞典的 FARM OCEAN 网箱及日本的浮绳式网箱。其中，HDPE 网箱应用最广；海洋站网箱、FARM OCEAN 网箱及 TLC 网箱，在技术上则更为先进；我国生产的重力式网箱性价比最高。不同类型的网箱有着各自的特点，例如，相比于其他类型的网箱，重力式网箱易在水流中变形而导致容积急剧减少，严重威胁网箱中鱼的生存，为了保持容积率及虾蟹等底栖鱼类的养殖，采用底部金属网架（也称牙虾专用网），把网衣张开铺平，但重力式网箱结构沉重，从发展的趋势来看，将会逐渐被淘汰。刚性网箱尽管有良好的抗变形能力，但结构笨拙，使得其应用也受到一定的限制。相对而言，美国碟形网箱、张力腿网箱和升降式深海网箱，不仅具有优良的抗变形能力，结构上也较为轻便，无疑是今后深海网箱发展的重点。尤其是升降式深海网箱，还具有移动灵活、浮沉可调等特点，其应用前景十分广阔。

总体来看，深海网箱的发展呈现以下几个特点：

（1）网箱容积日趋大型化。

以挪威的 HDPE 网箱为例，从最初的 0.1×10^4 m³ 容积开始，到目前其最大容积已发展到 2.3×10^4 m³；而 TLC 网箱的容积也达到了 1×10^4 m³。单个网箱产量可达 250 t，大大降低了单位体积水域的养殖成本，提高了经济效益。

（2）抗风浪能力强、变形小。

上述各国开发的深海网箱，抗风浪能力普遍达 5～10 m 以上，抗水流能力也均超过 1 m³/s，特别是 TLC 网箱，其抗风浪能力更是达到 17 m，抗流能力达 5 m³/s。在抗变形方面，即使是在恶劣的条件下，它们的有效容积率也均保持在 85%～90%，如美国的海洋站网箱，在流速大于 1 m³/s 的水流中，其有效容积率仍可保持在 90% 以上。

（3）新材料、新技术的广泛应用。

在结构上采用了 HDPE、轻型高强度铝合金和特制不锈钢等新材料，并利用了各种抗腐蚀、抗老化技术和高效无毒的防污损技术，极大地改善了网箱的整体结构强度，使网箱的使用寿命得以成倍延长，大大降低了日常的养护和运作成本，一般情况下其使用寿命可达 15 年以上。

（4）自动化程度高。

随着计算机集成和自动控制技术的应用和发展，网箱的自动化养殖管理技术得到快速发展，如瑞典的 FARM OCEAN 网箱，可完全不需人工操作。

（5）运用系统工程方法，注重环境保护。

在网箱的研究方面，开始运用系统工程方法，将网箱及其所处环境作为一个系统进行研究，结合计算机模拟技术进行模拟分析，融入环保理念，尽量减少网箱养殖对环境的污染和影响，以期实现可持续发展的模式，达到二者的协调发展。

（6）大力发展网箱的配套装置和技术。

各国已成功地开发了各类多功能工作船、各种自动监测仪器、自动喂饲系统及其他系列相关配套设备，研究出了高效实用的配合饲料，解决了健康鱼苗的育种技术，形成了完整的配套工业及成熟的深海网箱养殖运作管理模式，如活鱼输送泵、太阳能夜间警示器、鱼规格自动分级系统、网衣清洗机、真空活鱼起捕机、深海网箱投饵系统、防鲨鱼网片张紧结构、网箱养殖监测系统、纤维绳索等。

2. 工厂化养殖的发展趋势

工厂化养殖具有养殖装备先进，养殖环境可控，单位水体养殖密度高，产量高，养殖全过程可以采用机械化或自动化操作，管理、收获、质量安全等容易控制，产品可以做到均衡上市，社会、经济和生态效益良好等特点，所以被国际上公认为现代化海水养殖产业的发展方向。

国外的工厂化养殖，比较发达的国家有日本、美国、德国、英国、丹麦等。工厂化养鱼可分为工厂化育苗和工厂化养成两种。前者如挪威的大西洋鲑育苗和日本的真鲷育苗等；后者如德国、丹麦、英国的闭路循环式养鱼和温流水养鱼，以及加拿大的高潮线水池集约式养鱼等。

当前，国内外的工厂化养殖发展趋势呈现以下几个特点：

① 工厂化循环水养殖设施及装备将越来越注重生产系统的节水、节能和达标排放，追求投资回报率将引导系统技术水平不断升级，节水、节电、节热作为系统设计的重要目标，贯穿到整个设计当中。

② 工厂化循环水养殖的自动化水平将越来越高。目前，养殖生产管理过程缺乏生产预警机制与控制策略，研究集成最新的自控技术，提高生产的自动化水平，实现精准养殖生产的数据信息采集处理、诊断决策、过程设计和控制。

③ 工厂化循环水养殖的工程经济性分析将进一步加强。工厂化养殖是高投入、高技术、高风险的产业，需要运用工程学和经济学的方法，通过经济学分析，以寻找最佳的生产负荷和养殖规模，建立系统的数学模型。

④ 主要品种标准化生产模式及养殖专家软件系统将是工厂化循环水养殖实现规模化生产的主要支持手段。但在实施过程中，不同地区应根据当地具体条件和自然优势，在求同存异的原则下，考察养殖成本、养殖要求、企业实力、区域特点等因素，针对不同的养殖对象进行统筹规划，选择相宜的循环水养殖模式。

⑤ 保证污染物"零排放"的全封闭循环水工厂化养殖将得到进一步推广。为保证渔业的可持续发展，流水式、半封闭式的工厂化养殖方式因其对环境的污染而将被淘汰，对外界环境没有污染的封闭式内循环高密度的集约化养殖将成为工厂化循环水养殖的必然趋势和主流。

⑥ 工业化理念将进一步贯穿于工厂化养殖全过程，育苗、养殖、加工、营销等系列生产工艺都被通盘纳入工业化管理流程之中。装备工程化、技术现代化、生产工厂化、管理工业化将是工厂化养殖实现规模化、产业化的基本思路。

3. 智慧化养殖模式的改革与创新

智慧渔业打破了传统的水产养殖模式，它能够有效地降低水产养殖的被动局面和风险，通过智能化的管理，以集约化和规模化的生产方式来管理水产养殖，这种新的管理模式突破了传统的看守模式以及小打小闹模式，从而实现了水产养殖模式的革命性突破。利用人工智能，智慧渔业可以在大数据计算的基础上对水产养殖进行智能管控，通过对水产养殖的水质进行检测，判定水质是否符合环境卫生要求，以及采取智能喂养、智能水质氧气增加的方式来管控水产养殖。与传统的水产养殖模式相比较，智慧渔业养殖不仅提升了养殖效率，而且降低了养殖中出现的各种问题，还减少了人工操作的难度。

1.6.6 国内外智慧果园发展趋势

传统果园主要依靠施肥、品种改进和机械化种植等措施提高产量，在土壤肥力不断下降和环境不断恶化的情况下，果园的作物产量和果实质量难以保证。未来现代化果园发展的方向是大力发展智慧果园模式，通过精确的传感技术和先进的智能化技术实现果园的高效管理和可持续发展。随着相关政策的加大推进和有力支持，不难发现，未来农机装备的信息化、智能化建设和果园生产的智慧化管理模式将开始全面升级和转型。果园的复杂环境限制了传统农业机械装备和数字信息化建设，但 5G 技术的逐渐成熟和人工智能技术的快速发展，却为智能农机与智慧果园的发展提供了新的技术支撑和转型空间。总的来说，智慧果园将呈现以下发展趋势：

（1）智慧果园辐射示范区基础建设。

① 通过数字农业建设，对种植环境和农机作业精准感知，发展精细化种植模式。

以高度的农机化信息化融合，实现信息感知、定量决策、智能控制、精准投入、精准调度、精准灌溉、产业链融合，全面提高种植全流程管理服务和经营效益水平。

② 利用全面感知、可靠传输、先进处理和智能控制等技术的优势，实现精确、集约、可持续生产。通过物联网技术长期收集有效数据，结合数据平台分析，用科学数据反馈种植，逐步实现优质种植标准化、自动化、智慧化，实现种植提质增效。

③ 运用卫星导航系统（GNSS）、物联网传感技术、地理信息系统（GIS）和无线通信技术，实现对种植环境和农机作业精准感知。基于此技术实现信息感知、定量决策、智能控制、精准投入、精准调度、精准灌溉、产业链融合，全面提高果园种植全流程管理服务和经营效益水平。例如，根据果园的特定环境及作业模式，示教出果园作业路线，并对该路线做稀疏化和格式化技术处理；建立路线循迹耦合模型，通过高精度定位终端来循迹示教路线；通过无人农机自行走动态调整算法结合循迹耦合模型，使无人农机能够精准地再现示教路线。

（2）智慧果园决策指挥云服务平台开发。

利用人工智能、物联网、大数据、云计算等新一代技术，构建智慧果园的"中枢神经"与"智慧大脑"，研发"数+云+端"协同的智慧果园决策指挥云服务平台，实现智能感知、智能分析、智能决策、智能作业、智能调控、智能预警。

① 决策指挥整合图。

结合电子地图、果园全景、监测数据，在一张图上实现数据管理、数据接收、数据集成、数据可视化功能，实现数据汇聚、数据展示、决策分析等。

② 果树编码标准管理。

对果园进行数字化建模，对土地资源分区、果树品种资源、农业装备等进行整编入库，实现空间分布管理。对每一株果树进行编码，并能准确定位查找到该株果树的具体位置和相关信息，为果园智能管理提供基础支撑。

③ 果园环境信息感知与实时决策运算。

集成果园环境感知设备，包括空气温湿度、光照、大气 CO_2、土壤温湿度、土壤 pH 值、土壤 EC 值、太阳照度、果园病虫害监测等信息采集传感器或监测器，建立果园感知分析模型，实现对果园环境的智能感知和决策分析。例如，针对农机具导航，在果园中构建多点多源无线传感器监测系统，实时监测农机具的运行参数、运作状态、地理位置等信息，并进行综合分析，掌握各农机具的工作状态。利用北斗系统，绘制农机作业轨迹；发展多模式的面积计算方式，结合视频图像识别，解决作业轨迹交叠、地块重复作业等问题。

④ 智能农机作业决策指挥。

集成果园多场景目标识别算法，实现对农机装备的决策支持、作业监控、指挥调度和设备预警等，如可远程调度式多功能单轨运输机可自动返航到充电点，可远程操控运行到指定位置，可实时显示轨道运行位置、载重量、行进速度、倾斜角度和轨道状态，同时，可启动监测、红外视频监控等，对于超载、超速、障碍物等状况系统自动发出警报。例如，基于人工智能深度学习，研究建立识别网络模型，通过训练样本，通过相机实现识别结果获取视差图中水果的深度信息，最终计算出相机坐标系下的空间三维坐标。

（3）基于空天地一体化的高精度果园动态立体化监测体系研究。

综合应用天基（高分卫星、多源卫星）、空基（无人机航测、机载激光雷达）、地基（固定式传感器、便携式采集设备），构建基于空天地一体化的高精度果园动态立体化监测体系；提供面向观测任务的优化组合方法和观测模型评价指标，以支撑空天地多传感器的协同、动态、立体观测。

典型的空天地一体化网络是在传统天地一体化网络的基础上增加空基网络组成的，其中空基网络由空中飞行器组成。传统天地一体化网络的覆盖能力和信息传输能力较强；空天地一体化网络由于空中飞行平台的存在，不仅能够通过提供其他用户的连接路径，来弥补通信业务量增大带来的地面通信能力不足的问题，而且能够降低传输时延。例如，空天地一体化网络在智慧农业中主要包括：由遥感、卫星等组成的天基网络，由植保、放牧等类型的无人机组成的空基网络以及由传感器、摄像机等组成的地基网络。

思考题

（1）国外智慧农业的发展呈现何种趋势？
（2）工厂化农业生产主要朝哪些方面发展？
（3）我国智慧农业发展趋势中的清洁生产技术有何特征？
（4）在加快我国智慧园艺发展的过程中需要着重注意哪些关键技术？
（5）国内外智慧畜牧业的发展趋势如何？
（6）国内外智慧渔业发展对我国海洋渔业发展的启示有哪些？

智慧农业检测技术基础

2.1 农用检测技术的基本概念

在智慧农业生产过程中，为了对各种作物、设备及现场环境参数（如压力、温度、流量、物位和物质成分等）进行控制，必须先把这些参数准确地检测出来，这就需要应用各种相关的测试技术和一定的检测手段来完成。首先要把这些参数转换成便于传送的信息，利用各种传感器，把传感器与其他装置组合起来，组成一个检测系统或调节系统，完成对智慧农业设备控制过程参数的测量。

由于微电子技术、计算机技术、通信技术及网络技术的迅速发展，电量的测量技术相应地得到提高，如准确度高、灵敏度高、反应速度快、能够连续进行测量、自动记录、远距离传输和组成测控网络等。可是，在智慧农业生产中所要测量的参数大多为非电量，如机械量（位移、尺寸、力、振动、速度等）、热工量（温度、压力、流量、物位等）、成分量（化学成分、浓度等）和状态量（颜色、透明度、磨损量等），因而促使人们用电测的方法研究非电量，即研究用电测的方法测量非电量的仪器仪表，研究如何能正确和快速地测得非电量的技术。

非电量电测量技术具有测量精度高、反应速度快、能自动连续地进行测量、可进行遥测、便于自动记录、可与计算机连接进行数据处理、可采用微处理器做成智能仪表、能实现自动检测与转换等优点，因此在国民经济各部门中得到广泛应用。

综上所述，自动检测技术与人们的生产、生活密切相关，它是自动化领域的重要组成部分，尤其在自动控制中，如果对控制参数不能有效准确地检测，控制就成为无源之水、无本之水。

1. 自动检测系统的组成

在自动检测系统中，各组成部分常以信息流的过程来划分，一般可分为信息的获取、转换、处理和输出等部分。它首先要获取被检测的信息，把它变换成电量，然后把已转换成电量的信息进行放大、整形等转换处理，再通过输出单元（如指示仪和记录仪）把信息显示出来，或者通过输出单位把已处理的信息送到控制系统其他单元使用，使其成为控制系统的一部分等。

在检测系统中，传感器是把被测非电量转换成为与之有确定对应关系，且便于应用的某些物理量（通常为电量）的检测装置。传感器获得信息的正确与否，关系到整个检测系统的精度，如果传感器的误差很大，即使后续检测电路等环节精度很高，也很难提高检测系统的精度。

检测电路的作用是把传感器输出的物理量变换成电压或电流信号，使之能在输出单元的指示仪上指示或记录仪上记录；或者能够作为控制系统的检测或反馈信号。检测电路的选用通常由传感器类型而定，如电阻式传感器需用一个电桥电路把电阻值变换成电流或电压输出，由于电桥输出信号一般比较微弱，常常要将电桥输出的信号加以放大，所以在检测电路中一般还带有放大器。

输出单元可以是指示仪、记录仪、累加器、报警器、数据处理电路等。若输出的单元是显示器或记录器，则该测试系统为自动检测系统；若输出单元是计数器或累加器，则该测试系统为自动计量系统；若输出单元是报警器，则该测试系统为自动保护系统或自动检测系统；若输出单元是数据处理电路，则该测试系统为部分数据分析系统，或部分自动管理系统，或部分自动控制系统。

2. 自动检测技术的发展趋势

随着微电子技术、通信技术、计算机网络技术的发展，人们对自动检测技术也提出了越来越高的要求，并进一步推动了自动检测技术的发展，其发展趋势主要有以下几个方面：

（1）不断提高仪器的性能、可靠性，扩大应用范围。随着科学技术的发展，人们对仪器仪表的性能要求也相应地提高，如提高仪器的分辨率、测量精度，提高系统的线性度、增大测量范围等，使其技术性能指标不断提高，应用领域不断扩大。

（2）开发新型传感器。开发新型传感器主要包括：利用新的物理效应、化学反应和生物功能研发新型传感器，采用新技术、新工艺填补传感器空白，开发微型传感器，仿造生物的感觉功能研究仿生传感器等。

（3）开发传感器的新型敏感元件材料和采用新的加工工艺。新型敏感元件材料的开发和应用是非电量电测技术发展中的一项重要任务，其趋势：从单晶体到多晶体、非晶体，从单一型材料到复合型材料、原子（分子）型材料的人工合成。其中，半导体敏感材料在传感器中具有较大的技术优势，陶瓷敏感材料具有较大的技术潜力，磁性材料向非晶体化、薄膜化方向发展，对智能材料的探索在不断地深入。智能材料指具备对环境的判断功能、自适应功能、自诊断功能、自修复功能和自增强功能的材料，如形状记忆合金、形状记忆陶瓷等。在开发新型传感器时，离不开新工艺的采用，如把集成电路制造工艺技术应用于微机电系统中微型传感器的制造。

（4）微电子技术、微型计算机技术、现场总线技术与仪器仪表和传感器的结合，构成新一代智能化测试系统，使测量精度、自动化水平进一步提高。

（5）研究集成化、多功能和智能化传感器或测试系统。传感器集成化主要有两层含义：一是同一功能的多元件并列化，即将同一类型的单个传感元件在同一平面排列起来，排成一维构成线型传感器，排成二维构成面型传感器（如CCD）。二是功能一体化，即将传感器与放大、运算及误差补偿、信号输入等环节一体化，组装成一个器件（如容栅传感器动栅数显单元）。

（6）传感器多功能化是指用一个传感器可以检测两个或两个以上的参数。传感器多功能化不仅可以降低生产成本、减小体积，而且可以有效地提高传感器的稳定性、可靠性等性能指标。

（7）传感器的智能化就是把传感器与微处理器相结合，使之不仅具有检测功能，还具有信息处理、逻辑判断、自动诊断等功能。

2.2 智慧农业中的测量方法与误差

2.2.1 测量方法

测量方法指进行测量时所采用的测量器具与测量方法的总和，一般多指获得测量结果的方式。

1. 测量器具的分类

测量器具是用于直接或间接测出被测对象量值的量具、计量仪器和测量装置的统称，按用途分为：

（1）量具：以固定形式复现量值，如量块、砝码等。

（2）专用计量器具：专门用来测量某个或某种特定参数，如量规。

（3）通用计量器具：能将被测量转换成可直接观测的示值或信息，如各种刻线尺、游标尺、千分尺及机械、光学、电动、气动量仪。

2. 测量器具的参数（度量指标）

（1）分度值：刻度尺或刻度盘上最小一格所代表的量值。

（2）刻度间距：相邻两刻线间的实际距离。

（3）示值范围：量仪所能显示或指示的起始值到终止值的范围。

（4）测量范围：量仪所能测量尺寸的最大值到最小值的范围。

（5）仪器不确定度：由于测量误差的存在而对被测量值不能肯定的程度。

3. 测量方法的分类

（1）按测量结果获得方法不同：直接测量和间接测量。

（2）按示值方式不同：绝对测量和相对测量。

（3）按测量器具与工件是否接触：接触测量和非接触测量。

（4）按测量条件是否相同：等精度测量和不等精度测量。

（5）按同时测量参数多少：单项测量和综合测量等。

2.2.2 测量误差

根据误差的性质，通常分为系统误差、随机误差和粗大误差。

（1）系统误差（Systematic Error），指在重复性条件下，对同一被测量进行无限多次测量所得结果的平均值与被测量的真值之差。在相同条件下，多次测量同一量值时，该误差的绝对值和符号保持不变，或者在条件改变时，按某一确定规律变化。

（2）随机误差（Random Error），指测得值与在重复性条件下对同一被测量进行无限多次测量结果的平均值之差，又称为偶然误差。在相同测量条件下，多次测量同一量值时，绝对值和符号以不可预定方式变化。实验条件的偶然性微小变化，如温度波动、噪声干扰、电磁场微变、电源电压的随机起伏、地面振动等，都会引起随机误差。随机误差的大小、方向均随机不定，不可预见，不可修正。虽然一次测量的随机误差没有规律，不可预定，也不能通过实验加以消除。但是，经过大量的重复测量可以发现，它是遵循某种统计规律的。因此，可以用概率统计的方法处理导致随机误差的数据，对随机误差的总体大小及分布做出估计，并采取适当措施减小随机误差对测量结果的影响。

（3）粗大误差（Gross Error），指明显超出统计规律预期值的误差，又称为疏忽误差、过失误差或简称粗差。粗大误差通常是由某些偶尔突发性的异常因素或疏忽所致，包括：

① 测量方法不当或错误。

② 测量操作疏忽和失误（如未按规程操作、读错读数或单位、记录或计算错误等）。

③ 测量条件的突然变化（如电源电压突然增高或降低、雷电干扰、机械冲击和振动等）。

由于该误差很大，明显歪曲了测量结果，故应按照一定的准则进行判别，将含有粗大误差的测量数据（称为坏值或异常值）予以剔除。

2.3 农用传感器技术基础

2.3.1 传感器的基本概念

传感器（也称为敏感元件、检测器件、转换器件等）是指能感受规定的被测量并按照一定的规律转换成可用输出信号的器件或装置。传感器作为测量装置，完成检测任务，它的输入是某一被测量，如物理量、化学量、生物量等；它的输出是某种物理量，这种量要便于传输、转换、处理、显示等，这种量可以是气、光、电量，但主要是电量。输出与输入间有对应关系，且有一定的精确度。

传感器的基本功能是检测信号和进行信号转换。传感器总是处于测试系统的最前端，用来获取检测信息，其性能的好坏将直接影响整个测试系统，对测量精确度起着决定性作用。

2.3.2 传感器的构成要素

传感器的构成按其定义一般由敏感元件、转换元件、信号调理转换电路三部分组成，有时还需外加辅助电源提供转换能量，如图 2-1 所示。敏感元件是直接感受被测量，并输出与被测量成确定关系的某一物理量的元件；对于转换元件，敏感元件的输出就是它的输入，它把输入转换成电路参数；对于转换电路，将上述电路参数接入转换电路，便可转换成电量输出。

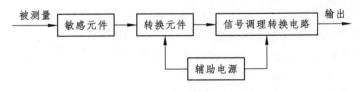

图 2-1　传感器结构

大多数传感器是开环系统，也有些是带反馈的闭环系统。最简单的传感器是由一个敏感元件（兼转换元件）组成，它感受被测量时直接输出电量，如热电偶传感器。有些传感器是由敏感元件和转换元件组成，没有转换电路，如压电加速传感器。

2.3.3 传感器的分类

传感器按被测参数分，如对温度、压力、位移、速度等的测量，相应的有温度传感器、压力传感器、位移传感器、速度传感器等。

传感器按工作原理分，如按应变原理工作式、电容原理工作式、压电原理工作式、磁电原理工作式、光电效应原理工作式等，相应的有应变式传感器、电容式传感器、压电式传感器、磁电式传感器、光电式传感器等。

2.3.4 传感器的基本特性

传感器所测量的非电量可分为静态量和动态量两类。静态量是指不随时间变化的信号或变化极其缓慢的信号；动态量通常是指周期信号、瞬变信号或随机信号。传感器能否将被测非电量的变化不失真地变换成相应的电量，取决于传感器的基本特性，即输入-输出特性，它是与传感器的内部结构参数有关的外部特性。传感器的基本特性可用静态特性和动态特性描述。

1. 传感器的静态特性

传感器的静态特性是指被测量的值处于稳定状态时传感器的输入与输出的关系。衡量传感器静态特性的重要指标是线性度、灵敏度、迟滞、重复性、分辨力、零漂和精确度等。

2. 传感器的动态特性

传感器的动态特性是指传感器的输出对随时间变化的输入量的响应特性，反映输出值正确地再现被测量（输入量）随时间变化规律的能力。受传感器固有因素的影响，输出信号将不会与输入信号具有相同的时间函数，这种输出与输入之间的差异就是动态误差。研究传感器的动态特性主要是从测量误差角度分析产生动态误差的原因及改善措施。

绝大多数传感器都可以简化为一阶或二阶系统，因此研究传感器的动态特性可以从时域和频域两个方面，采用瞬态响应法和频率响应法分析。

2.4 智慧农业过程参数检测技术

要实现高水平的智慧农业，关键之一是可靠的检测技术。检测的可靠性，即信息的有效获取，主要利用传感器来实现。智慧农业所用传感器的品种较多，可检测的参数主要有以下几种：

（1）温度和湿度。

作物的生长与温度和湿度有密切关系，塑料大棚的控制参数中，温度与湿度是检测、控制的主要参数之一。

（2）土壤干燥度。

作物生长需要水分，在智慧农业灌水中，做到既不影响作物生长又不浪费水资源是至关重要的问题。土壤干燥度的检测，需要用干燥度传感器。目前，较广泛采用的干燥度传感器是由负压传感器与陶瓷过滤管组成的。

（3）CO_2。

农作物生长发育离不开光合作用，而光合作用又与 CO_2 有关，所以控制 CO_2 的浓度，有利于作物的生长发育。

（4）光照度。

智慧农业中采用栽培管理自动化系统，其光源完全为人工光，不用太阳光，采用人工光可得到均匀一致的光照。

（5）土壤养分。

土壤养分依赖于施肥，合理施肥不仅可以提高作物产量，而且可以避免过施肥造成不必要的损失。土壤养分的测定包括对土壤有机质、pH、氮、磷、钾以及交换性钙和镁的检测。土壤养分测定广泛采用离子、生物传感器。

由于智慧农业用传感器是在系统中发挥作用，因此传感器的性能必须符合以下要求：

① 长期稳定性好。智慧农业用传感器的使用环境比工业使用环境更恶劣，如高温、高湿。因此，对传感器长期稳定性的要求更高，需要解决涉及传感器稳定性的关键技术。

② 能适应系统要求。智慧农业的实质是实现人为调节和控制作物生长环境条件，是通过一个闭环系统来实现的。因此，传感器的性能都应该与控制系统相适应，尤其是传感器的长距离布点、传感器灵敏度的一致性、传感器的响应时间等，这样才能使系统真正做到快速反应。

③ 优良的性能价格比。由于传感器用量较大，因此必须要求其价格较低廉，否则难以推广。

早在"九五"计划中，"工厂高效农业工程"已被列入国家重点工程项目，并已启动实施。传感器在智慧农业中的应用，既能促进我国农业水平的提高，又能促进传感器产业化自身的发展。

2.4.1 温度检测技术

温度是设施农业生产和科学实验中一个非常重要的参数。物体的许多物理现象和化学性质都与温度有关。大部分的农业生产过程都是在一定的温度范围内进行的，需要测量温度和控制温度。随着科学技术的发展，对温度的测量越来越普遍，而且对温度测量的准确度也有更高的要求。

1. 温度概述

（1）温度与温标。

温度是表征物体冷热程度的物理量。温度不能直接加以测量，只能借助于冷热不同的物体之间的热交换，以及物体的某些物理性质随着冷热程度不同而变化的特性间接测量。

为了定量地描述温度的高低，必须建立温度标尺，即温标。温标就是用数值表示温度的一整套规程。各种温度计和温度传感器的温度数值均由温标确定。历史上提出过多种温标，随着人类认知水平的不断提高，温标在不断地发展和完善。

① 早期的经验温标（摄氏温标和华氏温标）。

经验温标是借助于一些物质的物理量与温度之间的关系来确定温度值的标尺。1714 年，德国科学家 Fahrenheit 根据水银的体积随温度的变化规律制成水银温度计，规定氯化铵和冰的混合物为 0℉，水的沸点为 212℉，冰的熔点为 32℉，将 32℉ 到 212℉ 的区间等分为 180 份，每 1 份为 1 华氏度（即 1℉），从而构成了华氏温标。1742 年，瑞典科学家 Celsius 规定水的冰点为 0 ℃,沸点为 100 ℃,把冰点到沸点的区间等分为 100 份，每 1 份为 1 摄氏度（即 1 ℃），从而构成了摄氏温标。

② 热力学温标。

热力学温标是在 1848 年由爱尔兰科学家 Kelvin 根据热力学第二定律提出并建立的，定义水的固、液、气三相并存点的温度为 273.16K，取 1/273.16 为一个开尔文（K）。该温标所确定的温度数值称为热力学温度，也称为绝对温度，用符号 T 表示，单位为开尔文，用 K 表示。热力学温度的起点为绝对零度，没有负值，水的冰点为 273.15K，沸点为 373.15K。

③ 国际温标。

鉴于热力学温标具有复现精度高的特点，在 1927 年召开的第 7 届国际计量大会上决定采用热力学温标作为国际温标（ITS-27）。在随后的几十年，温标几乎每 20 年被修改一次，但都只是数值上的改变，基本原则和方法一直保持不变。根据第 18 届国际计量大会的决议，自 1990 年 1 月 1 日起在全世界范围内实行 90 国际温标（ITS-90）。该温标规定热力学温度是基本物理量，符号为 T，单位为开尔文（K），K 的定义为水的三相点温度的 1/273.16。用与冰点 273.15K 的差值表示的热力学温度称为摄氏温度，符号为 t，单位为摄氏度（℃），即 $t = T - 273.15$，且 1℃ 与 1K 在数值上是相等的。90 国际温标一直沿用至今。

（2）温度测量的主要方法和分类。

① 温度传感器的构成。

在应用中无论是简单的还是复杂的测温传感器，就测量系统的功能而言，通常由现场的感温元件和控制室的显示装置两部分组成，如图 2-2 所示。简单的温度传感器往往是由温度传感器和显示装置组成一体的，一般在现场使用。

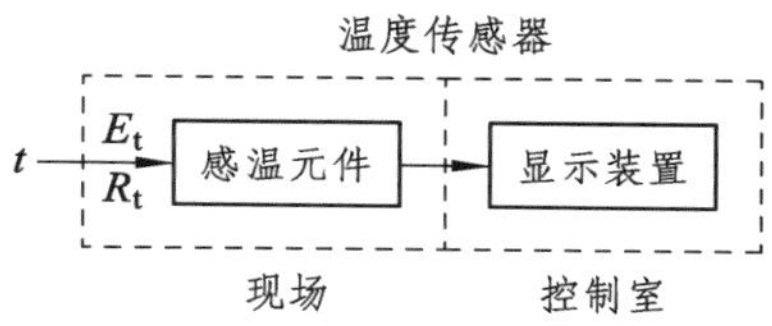

② 温度测量方法及分类。

测量方法按感温元件是否与被测介质接触，分成接触式与非接触式两大类。

接触式测温方法是使温度敏感元件和被测温度对象相接触，当被测温度与感温元件达到热平衡时，温度敏感元件与被测温度对象的温度相等。接触式测温方法比较直观、可靠。常用的接触式测温传感器有膨胀式温度计、热电偶和热电阻等，这类温度传感器具有结构简单、工作可靠、精度高、稳定性好、价格低廉等优点。由于敏感元件必须与被测对象接触，在接触过程中可能破坏被测对象的温度场分布，从而造成误差。

图 2-2　温度传感器组成

非接触式测温方法是指温度敏感元件不与被测对象接触，以辐射能量的方式进行热交换，根据热交换能量的大小推算被测物体的温度。使用该测温方法的温度传感器主要有光电高温传感器、红外辐射温度传感器、光纤高温传感器等。非接触式温度传感器理论上不存在热接触式温度传感器的测量滞后和在温度范围上的限制，可测高温、腐蚀、有毒、运动物体及固体、液体表面的温度，不破坏原有的温度场，但精度不高。

2. 膨胀式温度传感器

膨胀式温度传感器是基于物体受热时产生膨胀的物理现象设计出来的测温工具，根据液体、固体、气体受热时产生热膨胀的原理，这类温度传感器有液体膨胀式、固体膨胀式和气体膨胀式。

（1）液体膨胀式。

液体膨胀式温度传感器是由内部充入液体（称为工作液，如水银、酒精等）的标有刻度的细玻璃管构成的一种测温工具，常用的有水银玻璃温度计和电接点式温度计，这样的温度计在严格意义上还不能算传感器，它只能就地指示温度。

电接点式温度计可对设定的某一温度发出开关信号或进行位式控制，有固定式和可调式两种。图 2-3 所示为可调电接点式温度计，其中一根铂丝接在毛细管下部固定处，另一根铂丝根据设定温度可以上下移动，当升至设定温度时，铂丝与水银柱接通，反之断开，这种既可指示，又能发出通断信号的温度计，常用于温度测量和双位控制。

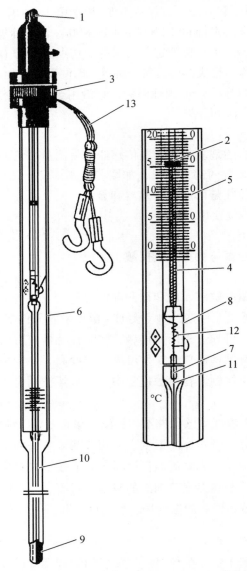

1—调整螺母；2—给定值指示件；3—螺旋轴；4—铜丝；5—标尺；6—圆玻璃管；7—铂丝接触点；
8—扁平玻璃管；9—玻璃温包；10—水银柱；11—铂丝；12—钨丝；13—导线。

图 2-3　电接点式温度计

（2）固体膨胀式。

固体膨胀式温度传感器是以双金属元件作为温度敏感元件受热而产生膨胀变形来测温

的。该类传感器是由两种线热膨胀系数不同的金属紧固结合在一起制成的双金属片构成，结构简单、牢固。双金属温度计可将温度变化转换成机械量变化，不仅用于测量温度，而且还用于温度控制装置（尤其是开关的"通断"控制），使用范围相当广泛。为了满足不同用途的要求和提高检测灵敏度，双金属元件制成各种不同的形状，如 U 形、螺旋形、螺管形、直杆形等。图 2-4 所示为双金属温度计的结构示意图。螺旋形双金属片一端固定，另一端连接指针轴，当温度变化时，感温元件的弯曲率发生变化，并通过指针轴带动指针偏转，在刻度盘上显示出温度的变化。它常用于测量-80 ~ 600 ℃ 的温度，抗震性能好，读数方便。双金属片温度计的测温范围与液体膨胀式温度计接近，但精度较差，常用在振动和受冲击的场合。

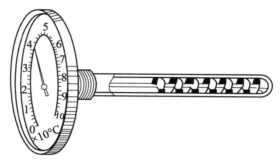

图 2-4　双金属温度计

（3）气体膨胀式。

气体膨胀式温度传感器是利用封闭容器中的气体压力随温度升高而升高的原理来测温的，利用这种原理测温的温度计又称压力式温度计，如图 2-5 所示。

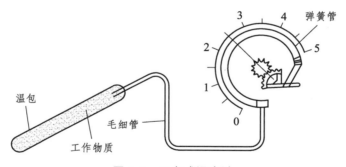

图 2-5　压力式温度计

温包、毛细管和弹簧管三者的内腔构成一个封闭容器，其中充满工作物质（如气体常为氮气），工作物质的压力经毛细管传给弹簧管，使弹簧管产生变形，并由传动机构带动指针，指示出被测温度的数值。温包内的工作物质也可以是液体（如甲醇、二甲苯、甘油等）或低沸点液体的饱和蒸汽（如乙醚、氯乙烷、丙酮等），温度变化时，温包内工作物质受热膨胀使液体或饱和蒸汽压力发生变化，属液体膨胀式的压力温度计。压力温度计结构简单、抗震及耐腐蚀性能好，与微动开关组合可作温度控制器用，但它的测量距离受毛细管长度限制，一般充液体可达 20 m，充气体或蒸汽可达 60 m。

3. 热电偶传感器

热电偶是一种将温度变化转换为电势变化的传感器，是工程上应用较广泛的温度传感器之一。它的测温范围很广，可以在 1 K 至 2 800 ℃ 的范围使用，构造简单，使用方便，具有较高的准确度、稳定性及复现性，其输出的信号为电势信号，便于处理和远距离传输。

（1）热电偶测温原理。

热电偶是由两种不同的导体（或半导体）A 和 B 组成一个闭合回路，如图 2-6 所示。当两导体（或半导体）接触温度不同时，则在该回路中产生电动势，这种现象称为热电效应，该电动势称为热电势 E_{AB}。两个接点，一个称工作端，又称测量端或热端，测温时将它置于被测介质中，工作端温度用 T 表示；另一个称自由端，又称参考端或冷端，自由端温度用 T_0 表示。热电偶所产生的热电势由两部分组成：温差电势和接触电势。

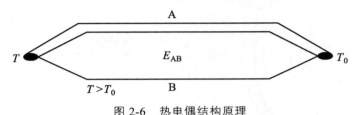

图 2-6　热电偶结构原理

① 接触电势。

接触电势是由于两种不同导体的自由电子密度不同而在接触处形成的电动势。两种导体接触时，自由电子由密度大的导体向密度小的导体扩散，在接触处失去电子的一侧带正电，得到电子的一侧带负电，形成稳定的接触电势，如图 2-7（a）所示。接触电势的数值取决于两种不同导体的性质和接触点的温度。两接点的接触电势 $E_{AB}(T)$ 和 $E_{AB}(T_0)$ 可表示为

$$E_{AB}(T) = \frac{KT}{e} \ln \frac{N_{AT}}{N_{BT}} \tag{2-1}$$

$$E_{AB}(T_0) = \frac{KT_0}{e} \ln \frac{N_{AT_0}}{N_{BT_0}} \tag{2-2}$$

式中　K——波尔兹曼常数；

　　　e——单位电荷电量；

　　　N_{AT}、N_{BT}、N_{AT_0}、N_{BT_0}——温度为 T 和 T_0 时，导体 A、B 的电子密度。

② 温差电势。

温差电势是同一导体的两端因其温度不同而产生的一种热电势。同一导体的两端温度不同时，高温端的电子能量要比低温端的电子能量大，因而从高温端跑到低温端的电子数比从低温端跑到高温端的要多，结果高温端因失去电子而带正电，低温端因获得电子而带负电，在导体两端形成温差电势，如图 2-7（b）所示，其大小由如下公式计算：

$$E_A(T, \ T_0) = \frac{K}{e} \int_{T_0}^{T} \frac{1}{N_{AT}} \cdot \frac{d(N_{AT} \cdot t)}{dt} dt \tag{2-3}$$

$$E_B(T, \ T_0) = \frac{K}{e} \int_{T_0}^{T} \frac{1}{N_{BT}} \cdot \frac{d(N_{BT} \cdot t)}{dt} dt \tag{2-4}$$

式中，N_{AT}、N_{BT} 分别为 A 导体和 B 导体的电子密度，是温度的函数。

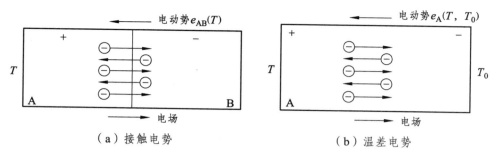

（a）接触电势　　　　　　　　　　　　（b）温差电势

图 2-7　热电偶的两种电势

③ 回路的总电势。

根据上述讨论，在两种金属材料 A 和 B 组成的热电偶回路中，产生的总热电势应该为

$$E_{AB}(T, T_0) = E_{AB}(T) + E_B(T, T_0) - E_{AB}(T_0) - E_A(T, T_0) \tag{2-5}$$

在总热电势中，温差电势比接触电势小很多，可忽略不计，热电偶的热电势可表示为

$$E_{AB}(T, T_0) = E_{AB}(T) - E_{AB}(T_0) \tag{2-6}$$

对于已选定的热电偶，当参考端温度 T_0 恒定时，$E_{AB}(T_0)$ 为常数 c，则总的热电动势就只与温度 T 成单值函数关系，即

$$E_{AB}(T, T_0) = E_{AB}(T) - c = f(T) \tag{2-7}$$

实际应用中，热电势与温度之间关系是通过热电偶分度表来确定的。分度表是在参考端（也称为冷端）温度为 0 ℃ 时，通过实验建立起来的热电势与工作端温度之间的数值对应关系。

（2）热电偶的基本定律。

热电偶测量温度时，会遇到一些实际问题，以下已由实验验证过的几个定律为解决实际运用中的一些问题提供了理论依据。

① 中间导体定律。

利用热电偶进行测温，必须在回路中引入连接导线和仪表，接入导线和仪表后会不会影响回路中的热电势呢？中间导体定律说明，在热电偶测温回路中，冷端（参考端）断开接入与 A、B 电极不同的另一种导体，只要中间导体的两端温度相同，则热电偶回路的总热电势不受影响。

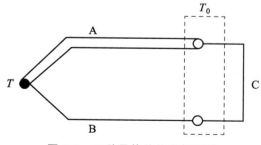

图 2-8　三种导体的热电偶回路

接入第三种导体回路如图 2-8 所示。由于温差电势可忽略不计，则回路中的总热电势等于各接点的接触电势之和。即

$$E_{ABC}(T, T_0) = E_{AB}(T) + E_{BC}(T_0) + E_{CA}(T_0) \tag{2-8}$$

当 $T = T_0$ 时，有

$$E_{BC}(T_0) + E_{CA}(T_0) = -E_{AB}(T_0) \tag{2-9}$$

将（2-9）式代入（2-8）式中得

$$E_{ABC}(T, T_0) = E_{AB}(T) - E_{AB}(T_0) = E_{AB}(T, T_0) \tag{2-10}$$

同理可得，加入第三种导体后，只要加入的导体两端温度相等，同样不影响回路中的总热电势。因此，仪表的接入不会引起回路热电势的变化。利用此规律，还可以使热电偶以开路的状态测量液态金属和金属壁面的温度。

② 中间温度定律。

热电偶 AB 在接点温度为 T 、 T_0 时的热电势 $E_{AB}(T, T_0)$ 等于热电偶 AB 在接点温度为 T 、 T_c 和 T_c 、 T_0 时的热电势 $E_{AB}(T, T_c)$ 和 $E_{AB}(T_c, T_0)$ 的代数和，如图 2-9 所示，有

$$E_{AB}(T, T_0) = E_{AB}(T, T_c) + E_{AB}(T_c, T_0) \tag{2-11}$$

该定律是参考端温度计算修正的理论依据。在实际热电偶测温回路中，利用热电偶这一性质，可对参考端温度不为 0 ℃的热电势进行修正。

③ 均质导体定律。

在由一种均质导体组成的闭合回路中，不论导体的截面和长度如何，以及各处的温度分布如何，都不能产生热电势。这条定律说明，热电偶必须由两种不同性质的均质材料构成，且热电偶的热电势仅与两接点的温度有关，与沿热电极的温度分布无关。如果热电偶的热电极是非均匀介质导体，在不均匀温度场中进行测温时会导致误差。因此，热电偶中的电极材料的均匀性对测量精度有着至关重要的影响。

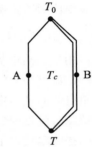

图 2-9　热电偶回路

（3）热电偶类型。

理论上讲，任何两种不同材料的导体都可以组成热电偶，但为了准确可靠地测量温度，对组成热电偶的材料必须经过严格的选择。工程上用于热电偶的材料应满足以下条件：热电势变化尽量大，热电势与温度关系尽量接近线性关系，物理、化学性能稳定，易加工，复现性好，便于成批生产，有良好的互换性。

实际上并非所有材料都能满足上述要求。目前，国际上公认比较好的热电偶材料只有几种。国际电工委员会（IEC）向世界各国推荐 8 种标准化热电偶。标准化热电偶已列入工业标准化文件中，具有统一的分度表。我国从 1988 年开始按照 IEC 标准生产热电偶。目前，工业上常用的有四种标准化热电偶，即铂铑 30-铂铑 6、铂铑 10-铂、镍铬-镍硅和镍铬-铜镍（也称为镍铬-康铜）热电偶。另外，还有一些满足特殊测温需要的热电偶，如用于测量 3 800 ℃超高温的钨镍系列热电偶，用于测量 2～273 K 超低温的镍铬-金铁热电偶等。

（4）热电偶传感器的结构形式。

为了满足不同生产场合的测温要求，设施农业中使用的热电偶的结构形式主要有普通型装配结构、柔性安装型铠装结构和薄膜型结构三种。

① 普通型装配结构。

普通型装配结构的热电偶一般由热电极、绝缘套管、保护管和接线盒组成，如图 2-10 所示。贵金属热电极直径一般在 0.5 mm 以内，廉价金属热电极直径一般为 0.5～3.2 mm。绝缘套管一般为单孔或双孔瓷管。外保护套管要求有较好的气密性、足够的机械强度、良好的导热性和稳定性，常用的外套管材料为铜、合金、不锈钢和陶瓷等。普通型装配结构热电偶按其安装时的连接形式可分为固定螺纹连接、固定法兰连接、活动法兰连接、无固定装置等多种形式。

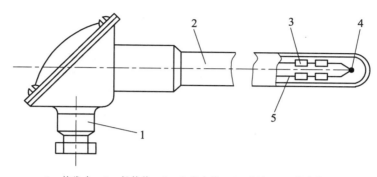

1—接线盒；2—保护管；3—绝缘套管；4—热端；5—热电极。

图 2-10 普通型热电偶结构

② 柔性安装型铠装结构。

柔性安装型铠装结构的热电偶又称套管热电偶。它是由热电偶丝、绝缘材料和金属套管三者经拉伸加工而成的坚实组合体，如图 2-11 所示。

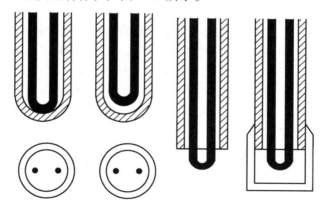

图 2-11 铠装型热电偶热端结构

它可以做得很细很长，使用中随需要能任意弯曲。柔性安装型铠装结构热电偶的主要优点是测温端热容量小，动态响应快，机械强度高，挠性好，可安装在结构复杂的装置上，因此被广泛用在许多工业部门中。

③ 薄膜型结构。

薄膜型结构的热电偶是将两种薄膜热电极材料用真空蒸镀、化学涂层等办法蒸镀到绝缘基板上面制成的一种特殊热电偶，如图 3-12 所示。薄膜型热电偶的热接点可以做得很小（可薄到 0.01～0.1 pLm），具有热容量小、反应速度快等特点，热响应时间达到微秒级，适用于微小面积上的表面温度以及快速变化的动态温度测量。

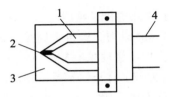

1—热电极；2—热接点；3—绝缘基板；4—引出线。

图 2-12　薄膜型热电偶结构

（5）热电偶的补偿导线及参考端温度补偿方法。

热端温度和冷端温度影响着热电偶的热电动势大小，只有当冷端温度恒定时，才能通过测量热电势的大小得到热端的温度。当热电偶冷端处在温度波动较大的地方时，必须首先使用补偿导线将冷端延长到一个温度稳定的地方，然后考虑将冷端稳定在 0 ℃，这称为热电偶的冷端处理和补偿。在实际测温过程中，冷端温度往往不为 0 ℃，那么工作端温度为 T 时，热电势 $E_{AB}(T, 0)$ 与热电偶实际产生的热电势 $E_{AB}(T, T_0)$ 之间的关系可根据中间温度定律得到下式：

$$E_{AB}(T, 0) = E_{AB}(T, T_0) - E_{AB}(T_0, 0)$$

（2-12）

由此可见，$E_{AB}(T, 0)$ 是冷端温度 T_0 的函数，因此需要对热电偶冷端温度进行补偿，下面介绍几种常用的补偿方法。

① 补偿导线法。

在实际测温时，需要把热电偶输出的电势信号传输到距离现场较远的控制室里的显示仪表或控制仪表，此时冷端温度比较稳定。热电偶一般做得较短，需要用导线将热电偶的冷端延伸出来。工程中常采用的一种补偿导线，通常由两种不同性质的廉价金属导线制成，补偿导线与所配热电偶具有相同的热电特性，这样做既能实现冷端迁移，又能降低电路成本。补偿导线分为延长型和补偿型两种。延长型的补偿导线合金丝的名义化学成分及热电势标称值与配用的热电偶相同，用字母"X"附在热电偶分度号后表示，如"KX"表示与 K 型热电偶配用的延长型补偿导线。补偿型的补偿导线合金丝的名义化学成分与配用的热电偶不同，其热电势值在 100 ℃ 以下时与配用的热电偶的热电势标称值相同，用字母"C"附在热电偶分度号后表示，如"KC"就是与 K 型热电偶配用的补偿型补偿导线。常用热电偶的补偿导线如表 2-1 所示。

表 2-1　热电偶的常用补偿导线

补偿导线型号	配用热电偶		补偿导线的线芯材料		绝缘层颜色	
	名称	型号	正极	负极	正极	负极
SC	铂铑 $_{10}$-铂	S	SPC（铜）	SNC（铜镍）	红	绿
KC	镍铬-镍硅	K	KPC（铜）	KNC（康铜）	红	蓝
KX	镍铬-镍硅	K	KPX（铜）	KNX（镍硅）	红	黑
JX	铁-铜镍	J	JPX（铁）	JNX（铜镍）	红	紫
TX	铜-铜镍	T	TPX（铜）	TNX（铜镍）	红	白
EX	镍铬-铜镍	E	EPX（镍铬）	KNX（铜镍）	红	棕

② 冷端温度修正法。

采用补偿导线可使热电偶的参考端延伸到温度比较稳定的地方，但只要参考端温度不等于 0 °C，需要对热电偶回路的电势值加以修正，应加上环境温度与冰点温度之间因温差产生的热电势后才能得出正确的结果。冷端温度修正法也称为计算修正法。

③ 冷端冰点恒温法。

在实验室及精密测量中，通常把参考端放入装满冰水混合物的容器中，以便参考端温度保持 0 °C，这种方法又称冰浴法，如图 2-13 所示。

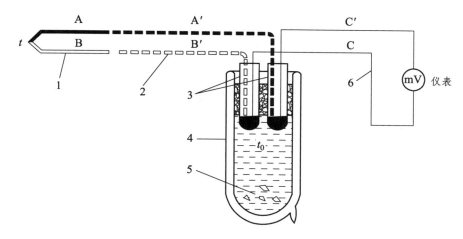

1—热电偶；2—补偿导线；3—试管；4—冰点槽；5—冰水混合物；6—铜导线。

图 2-13　热电偶测温应用线路

④ 补偿电桥法。

这种方法是利用不平衡电桥产生的不平衡电压作为补偿信号，来自动补偿热电偶测量过程中因参考端温度不为 0 °C 或变化而引起的热电势的变化值。如图 2-14 所示，不平衡电桥由三个电阻温度系数较小的锰铜丝绕制的电阻 R_1、R_2、R_3，一个电阻温度系数较大的铜丝绕制的电阻 R_{Cu} 和稳压电源组成。补偿电桥与热电偶参考端处在同一温度环境，但由于 R_{Cu} 的阻值随环境温度变化而变化，如果适当选择桥臂电阻和桥路电流，就可以使电桥产生的不平衡电压 U_{AB} 补偿由于参考端温度变化引起的热电势变化量，从而达到自动补偿的目的。

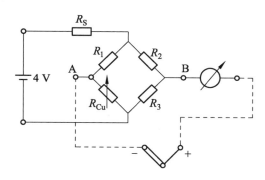

图 2-14　热电偶补偿电桥

（6）热电偶使用注意事项。

热电偶测温时，可以直接与显示仪表（如电子电位差计、数字表等）配套使用，也可与温度变送器配套使用，转换成标准电流信号。如用一台显示仪表显示多点温度时，可按图 2-15 连接，这样可节约显示仪表和补偿导线。特殊情况下，热电偶可以串联或并联使用，但只能是同一分度号的热电偶，且参考端应在同一温度下。如热电偶正向串联，可获得较大的热电势输出值和较高的灵敏度。在测量两点温差时，可使热电偶反向串联。将热电偶并联可以测量平均温度。

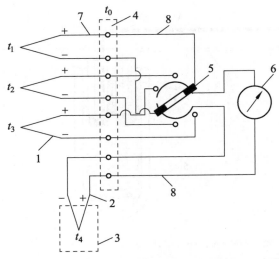

1—主热电偶；2—辅助热电偶；3—恒温箱；4—接线端子；5—切换开关；
6—显示仪表；7—补偿导线；8—铜导线。

图 2-15　多点测温应用线路

在实际使用中，热电偶测量端要有足够的插入深度，保护套管的测量端应超过管道中心线 5 ~ 10 mm。保护套管的外露长度应该尽量短，并加上保温层以防止传导散热带来的附加误差。在内部物质相对静止的管道中测温时，热电偶的保护套管应尽可能地垂直安装以避免高温环境下发生变形；在有流速的管道中，保护套管必须以倾斜的状态尽量在管道弯处安装，并且测量端要安放在迎向流速的方向。

4. 热敏电阻

除了热电偶之外，常用的温度敏感器件还有热敏电阻。一般来说，半导体比金属具有更大的电阻温度系数。热敏电阻就是利用半导体的电阻值随温度变化的特性而制成的热敏感器件。它是由某些金属氧化物和其他化合物按一定的配方比例烧结制作而成的，具有温度系数高、电阻率大、结构简单和机械性能好等优点。其缺点是线性度较差、线性范围较窄、复现性和互换性不理想。

根据不同热敏电阻率温度特性差异，热敏电阻基本可分为正温度系数（PTC）、负温度系数（NTC）和临界温度系数（CTR）三种类型。PTC 热敏电阻是以钛酸钡掺和稀土元素烧结而成的半导体陶瓷器件，具有正温度系数；CTR 热敏电阻是以三氧化二钒与钡、硅等氧化物，在磷、硅氧化物的弱还原气氛中混合烧结而成，呈半玻璃状，具有负温度系数；NTC 热敏电阻主要由锰、钴、镍、铁和铜等过渡金属氧化物混合烧结而成，改变混合物的成分和配比，就可以获得测温范围、阻值及温度系数不同的 NTC 热敏电阻，具有很高的负电阻温度系数。

无论是哪一种类型的热敏电阻，其共同的特点是其使用的材料均具有尽可能大和稳定的电阻温度系数和电阻率，物理化学性能稳定。

热敏电阻主要是由热敏探头、引线、壳体等构成。一般做成二端器件，但也有做成三端或四端器件的。二端和三端器件为直热式，即热敏电阻直接由连接的电路获得功率，四端器件则是旁热式的。

工业上广泛使用金属热电阻传感器进行-200 ℃ ~ +500 ℃ 范围的温度测量。在特殊情况下，测量的低温端可达 3.4 K，甚至更低，达到 1 K 左右。高温端可测到 1 000 ℃。金属热电阻传感器进行温度测量的特点是精度高、适于测低温。在使用热敏电阻测温的场合中，电桥是最常用的测量电路。其中，精度较高的是自动电桥。为了消除由于连接导线电阻随环境温度变化而造成的测量误差，常采用三线制和四线制连接法。

近年来，温度检测和控制有向高精度、高可靠性发展的倾向，特别是各种工艺的信息化及运行效率的提高，对温度的检测提出了更高水平的要求。以往铂测温电阻具有响应速度慢、容易破损、难于测定狭窄位置的温度等缺点，现已逐渐使用能大幅度改善上述缺点的极细型铠装铂测温电阻，因而将使应用领域进一步扩大。铂测温电阻传感器主要应用于钢铁、石油化工的各种工艺过程；纤维等工业的热处理工艺；食品工业的各种自动装置；空调、冷冻冷藏工业；宇航和航空、物化设备及恒温槽等。

5. 集成温度传感器

集成温度传感器是利用晶体管 PN 结的电流、电压特性与温度的关系，把感温 PN 结及有关电子线路集成在一个小硅片上，而构成的一个小型一体化的专用集成电路。集成温度传感器具有体积小、反应快、线性好、价格低等优点，由于 PN 结受耐热性能和特性范围的限制，它只能用来测 150 ℃ 以下的温度。常用的集成温度传感器有 AD311、AD590、LT1088 和 DS18B20 等。

6. 非接触式温度技术

在高温环境下的温度测量中，非接触式测温技术应用最为广泛。其原理是，任何物体处于绝对零度以上时，因其内部带电粒子的运动，都会以一定波长电磁波的形式向外辐射能量，这种能量能够被相关的能量敏感器件感测出来。辐射式测温仪表就是利用物体的辐射能量随其温度而变化的原理制成的。在测量时，只需把温度计光学接收系统对准被测物体，而不必与物体接触，因此，可以测量运动物体的温度且不破坏物体的温度场。此外，由于感温元件只接收辐射能，不必达到被测物体的实际温度，从理论上讲，没有上限，可以测量超高温。常用非接触式测温工具有光学温度计和辐射式温度计两种。

2.4.2　压力检测技术

压力是重要的设施农业控制参数之一，正确测量和控制压力对保证设施农业生产过程的安全性、准确性、稳定性和经济性有重要意义。压力及差压的测量技术还被广泛地应用在流量和液位的测量领域。

1. 压力概述

"压力"在工程应用领域中实质上就是物理学里的"压强"，定义为均匀而垂直作用于单位面积上的力。国际单位制（SI）中定义：1 牛顿力垂直均匀地作用在 1 平方米面积上，形成的压力为 1"帕斯卡"，简称"帕"，符号为 Pa。过去采用的压力单位"工程大气压"（即 kgf/cm²）、"毫米汞柱"（即 mmHg）、"毫米水柱"（即 mmH₂O）、"物理大气压"（即 atm）等均应改为法定计量单位"帕"，其换算关系如下：

$$1 \ kgf/cm^2 = 0.980\ 7 \times 10^5 \ Pa$$

$$1 \ mmH_2O = 0.980\ 7 \times 10 \ Pa$$

$$1 \ mmHg = 1.333 \times 10^2 \ Pa$$

$$1 \ atm = 1.013\ 25 \times 10^5 \ Pa$$

关于压力，有绝对压力、差压和表压力等几个比较重要的基本概念。其中，绝对压力是指作用于物体表面上的全部压力，其零点以绝对真空为基准，又称总压力或全压力；差压是指任意两个压力之差，如静压式液位计和差压式流量计就是利用测量差压的大小来知道液位和流体流量的大小的；表压力指绝对压力与大气压力之差，测压仪表一般指示的压力都是表压力，表压力又称相对压力。当绝对压力小于大气压力，则表压力为负压，负压的绝对值称为真空度，如测炉膛和烟道气的压力均是负压。

测量压力的传感器很多，如应变式、压阻式、电容式、差动变压器、霍尔、压电等传感器等。下面介绍几种设施农业上常用的压力测量仪表和传感器。

2. 液柱式压力计

液柱式压力计一般采用水银或水为工作液，用 U 型管或单管进行测量，常用于低压、负压或压力差的测量。如图 2-16 所示的 U 形管内装有一定数量的液体，U 形管一侧通压力 p_1，另一侧通压力 p_2。当 $p_1 = p_2$ 时，左右两管的液体高度相等。当 $p_1 < p_2$ 时，两边管内液面便会产生高度差。根据液体静力学的相关原理可计算出被测压力。若把 U 形管的其中一侧长管换成大直径的容器，可变成如图 2-17 所示的单管。测压原理与 U 形管相同，因为容器直径比 U 形管管径大得多，杯内液位变化可略去不计，简化了计算和读数。

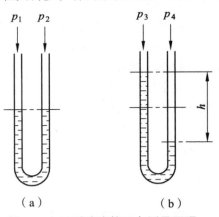

（a） （b）

图 2-16　U 型玻璃管压力测量原理

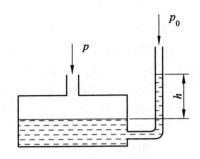

图 2-17　液柱式压力计

3. 弹性式压力传感器

弹性式压力传感器是根据弹性元件受压后发生弹性变形的原理制作而成的。该类传感器结构简单、价格低廉、测量范围大、使用维护比较方便，在设施农业生产中应用比较广泛。

（1）弹性元件。

为满足不同场合、不同范围的压力测量要求，不同材料和形状的弹性元件被作为压力感测元件，如弹簧管、波纹管和膜片等。图2-18给出了一些常用弹性元件的示意图。

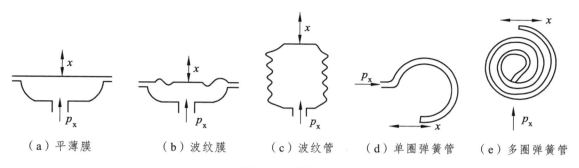

（a）平薄膜　　　（b）波纹膜　　　（c）波纹管　　　（d）单圈弹簧管　　　（e）多圈弹簧管

图 2-18　弹性元件

图2-19为利用弹性形变测压原理图。活塞缸的活塞底部加有柱状螺旋弹簧，弹簧一端固定，当通入被测压力声时，弹簧被压缩并产生一个与被测压力平衡的弹性力，在弹性形变限度内，弹簧被压缩后产生的弹性位移量与被测压力的关系符合胡克定律，经过简单的计算便可得出结果。

金属弹性元件都具有不完全弹性，即在所加作用力去除后，弹性元件会表现残余变形、弹性后效和弹性滞后等现象，这将会造成测量误差。弹性元件特性与选用的材料和负载的最大值有关，要减小这方面的误差，应注意选用合适的材料，加工成形后进行适当的热处理等。

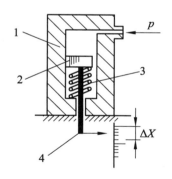

1—活塞缸；2—活塞；3—弹簧；4—指针。

图 2-19　弹性元件测压原理

（2）弹簧管压力表。

弹簧管压力表在弹性式压力表中更是历史悠久，它结构简单，使用方便，价格低廉，使用范围广，测量范围宽，可以测量负压、微压、低压、中压和高压，应用广泛。

弹簧管压力表中压力敏感元件是弹簧管。弹簧管的横截面呈非圆形（椭圆形或扁形），弯成圆弧形的空心管子。如图2-20所示的弹簧管压力计，被测压力由接头9通入，迫使弹簧管1的自由端产生位移，通过拉杆2使扇形齿轮3做逆时针偏转，于是指针5通过同轴的中心齿轮4的带动而做顺时针偏转，在面板6的刻度标尺上显示出被测压力的数值。

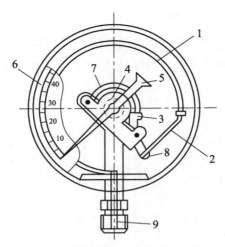

1—弹簧管；2—拉杆；3—扇形齿轮；4—中心齿轮；5—指针；
6—面板；7—游丝；8—调节螺钉；9—接头。

图 2-20　弹簧管压力计

弹簧管压力计中的核心管子，其一端为封闭，作为位移输出端，另一端为开口，为被测压力输入端。当开口端通入被测压力后，非圆横截面在压力户作用下将趋向圆形，并使弹簧管有伸直的趋势而产生力矩，其结果使弹簧管的自由端产生位移，同时改变中心角。中心角的相对变化量与被测压力符合一定的函数关系，具有均匀壁厚的圆形弹簧管不能用作测压敏感元件。对于单圈弹簧管，中心角变化量比较小，可采用多圈弹簧管以提高此变化量。

4. 压阻式压力传感器

压阻式压力传感器的压力敏感元件是压阻元件，它是基于压阻效应工作的。所谓压阻元件，实际上就是指在半导体材料的基片上用集成电路工艺制成的扩散电阻，当它受外力作用时，其阻值由于电阻率的变化而改变。扩散电阻正常工作时需依附于弹性元件，常用的是单晶硅膜片。

图 2-21 是压阻式压力传感器的结构示意图。在一块圆形的单晶硅膜片上，布置四个扩散电阻，组成一个全桥测量电路。膜片用一个圆形硅杯固定，将两个气腔隔开。一端接被测压力，另一端接参考压力。当存在压差时，膜片产生变形，使两对电阻的阻值发生变化，电桥失去平衡，其输出的电压值反映了膜片承受的压差的大小。

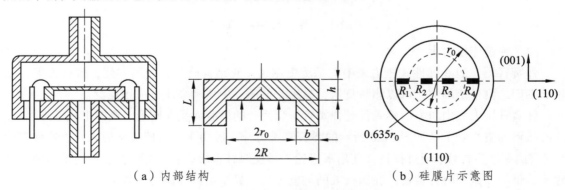

（a）内部结构　　　　　　　　　　　　　　（b）硅膜片示意图

图 2-21　压阻式压力传感器结构

压阻式压力传感器的主要优点是体积小，结构比较简单，动态响应也好，灵敏度高，能测出十几帕斯卡的微压，它是一种比较理想的、目前发展和应用较为迅速的一种压力传感器。

这种传感器测量准确度受到非线性和温度的影响，从而影响压阻系数的大小。现在出现的智能压阻压力传感器利用微处理器对非线性和温度进行补偿，它利用大规模集成电路技术，将传感器与计算机集成在同一块硅片上，兼有信号检测、处理、记忆等功能，从而大大提高了传感器的稳定性和测量准确度。

5. 霍尔传感器

霍尔传感器是利用霍尔效应原理将被测物理量转换为电动势的传感器。将半导体薄片置于磁场中，当它的电流方向与磁场方向不一致时，半导体薄片上平行于电流和磁场方向的两个面之间产生电动势，这种现象称为霍尔效应，该电动势称为霍尔电势，半导体薄片称为霍尔元件。霍尔效应是美国物理学家霍尔于 1879 年在金属材料中发现的，后来随着半导体和制造工艺的发展，人们利用半导体材料制成霍尔元件，由于它的霍尔效应显著而得到实用和发展，广泛用于电流、磁场、位移、压力等物理量的测量。

如图 2-22 所示，在垂直于外磁场 B 的方向上放置半导体薄片，当半导体薄片流有电流 I（称控制电流）时，在半导体薄片前后两个端面之间产生霍尔电势 U_H。由实验可知，霍尔电势的大小与激励电流 I 和磁场的磁感应强度成正比，与半导体薄片厚度 d 成反比。霍尔效应是半导体中的载流子（电流的运动方向）在磁场中受洛伦兹力 F 作用发生横向漂移的结果。电流是半导体导电板中的载流子（电子），在电场的作用下做定向运动的产物，若再在导电板的厚度方向上（垂直电流方向）作用一个磁感应强度为 B 的均匀磁场，则每个载流子受洛伦兹力 F 的作用。F 的方向在图中是向后的，这时的电子除了沿电流反方向宏观地定向移动外，还向后漂移，结果使导电板的后表面相对前表面积累了多余的电子，前面因缺少电子积累了多余的正电荷。这两种积累电荷在导电板内部宽度 b 的方向上建立了附加电场，称为霍尔电场。随着积累电荷的增加，霍尔电场强度增加，电子受到的电场力也增加，直到电子受到的洛伦兹力和霍尔电场力反向等值为止。

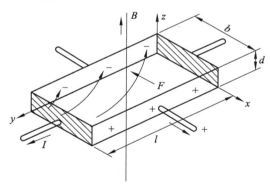

图 2-22　霍尔效应原理

霍尔元件的结构如图 2-23 所示。从矩形薄片半导体基片上的两个相互垂直方向侧面上，引出一对电极，其中 1-1′电极称为控制电极，用于控制电流。2-2′电极称为霍尔电势输出极，用于引出霍尔电势。在基片外面用金属或陶瓷、环氧树脂等封装作为外壳。霍尔电极在基片上的位置及它的宽度对霍尔电势 U_H 数值影响很大。通常霍尔电极位于基片长度的中间，其宽度远小于基片的长度。

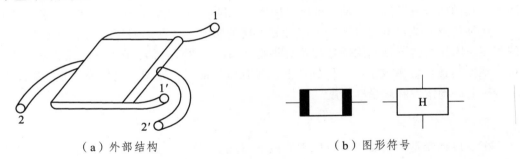

（a）外部结构　　　　　　　　　　　（b）图形符号

图 2-23　霍尔元件

霍尔元件具有结构简单、体积小、重量轻、频带宽、动态特性好和寿命长等许多优点，因而得到广泛应用，如在电磁测量领域中测量恒定的或交变的磁感应强度、有功功率、无功功率、相位、电能等参数，又如在自动检测领域中用于位移和压力的测量。

在压力测量领域，霍尔元件组成的压力传感器基本包括两部分：一部分是弹性元件，如弹簧管或膜盒等，用它感受压力，并把它转换成位移量；另一部分是霍尔元件和磁路系统。图 2-24 所示为霍尔式压力传感器的结构示意图。其中，弹性元件是一个弹簧管，当被测压力发生变化时，弹簧管端部发生位移，带动霍尔片在均匀梯度磁场中移动，作用在霍尔片上的磁场发生变化，输出的霍尔电势随之改变，由此知道压力的变化。并且霍尔电势与位移（压力）呈线性关系，其位移量在±1.5 mm 范围内输出的霍尔电势值约为±20 mV。

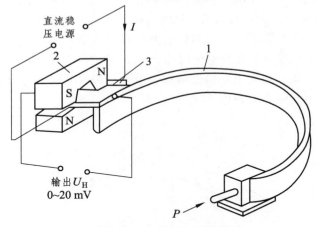

1—弹簧管；2—磁铁；3—霍尔片。

图 2-24　霍尔式压力传感器结构

6. 压力传感器的选用与安装

在工业生产中，对压力传感器进行选型、确定检测点与安装等是非常重要的，传感器选用的基本原则是依据实际工艺生产过程对压力测量所要求的工艺指标、测压范围、允许误差、介质特性及生产安全等因素，确保经济合理、使用方便。

弹性式压力传感器要保证弹性元件在弹性变形的安全范围内可靠地工作，在选择传感器量程时必须留有足够的余地。一般在被测压力较稳定的情况下，最大压力值应不超过满量程的 3/4，在被测压力波动较大的情况下，最大压力值应不超过满量程的 2/3。为了保证测量精度，被测压力最小值应不低于全量程的 1/3。

传感器测量结果的准确性，不仅与传感器本身的精度等级有关，而且还与传感器的安装、使用是否正确有关。压力检测点应选在能准确及时地反映被测压力的真实情况的位置。因此，取压点不能处于流束紊乱的地方，即要选在管道的直线部分，即离局部阻力较远的地方。

测量高温蒸汽压力时，应装回形冷凝液管或冷凝器，以防止高温蒸汽与测压元件直接接触，如图 2-25（a）所示。测量腐蚀、高黏度、有结晶等介质时，应加装充有中性介质的隔离罐，如图 2-25（b）所示。隔离罐内的隔离液应选择沸点高、凝固点低、化学与物理性能稳定的液体，如甘油、乙醇等。压力传感器安装高度应与取压点相同或相近。当压力表的指示值比管道内的实际压力高，对液柱附加的压力误差应进行修正。

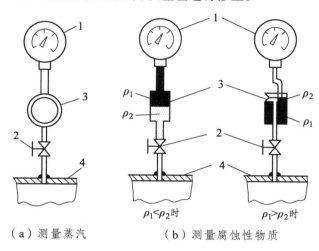

（a）测量蒸汽　　　　　（b）测量腐蚀性物质

图 2-25　压力表安装

2.4.3　流量检测技术

流量是设施农业生产中一个重要参数。很多原料、半成品、成品是以流体状态出现的。流体的流量就成为决定产品成分和质量的关键，也是生产成本核算和合理使用能源的重要依据。因此流量的测量和控制是生产过程自动化的重要环节。流量测量在日常生活中也经常遇到，如气、水、油的消耗量都直接用流量采计量。随着科学技术的发展，生产环境日趋复杂，对流量测量的要求也越来越高。因此，运用不同的物理原理和规律，人们研制出各类流量检测传感器应用于流量测量。

1. 流量概述

单位时间内流过管道某一截面的流体数量，称为瞬时流量（q）。而在某一段时间间隔内流过管道某一截面的流体量的总和，即瞬时流量在某一段时间内的累积值，称为总量或累积流量。

瞬时流量有体积流量和质量流量之分。

（1）体积流量 q_v。

单位时间内通过某截面的流体的体积，单位为 m^3/s。根据定义，体积流量可用式 2-13 表示：

$$q_v = \int_A v \mathrm{d}t \tag{2-13}$$

式中，v 可为截面 A 中某一面积元 $\mathrm{d}A$ 上的流速。

（2）质量流量 q_m。

单位时间内通过某截面的流体的质量，单位为 kg/s。根据定义，质量流量可用下式表示：

$$q_m = \int_A \rho V \mathrm{d}A \tag{2-14}$$

式中，ρ 为流体的密度，V 为单位时间内通过某截面流体的体积。

工程上讲的流量常指瞬时流量，下面若无特别说明均指瞬时流量。生产过程中各种流体的性质各不相同，流体的工作状态（如介质的温度、压力等）及流体的黏度、腐蚀性、导电性也不同，很难用一种原理或方法测量不同流体的流量。尤其工业生产过程的情况复杂，某些场合的流体是高温、高压，有时是气液两相或液固两相的混合流体。所以目前流量测量的方法很多，测量原理和流量传感器（或称流量计）也各不相同，从测量方法上一般可分为三大类。

① 容积法。

这种方法在单位时间内以标准固定体积对流动介质连续不断地进行度量，以排出流体固定容积数来计算流量。基于这种检测方法的流量检测仪表主要有：椭圆齿轮式流量计、旋转活塞式流量计和刮板式流量计等。容积法受流体的流动状态影响小，适用于测量高黏度、低雷诺数的流体。

② 速度法。

这种方法是通过测量流体在管路内已知截面流过的流速大小来实现流量测量的。将平均流速乘以管道截面积就可以求得流体的体积流量。用来检测管道内流速的方法主要有节流式、电磁式、变面积式、旋涡式、涡轮式、声学式和热学式等几种。大部分方法都是利用管道中流量敏感元件（如孔板、转子、涡轮、靶子、非线性物体等）把流体的流速变换成压差、位移、转速、冲力、频率等对应的信号后间接测量流量的。速度法有较宽的使用条件，可用于各种工况下的流体流量检测，有的方法还可用于对脏污介质流体的检测。但是，由于这种方法是利用平均流速计算流量，所以管路条件的影响很大，流动产生涡流及截面上流速分布不对称等都会给测量带来误差。

③ 质量法。

质量流量传感器有两种：一种是根据质量流量与体积流量的关系，测出体积流量再乘以被测流体的密度的间接质量流量传感器，如工程上常用的采取温度、压力自动补偿的补偿式质量流量传感器。另一种是直接测量流体质量流量的直接式质量流量传感器，如热式、惯性力式、动量矩式等质量流量传感器等。直接法测量具有不受流体的压力、温度、黏度等变化影响的优点，是一种正在发展中的质量流量传感器。

下面对有代表性的、设施农业中应用较为广泛的流量传感器做介绍。

2. 差压式流量传感器

差压式流量传感器是目前技术最成熟、应用最广泛的流量监测工具之一。根据其检测件的作用原理，该类传感器可分为节流式、动压头式、水阻力式、离心式、动压增益式和射流式等几大类。其中以节流式应用最广泛。节流式流量传感器是利用管路内的节流装置，将管道中流体的瞬时流量转换成节流装置前后的压力差。差压式流量传感器主要由节流装置、引压导管和差压计（或差压变送器）组成，如图2-26所示。节流装置的作用是把被测流体的流量转换成压差信号；引压导管将节流装置前后产生的差压传送给差压变送器（或差压计）；差压计则对压差进行测量并显示测量值，差压变送器能把差压信号转换为与流量对应的标准电信号或气信号，以供显示、记录或控制。

图 2-26　差压式流量传感器结构

当充满管道的流体流经管道内的节流件时，流速将在节流件处形成局部收缩，因而流速增加，静压力降低，于是在节流件前后便产生了压差。流体流量愈大，产生的压差愈大，这样可依据压差来衡量流量的大小。压差的大小不仅与流量有关，还与其他许多因素有关，如当节流装置形式或管道内流体的物理性质不同时，在同样大小的流量下产生的压差也是不同的。

（1）节流装置。

节流装置是差压式流量传感器的流量敏感检测元件，是安装在流体流动的管道中的阻力元件。

按照标准文件设计制造的节流装置，其结构形式、相对尺寸、技术要求、管道条件和安装要求等均已标准化，故又称标准节流元件。这类节流装置无须经实流校准即可确定其流量值并估算流量测量误差。标准节流装置无须检测和标定，可以直接投产使用，并可保证流量测量的精度。

尚未列入标准文件中的节流装置称为非标准节流装置，这类装置成熟程度较差，一般需校准后使用。

完整的节流装置由节流元件、取压装置和上下游测量导管 3 部分组成。常用的节流元件有孔板、喷嘴、文丘里管，如图2-27所示。其中孔板最简单又最为典型，加工制造方便，在批量化生产过程中常采用孔板。

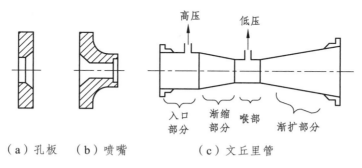

（a）孔板　（b）喷嘴　　　　（c）文丘里管

图 2-27　热电偶测温应用线路

（2）测量原理与流量方程式。

① 测量原理。在管道中流动的流体，具有动压能和静压能，在一定条件下这两种形式的能量可以相互转换，但参加转换的能量总和不变。用节流元件测量流量时，流体流过节流装置前后产生压力差 Δp（$\Delta p = p_1 - p_2$），且流过的流量越大，节流装置前后的压差也越大，流量

与压差之间存在一定关系，这就是差压式流量传感器的测量原理。

图 2-28 为节流件前后流速和压力分布情况，图中充分地反映了能量形式的转换。由于流量是稳定不变的，即流体在同一时间内通过管道截面 A 和节流件开孔截面 A_0 的流体量应相同，这样通过截面 A_0 的流速必然比通过截面 A 时快。在流速变化的同时，流体的动压能和静压能也发生变化，根据能量守恒定律，在孔板前后出现静压差。通过测量静压差便可以求出流速和流量。

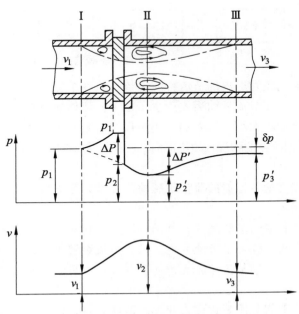

图 2-28　节流件前后流速和压力分布情况

② 流量方程式。假设节流件上游入口前的流速为 v_1，密度为 ρ_1，静压为 p_1，流过节流件时的流速、密度和静压分别为 v_2、ρ_2 和 p_2，对于不可压缩理想流体，能量方程为

$$\frac{p_1}{\rho} + \frac{v_2}{2} = \frac{p_2}{\rho} + \frac{v_2}{2} \tag{2-15}$$

流体的连续方程为

$$A v_1 \rho = A_0 v_2 \rho \tag{2-16}$$

联立求解得到流量与压差之间的流量方程式为

体积流量

$$q_V = \alpha A_0 \sqrt{\frac{2\Delta p}{\rho}} \tag{2-17}$$

质量流量

$$q_m = \alpha A_0 \sqrt{2\rho \Delta p} \tag{2-18}$$

式中，α 为流量系数。它与节流装置的结构形式、取压方式、节流装置开孔直径和管道的直径比以及流体流动状态（雷诺数）等有关。对于标准节流装置，α 值可直接从有关手册中查出。

对于可压缩流体,例如各种气体及蒸汽通过节流元件时,由于压力变化必然会引起密度 ρ 的改变,这时在公式中应引入流速膨胀系数 ε,公式应变为

$$q_V = \alpha \varepsilon A_0 \sqrt{\frac{2\Delta p}{\rho}} \tag{2-19}$$

$$q_m = \alpha \varepsilon A_0 \sqrt{2\rho\Delta p} \tag{2-20}$$

（3）配标准节流装置的差压计。

标准节流装置输出的差压信号由压力信号管路输送到差压计或差压变送器。由流量基本方程式可以看出,被测流量与压差 Δp 呈平方根关系,对于直接配用差压计显示流量时,流量标尺是非线性的,为了得到线性刻度,可加开方运算电路。差压流量变送器应带有开方运算,使变送器输出电流与流量呈线性关系。

（4）安装注意事项。

节流式差压流量计的安装要求包括管道条件、管道连接情况、取压口结构、节流装置上下游直管段长度及差压信号管路的敷设情况等。

① 测量管及其安装。

测量管是指节流件上下游直管段,是节流装置的重要组成部分,其结构及几何尺寸对进入节流件流体的流动状态有重要影响,所以在标准中对测量管的结构尺寸及安装有详细规定。

② 节流件的安装。

节流件安装时应垂直于管道轴线,其偏差允许在±1°之间,节流件应与管道同轴。

③ 差压信号管路的安装。

差压信号管路是指节流装置与差压变送器（或差压计）的导压管路。它是差压流量计的薄弱环节,据统计差压流量计的故障中引压管路最多,约占全部故障率的 70%,因此对差压信号管路的配置和安装应引起高度重视。取压口一般设置在法兰、环室或夹持环上。导压管的材质应按被测介质的性质和参数确定,其内径不小于 6 mm。导压管应垂直或倾斜敷设。根据被测介质和节流装置与差压变送器（或差压计）的相对位置,差压信号管路有不同的安装方式。

3. 电磁流量传感器

电磁流量传感器是利用法拉第电磁感应定律制成的一种测量导电液体体积流量的仪表。20 世纪 50 年代初,电磁流量传感器实现了工业化应用,近年来电磁流量计性能有了很大提高,得到了更为广泛的应用。根据电磁流量计的结构与原理可知,它有如下主要特点:电磁流量传感器的测量通道是一段无阻流检测件的光滑直管,因不易阻塞,适用于测量含有固体颗粒或纤维的液固二相流体,如纸浆、煤水浆、矿浆、泥浆和污水等;不产生因检测流量所形成的压力损失;测得的体积流量不受流体密度、黏度、温度、压力和电导率（只要在某一阈值以上）变化明显的影响;前置直管段要求较低;测量范围大,通常为 20：1～50：1;不能测量电导率很低的液体,如石油制品和有机溶剂等;不能测量气体、蒸汽和含有较多较大气泡的液体;通用型电磁流量计由于受衬里材料和电气绝缘材料限制,不能用于较高温度液体的测量。如图 2-29 所示,在磁场中安置一段不导磁、不导电的管道,管道外面安装一对磁极,当有一定电导率的流体在管道中流动时就切割磁力线。与金属导体在磁场中的运动一样,在

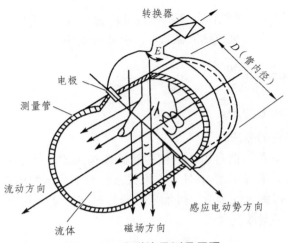

图 2-29　电磁流量测量原理

导体（流动介质）的两端也会产生感应电动势，由设置在管道上的电极导出。该感应电动势大小与磁感应强度、管径大小、流体流速大小有关，即

$$E = -\frac{\mathrm{d}\phi}{\mathrm{d}t} = -BDv \qquad (2-21)$$

式中，B 为磁感应强度（T），D 为管道内径（m），v 为导体（即流体）的运动速度（m/s），E 为感应电动势（V）。

体积流量与流体流速 v 关系为

$$q_v = \frac{1}{4}\pi D^2 v \qquad (2-22)$$

将式（2-22）代入式（2-21），可得

$$E = \frac{4}{\pi} \cdot \frac{B}{D} \cdot q_v = Kq_v \qquad (2-23)$$

式中，K 被称为仪表常数。

磁感应强度 B 及管道内径 D 固定不变，则 K 为常数，两电极间的感应电动势 E 与流量呈线性关系，便可通过测量感应电动势 E 来间接测量被测流体的流量值。

电磁流量传感器产生的感应电动势信号是很微小的，需通过电磁流量转换器来显示流量。常用的电磁流量转换器能把传感器的输出感应电动势信号放大并转换成标准电流（0～10 mA 或 4～20 mA）信号或一定频率的脉冲信号，配合单元组合仪表或计算机对流量进行显示、记录、运算、报警和控制等。

电磁流量传感器只能测量导电介质的流体流量，适用于测量各种腐蚀性酸、碱、盐溶液，固体颗粒悬浮物，黏性介质（如泥浆、纸浆、化学纤维、矿浆）等溶液，也可用于各种有卫生要求的医药、食品等部门的流量测量（如血浆、牛奶、果汁、卤水、酒类等），还可用于大型管道自来水和污水处理厂流量测量以及脉动流量测量等。

4. 涡轮流量传感器

涡轮流量传感器是叶轮式速度流量计量工具的主要品种。在叶轮式流量计量工具中，还包括叶轮风速计和各种水表等。其共同的工作原理是：置于流体中的叶轮的旋转角速度与流

体流速成正比，通过测量叶轮的旋转角速度就可以得到流体的流速，从而得到管道内的流量值。在设施农业中使用的高准确度叶轮式流量传感器，称为涡轮流量计。图 2-30 为涡轮流量传感器的结构示意图。它是在管道中安装一个可自由转动的叶轮，流体流过叶轮使叶轮旋转，流量越大，流速越高，则动能越大，叶轮转速也越高。测量出叶轮的转速或频率，就可确定流过管道的流体流量和总量。

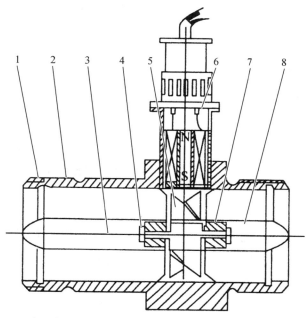

1—紧固件；2—壳体；3—前导向体；4—止推片；5—叶轮；
6—电磁感应式信号检测器；7—轴承；8—后导向体。

图 2-30　涡轮流量传感器

涡轮由高导磁的不锈钢制成，线圈和永久磁钢组成磁电感应转换器。测量时，当流体通过涡轮叶片与管道间的间隙时，流体对叶片前后产生压差推动叶片，使涡轮旋转，在涡轮旋转的同时，高导磁性的涡轮叶片周期性地改变磁电系统的磁阻值，使通过线圈的磁通量发生周期性的变化，因而在线圈两端产生感应电动势，该电动势经过放大和整形，便可得到足以测出频率的方波脉冲，如将脉冲送入计数器就可求得累积总量。

涡轮流量传感器具有精度高、重复性好、测量范围宽、反应速度快、安装方便、输出结果线性度好、输出信号（通常为电脉冲）便于处理和远距离传输等特点。

5. 超声流量传感器

超声流量传感器是通过检测流体流动时对超声束（或超声脉冲）的作用，以测量体积流量的工具。超声流量传感器可进行非接触测量和无流动阻挠测量（无额外压力损失），适用于大型圆形管道和矩形管道。基于多普勒效应研制的超声流量传感器还可测量固相含量较多或含有气泡的液体。另外，超声流量计可测量非导电性液体，在无阻挠流量测量领域是对前面所讲的电磁流量传感器的一种很好的补充。

超声流量传感器在测量封闭管道流量方面应用最广泛，其测量原理方法有传播时间法、多普勒效应法、波束偏移法、相关法和噪声法等几种。

　　超声流量计主要由安装在测量管道上的超声换能器（或由换能器和测量管组成的超声流量传感器）和转换器组成。转换器在结构上分为固定盘装式和便携式两大类。换能器和转换器之间由专用信号传输电缆连接，在固定测量的场合需在适当的地方装接线盒。夹装式换能器通常还需配用安装夹具和耦合剂。图 2-31 所示的是一般的超声流量测量系统组成示意图，此系统是测量液体用传播时间法单声道透过式超声流量传感器。

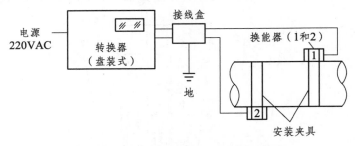

图 2-31　基于超声技术的流量测量系统

2.4.4　物位检测技术

　　物位是指存放在容器或工业设备中物质的高度和位置。如液体介质液面的高低称为液位；液体-液体或液体-固体的分界面称为界位；固体粉末或颗粒状物质的堆积高度称为料位。液位、界位及料位测量统称为物位测量。

1. 物位概述

　　物位是指各种容器设备中液体介质液面的高低、两种不溶液体介质的分界面的高低和固体粉末状颗粒物料的堆积高度等的总称。这一类传感器根据具体用途分为液位、料位、界位等传感器。

　　设施农业中通过物位测量能正确获取各种容器和设备中所储的物质的体积量和质量，以迅速正确反映某一特定基准面上物料的相对变化，监视或连续控制容器设备中的介质物位，或对物位上下极限位置进行报警。

　　物位传感器种类较多，按其工作原理可分为直读式、浮力式、差压式、电学式、棱辐射式、声学式、微波式、激光式、射流式和光纤维式，等等。

2. 浮力式液位传感器

　　浮力式液位传感器是利用液体浮力来测量液位的。它结构简单，使用方便，是目前应用较广泛的一种液位传感器。根据测量原理，分为恒浮力式和变浮力式两大类型。

　　最原始的浮力式液位传感器是将一个浮子置于液体中，它受到浮力的作用漂浮在液面上，当液面变化时，浮子随之同步移动，其位置就反映了液面的高低。水塔里的水位常用这种方法指示，图 2-32 所示是水塔水位测量示意图。液面上的浮子由绳索经滑轮与塔外的重锤相连，重锤上的指针位置便可反映水位。但与直观印象相反，标尺下端代表水位高，若使指针动作方向与水位变化方向一致，应增加滑轮数目，但引起摩擦阻力增加，误差也会增大。

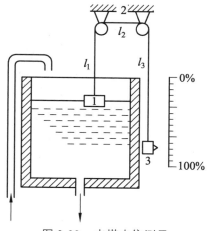

图 2-32　水塔水位测量

如把浮子换成浮球，测量从容器内移到容器外，用杠杆直接连接浮球，可直接显示罐内液位的变化，如图 2-33 所示。这种液位传感器适合测量温度较高、黏度较大的液体介质，但量程范围较窄。如在该液位传感器基础上增加机电信号变换装置，当液位变化时，浮球的上下移动通过磁钢变换成电触点 4 的上下位移。当液位高于（或低于）极限位置时，触点 4 与报警电路的上下限静触点接通，报警电路发出液位报警信号，若将浮球控制器输出与储罐进料或出料的电磁阀门执行机构配合，可实现阀门的自动启停，进行液位的自动控制，如图 2-34 所示。

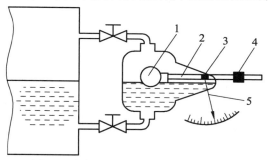

1—浮球；2—杠杆；3—转轴；4—平衡锤；5—指针。

图 2-33　外浮球式液位传感器

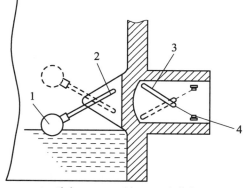

1—浮球；2、3—磁钢；4—电触点。

图 2-34　热浮球式液位控制器

沉筒式液位传感器是利用变浮力的原理来测量液位的。图 2-35 所示为电动沉筒式液位传感器的结构原理图，它由液位传感器和霍尔变送器组成。圆柱形的沉筒沉浸在液体之中，当液面变化时，它被浸没的体积也有变化，浮筒受到的浮力就与原来不同，这样就可根据沉筒所受浮力大小判断液位的高低。当液位为零时，浮力为零，沉筒的全部重量作用在杠杆 2 上，扭力管 3 产生最大扭角（可达 7°左右），心轴 4 自由端的角位移也达最大。实验表明，扭力管的扭转角的变化量 $\Delta\theta$ 与液位 H 的变化量成比例关系，这样就把液位变化转换成角位移的变化，通过霍尔变送器将角位移变化量转换成相应标准电流信号输出。

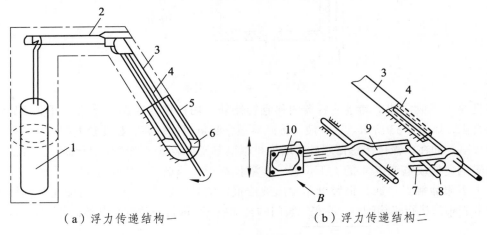

（a）浮力传递结构一　　　　　　　　（b）浮力传递结构二

1—沉筒；2—杠杆；3—扭力管；4—心轴；5—外壳；
6—法兰；7—推板；8—推杆；9—支撑件；10—霍尔片。

图 2-35　沉筒式液位传感器结构

沉筒式液位传感器适应性能好，对黏度较高的介质、高压介质及温度较高的敞口或密闭容器的液位等都能测量。对液位信号可远传显示，与单元组合仪表配套，可实现液位的报警和自动控制。

3. 压力式液位变送器

利用压力或差压变送器可以很方便地测量液位，而且能输出标准电流信号。有关变送器的原理将在后面变送器的内容中进行介绍，此处只讨论其测量原理。

对于上端与大气相通的敞口容器，利用压力传感器（或压力表）直接测量底部某点压力，如图 2-36 所示。通过引压导管把容器底部静压与测压仪表连接，当压力表与容器底部处在同一水平线时，由压力表的压力指示值可直接显示出液位的高度。

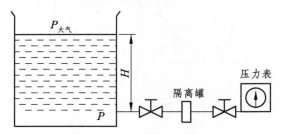

图 2-36　压力传感器测量液位原理

压力与液位的关系为

$$H = \frac{P}{\rho g} \quad\quad\quad (2\text{-}24)$$

式中，H 为液位高度（m），ρ 为液体的密度（kg/m^3），g 为重力加速度（m/s^2），P 为容器底部的压强（Pa）。

如果压力传感器或压力变送器与容器底部不在相同高度处，导压管内的液柱压力必须用零点迁移方法解决。

对于上端与大气隔绝的闭口容器，容器上部空间与大气压力大多不等，所以在设施农业生产中普遍采用差压仪表或差压变送器来测量液位，如图 2-37 所示。

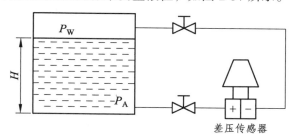

图 2-37　差压传感器测量液位原理

设容器上部空间的压力为 P，则

$$P_+ = P + H\rho g \quad\quad\quad (2\text{-}25)$$
$$P_- = P \quad\quad\quad (2\text{-}26)$$

因此可得正负室压差为

$$\Delta P = P_+ - P_- = H\rho g \qu\quad\quad (2\text{-}27)$$

由式（2-27）可知，被测液位 H 与差压 ΔP 成正比。但这种情况只限于上部空间为干燥气体时成立，假如上部为蒸汽或其他可冷凝成液态的气体，则 P_- 的导压管里必然会形成液柱，这部分的液柱压力也必须进行零点迁移。

4. 光栅式位置传感器

光栅传感器是根据莫尔条纹原理制成的一种计量光栅，多用于位移测量及与位移相关的物理量，如速度、加速度、振动、质量、表面轮廓等方面的测量。按光栅的形状和用途分为长光栅和圆光栅，分别用于线位移和角位移的测量。按光线走向分为透射光栅和反射光栅。

光栅传感器由光源、透镜、光栅副（主光栅和指示光栅）和光电接收元件组成，如图 2-38 所示。

光栅副是光栅传感器的主要部分。在长度计量中应用的光栅通常称为计量光栅，它

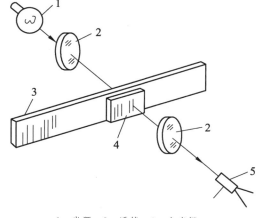

1—光源；2—透镜；3—主光栅；
4—指示光栅；5—光电元件。

图 2-38　光栅位置传感器

主要由主光栅（也称标尺光栅）和指示光栅组成。当标尺光栅相对于指示光栅移动时，形成亮暗交替变化的莫尔条纹。利用光电接收元件将莫尔条纹亮暗变化的光信号，转换成电脉冲信号，并用数字显示，便可测量出标尺光栅的移动距离。

光源一般用钨丝灯泡，它有较大的输出功率和较宽的工作范围，为-40 ℃～130 ℃，但是它与光电元件相组合的转换效率低。在机械振动和冲击条件下工作时，使用寿命将降低，因此，必须定期更换照明灯泡以防止由于灯泡失效而造成的失误。近年来，半导体发光器件发展很快，如砷化镓发光二极管可以在-66 ℃～100 ℃的温度下工作，发出的光为近似红外光，接近硅光敏三极管的敏感波长。虽然砷化镓发光二极管的输出功率比钨丝灯泡低，但是它与硅光敏三极管相结合，有很高的转换效率，最高可达 30%左右。此外，砷化镓发光二极管的脉冲响应时间约为几十纳秒，与光敏三极管组合可得到较快的响应速度。这种快速的响应特征，可以使光源工作在触发状态，从而减小功耗和热耗散。

光栅副包含了主光栅和指示光栅。主光栅是一个长光栅，在一块长方形的光学玻璃上均匀地刻上许多条纹，形成规则排列的明暗线条。指示光栅一般比主光栅短得多，通常刻有与主光栅同样密度的线纹。

光电元件有光电池和光敏三极管等。在采用固态光源时，需要选用敏感波长与光源相接近的光敏元件，以获得高的转换效率。在光敏元件的输出端，常接有放大器，通过放大器得到足够的信号输出以防干扰的影响。

光栅式位置传感器的光路通常有透射式光路和反射式光路两种形式。

在透明的玻璃上均匀地刻划间距、宽度相等的条纹而形成的光栅称为透射光栅。透射光栅的主光栅一般采用普通工业用白玻璃，而指示光栅最好用光学玻璃。此光路适合于粗栅距的黑白透射光栅。这种光路特点是结构简单、位置紧凑、调整使用方便，目前应用比较广泛。

在具有强反射能力的基体（不锈钢或玻璃镀金属膜）上，均匀地刻划间距、宽度相等的条纹而形成的光栅称为反射光栅，该光路适用于黑白反射光栅。

在实际应用中，大部分被测物体的移动往往不只是单向的，既有正向运动，也可能有反向运动。单个光电元件接收一固定点的莫尔条纹信号，只能判别明暗的变化而不能辨别莫尔条纹的移动方向，因而就不能判别运动部件的运动方向，以致不能正确测量位移。所以必须加上完成这种辨向任务的电路（即辨向电路），即在相距一定距离位置上设置两个光电元件，以得到两个相位互差 90°的正弦信号，然后送到电路中处理。只有加上了辨向电路的光栅传感器才能够正确地测量出物体的位置。

2.4.5 物质成分分析测量技术

通过多种技术性的手段对被测对象进行分析，得出被测物质定性或定量的元素成分组成结果的过程称为物质成分分析。基于物质成分分析测量技术的仪器（成分分析仪）在设施农业生产过程中被广泛应用。成分分析仪器是专门用来测定物质化学成分的一类仪器。成分分析仪器的种类很多。以下内容主要介绍成分检测技术中的一些共性问题，对成分分析仪器的基本组成及主要性能指标等共性问题建立总体的知识框架，并适当地介绍近年来在设施农业中较常见的成分分析仪器。

1. 物质成分分析仪器简介

成分分析仪器是专门用来测定物质化学成分的一类仪器。所谓物质的化学成分，是指一种化合物或混合物是分子、原子或原子团种类构成，以及构成物质的各类分子、原子或原子团的含量。

成分分析一般包括定性分析和定量分析两方面内容。定性分析的内容是确定物质的化学组成，即物质是由哪些分子、原子或原子团所组成；定量分析的内容是确定物质中各种成分的相对含量。不论是定性分析还是定量分析，都是利用物质所含的成分在物理或化学性能方面的差异进行的，如光学、声学、力学、电学、磁学等方面的差异，以便比较精确地测量这些成分的含量。

2. 物质成分分析仪器的分类

成分分析仪器按照使用场合的不同，可分为实验室分析仪器和过程分析仪器两大类。两者的重要区别在于：实验室分析仪器结构相对简单，精度一般比过程分析仪器略高；过程分析仪器具有连续、可靠、精确地向操作人员或自控装置及时提供工艺过程质量信息的功能，在结构上具有能够自动地连续采样、对试样进行预处理（抽吸、过滤、干燥等）、自动地进行分析、信号的处理和远传及抗干扰等装置或部件。成分分析仪器按照测量原理不同可分为电化学式、热学式、磁学式、光学式、射线式、色谱式、物性测量式、电子光学和离子光学式仪器等几大类。

3. 物质成分分析仪器的组成

各类不同工作原理和制造复杂程度的物质成分分析仪器，在总体结构上，其主要组成环节基本上是一致的。如图 2-39 所示为物质成分分析仪器的基本组成框图，常用的物质成分分析仪器的组成结构主要包含取样装置、预处理系统、分离装置、检测系统、信号处理系统和显示环节等几个部分。

图 2-39　物质成分分析仪器的基本组成

（1）取样装置。

取样装置的作用是将待分析的对象进行物质抽样后引入到成分分析仪器。根据被分析的对象不同，样品可分为气体、液体、熔融金属、固体散状物料等几种情况。过程分析仪器大多为气体分析仪器，如果样品为液体，也往往使其汽化。这里以气体为主要对象介绍取样装置。

对于过程取样装置，首先要求能够承受生产过程的恶劣条件，如高温、高压、腐蚀等；其次，所取的样品应有代表性，没有被测量组分的损失；最后，不应与待分析样品中任何组分起化学反应，以防止失真。在取样装置设计时，应注意取样点选取、取样探头及探头清洗几个方面。

取样点应能正确地反应被测组分变化的地点，不得存在泄漏，样品不处于化学反应过程中且含尘雾量尽可能少，避免发生堵塞现象。

探头的功能是直接与被测物流接触取得试样，并初步净化试样。要求探头有足够的机械强度，不与试样起化学反应和催化作用，不造成过大的取样滞后，易于安装、清洗等。敞开式探头结构如图 2-40 所示，其中图 2-40（a）为一般取样探头，为了得到相对清洁的气样，采用法兰安装，需要清洗时，打开塞子，用杆刷插入清洗；当气体中带有较大颗粒灰尘时，可用带取样管调整的探头，如图 2-40（b）所示，取样管的倾斜位置可以按需要调整；图 2-40（c）为过滤式取样探头，适合于气样中含有较多灰尘的场合；在需要取得气样温度及气流速度的场合，可采用如图 2-40（d）所示的取样探头，清洗过滤可采用惰性气体反吹式。对于含尘量较高的气样，可采用外过滤式及水洗型探头，其结构可参阅有关参考文献。

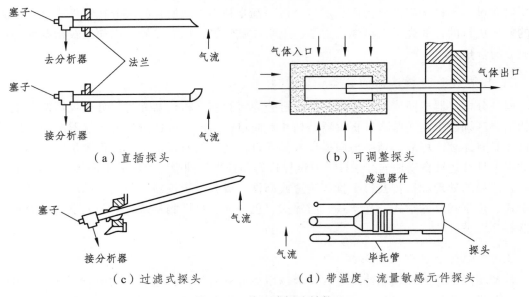

图 2-40　敞开式探头结构

物质分析仪器的探头或检测元件非常容易被介质中的污染物污染，导致探头或检测元件灵敏度降低，需要定期清洗。清洗时，先用阀门将探头或检测元件与工艺流程隔离，然后启动仪器自带的采用增压流体喷射技术、加热化学技术或超声波技术的自动清洗装置波进行清洗。

（2）预处理系统。

过程类的物质分析仪器正常使用前一般需要对所检测的物质和仪器内部进行预处理。预处理的任务是将取样装置从生产过程中提取的样品加工处理，以满足检测器对样品状态的要求。如除尘、除湿、过滤有害物质、稳压稳流调节、流路及管线的合理布局等。

（3）分离装置。

在物质成分分析仪器工作流程中，分离是进行定性或定量分析的重要前提。例如在气相色谱仪中，待分析的气样在载气（输送样品的气体）带动下进入充有吸附剂的色谱柱时，各组分经过连续地分配、吸附及吸收作用，便可被分离成单一的组分，此后各组分依次通过检测器，即可实现多组分气体的含量分析。

（4）检测器或检测系统。

检测器（检测系统）是成分分析仪器的核心部分，其作用是把待分析的含量信息转变为相应的输出信号，输出信号一般为电参数信号。

（5）信号处理系统。

物质成分分析仪器中的检测器输出的信号一般比较微弱，必须做进一步的处理才能被储存和显示，信号处理系统的作用便在于此。由于检测器输出的信号多数是电信号，所以信号处理系统的处理对象也以电信号为主，因此信号处理系统一般都包括放大环节和运算环节两大部分。

（6）显示环节。

显示环节主要功能是显示物质成分分析的最终结果。显示装置有模拟显示装置、数字显示装置、图像显示装置等几种类型。

4. 成分分析仪器的主要性能指标

成分分析仪器的主要性能指标有：灵敏度、精度、重复性、噪声、线性范围、选择性、分辨率和响应时间等。成分分析仪器的各项性能指标除选择性和分辨率外，与其他类型的检测仪器相似。选择性和分辨率是表示仪器区分特性相近组分的能力，选择性一般用于单组分成分分析仪器，分辨率多用于多组分成分分析仪器，分辨率的问题比较复杂，往往不同仪器表示形式也不同。

5. 常用的物质成分分析仪器简介

在设施农业的生产过程中，红外线气体分析仪、热导式气体分析仪和近红外高光谱分析仪应用较多，前面两种仪器用于测量气体中二氧化碳、二氧化硫、氨气等组分信息，最后一种仪器常用于农作物果实和水果的含水量、含糖量和酸碱度等物质成分信息的检测。

（1）红外线气体分析仪。

红外线气体分析仪，是利用红外线进行气体分析。它是基于待分析组分的浓度不同，吸收的辐射能不同，剩下的辐射能使得检测器里的温度升高不同，动片薄膜两边所受的压力不同，从而产生一个电容检测器的电信号。这样，就可间接测量出待分析气体组分的浓度。

红外线气体分析仪内部一般有两个独立的光源，两光源分别产生两束红外线，射线束经过调制器，成为低频射线。根据实际需要，可令射线通过一滤光镜减少背景气体中其他吸收红外线的气体组分的干扰。红外线通过两个气室，一个是充以不断流过的被测气体的测量室，另一个是充以无吸收性质的背景气体的参比室。工作时，当测量室内被测气体浓度变化时，吸收的红外线光量发生相应的变化，而基准光束（参比室光束）的光量不发生变化。从这两个气室出来的光量差通过检测器，使检测器产生压力差，并变成电容检测器的电信号。此信号经信号调节电路放大处理后，送往显示系统显示，该输出信号的大小与被测组分浓度成比例。

（2）热导式气体分析仪。

热导式气体分析仪是采用物理手段对气体组分进行测量的气体分析仪表。热导式气体分析仪表的工作原理是不同气体的不同热传导性。热导式气体分析仪能根据对混合气体导热系数的测定，来推断混合气体中特定组分的含量。

热导式气体分析仪能使用多种气体成分的混合气测定工作，测定的过程简单，结果可靠，是基本的气体成分分析仪表之一。热导式气体分析仪对混合气体的导热系数测定，是通过电阻和电桥变化来完成的，很少直接测定气体的导热系数。热导式气体分析仪多采用半导体敏感元件与金属电阻丝作为热敏元件，将其与铂线圈烧结成一体，而后与对气体无反应的补偿元件，共同形成电桥电路，也就是热导式气体分析仪的测量回路，对热导系数进行测量。

热导式气体分析仪在测量气体组分时，热敏元件吸附被测量气体，其电导率和热导率就会发生变化，元件的散热状态也就随之改变，当铂线圈感知元件状态后电阻会相应变化，电桥平衡被破坏而输出电压，通过对电压的测定即可得到气体测量结果。

（3）近红外高光谱分析仪。

近红外高光谱分析仪整合了近红外成像光谱仪和高分辨率近红外光谱相机，采用推扫成像技术，可同时对大量的样品进行光谱和影像的测量，也可对不同形状的样品进行光谱和影像的测量，提供待测样品的详细的光谱及影像信息以供研究人员进行化学成分、成分品质等的分析。该类分析仪实际上是一个完整的影像光谱工作站，使用者只需要将待检样品放置在标准的样品台上，通过运行相应的软件驱动仪器对被测物进行扫描控制，即可实时地进行光谱和影像信息的获取和保存。目前应用比较广泛的近红外高光谱分析仪可检测的物体大小范围一般为 10 ~ 100 mm，空间分辨率范围为 30 ~ 300 μm，光谱测量范围为 900 ~ 3 000 nm，光谱分辨率一般可达 10 nm 左右。

 思考题

（1）什么是传感器？它在自动测控系统中起什么作用？

（2）简述热电偶与热电阻测温原理。

（3）试比较热电偶测温与热电阻测温有什么不同（从原理、测温系统组成和应用场合三方面考虑）。

（4）用热电偶测温时，为什么要进行冷端温度补偿？冷端温度补偿的方法有哪几种？

（5）试述压力的定义。何谓大气压力、绝对压力、表压力、负压力和真空度？

（6）选择压力传感器主要应考虑哪些问题？

（7）利用节流元件前后差压来测量流量的差压式流量检测系统应由哪几部分组成？说明各部分的作用。

（8）试述差压流量传感器、电磁流量传感器、涡轮流量传感器的测量原理、特点及使用场合。

（9）测量物位传感器主要有哪些类型？简述其工作原理。

（10）用差压变送器测量液位时，为什么会产生零点迁移的问题？试举例说明。

（11）简述物质成分分析仪器的分类及性能指标。

智慧农业控制技术基础

自动控制在智慧农业中起着十分重要的作用。自动控制技术在智慧农业中的应用包括农业温室的自动控制、节水灌溉的自动控制、农产品加工的自动控制、果实收获的自动控制等。通过在智慧农业中应用自动控制技术，能最大化发挥农业设施的效能，提高生产效率，对推动现代农业的发展具有十分重要的意义。

智慧农业自动化技术建立在控制技术、计算机技术和传感技术基础之上。其中，控制技术是进行智慧农业自动控制系统设计和性能分析的重要基础。本章主要对智慧农业自动化中使用的重要控制技术基础理论进行介绍。首先介绍自动控制的基本概念；接着介绍控制系统的数学模型，数学模型是分析、研究和设计控制系统的基础；最后介绍控制系统的分析方法。

3.1 自动控制的基本概念

要了解自动控制系统，首先应深入掌握自动控制的基本概念。实现自动控制任务是设计自动控制系统的目的，自动控制系统是如何实现自动控制任务的呢？有哪些典型的控制系统？其结构及工作原理又是怎样的？本节将对这些内容进行详细介绍，首先介绍自动控制的任务，接着介绍自动控制系统的组成，最后介绍几种典型控制系统的结构及工作原理。

3.1.1 农业自动控制的任务

农业自动控制的任务是农用控制系统需要完成的工作，比如系统中的水箱水位高度自动控制系统，其自动控制的任务是保持水箱的实际高度 h 为某一设定高度 H 不变；又如温室温度自动控制系统，其自动控制的任务是保持温室的实际温度 t 为某一设定温度 T 不变。

在上面的两个例子中，水箱和温室是表征工作的机器设备，称为被控对象；水箱的实际高度 h 和温室的实际温度 t，是表征被控对象（水箱和温室）工作状态的物理量，称为被控量，或称作输出；而设定的水箱高度 H 和设定的温室温度 T，是对被控量（h 和 t）在运行过程中的要求，称为给定值，也称作希望值或参考输入。

而水箱水位高度自动控制系统保持水箱的实际高度 h 为某一设定高度 H 不变，以及温室自动控制系统保持温室的实际温度 t 为某一设定温度 T 不变，是在没有人参与下，由相应的控制装置完成的。因此，自动控制的任务可以表述为：在没有人参与下，利用控制装置操纵被控对象，使被控量等于给定值。

在接下来的介绍中，我们用 $c(t)$ 表示被控量，$r(t)$ 表示给定值，因此自动控制任务的数学表达式可表示为：$c(t) \approx r(t)$。

3.1.2 农用自动控制系统的组成

农用自动控制系统是在没有人参与下，利用控制装置操纵被控对象，使被控量等于给定值。自动控制系统的工作过程强调的是没有人参与，即自动控制系统模拟人的行为工作，完成一种人工智能的行为。自动控制系统的设计来源于人类的行为，为了更深刻了解自动控制系统的组成及工作原理，先来分析人类的行为。

比如，某网站需要进行宣传，那么，人类接到这个任务后，一般是怎样工作的呢？下面描述的是人类进行这个工作的典型行为。

① 提出宣传目标（预期目标）：日浏览量达到 2 万 IP。

② 讨论（分析决策）：怎样宣传？发宣传单。

③ 执行：招聘人员去发宣传单宣传网站（工作对象）。

④ 执行过程中会遇到干扰，要注意观察和总结，这会对接下来的决策产生影响。

⑤ 执行后要观察实际结果，发宣传单后日浏览量是多少？有没有增加。实际结果也会影响以后的决策。

⑥ 通过观察到的干扰和实际结果，修改决策，比如改变发放宣传单的地点，然后再执行，如此反复，直至达到目标。

我们利用工程师的思维，对以上过程进行抽象，并将抽象的结果用方框图表示，结果会是怎样呢？抽象的结果如图 3-1 所示。

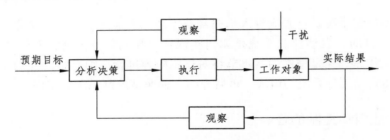

图 3-1　人类行为抽象结果

我们使用工程思维来分析人类行为抽象结果，则预期目标等同于给定值，分析决策等同于比较计算，工作对象等同于被控对象，实际结果等同于被控量，而观察是由测量仪器完成的，等同于测量，则人类行为抽象结果转化为自动控制原理图，如图 3-2 所示。

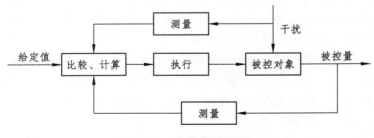

图 3-2　自动控制原理

根据自动控制原理方框图，则一个完整的自动控制系统的工作过程为：

① 为自动控制系统设定给定值，比如水箱水位高度控制系统，设定水位高度为 2 m。

② 传感器测量被控量的值，比如传感器测量水位的实际高度。

③ 控制装置比较给定值和被控量，如果它们不相等，比如设定水位高度与实际水位高度不相等，则启动执行机构，比如打开或关小进水阀门，调节实际水位高度；如果给定值与被控量相等，则不启动执行机构。

④ 也可对干扰量进行测量，作为控制的考虑因素。

根据自动控制原理方框图可知，控制系统由被控对象和控制装置组成，控制装置由如下部分组成：

① 完成比较、计算功能的比较计算元件，将被控量与给定值进行比较，并利用比较后的偏差控制执行机构，比如单片机、比较电位器等。

② 完成测量功能的测量元件，用以测量被控量和干扰量，比如速度传感器、温度传感器等。

③ 完成执行功能的执行机构，根据比较计算元件得出的偏差进行动作，改变被控量，比如水泵、风机、机械手等。

3.1.3　典型农用控制系统的结构及工作原理

图 3-2 是典型农用控制系统中应用到的控制原理方框图，其结构相对复杂，但在实际控制系统设计中，对精度的要求比较低，故可将图 3-2 的结构进行简化，以降低成本；另一方面，如果对控制系统的精度要求较高，则需要对图 3-2 的结构进一步改进，设计成高精度但结构比较复杂的系统。因此，根据对控制精度和系统成本的要求，控制系统的结构可设计为四种典型形式：按给定值操纵的开环控制系统、按干扰补偿的开环控制系统、按偏差调节的闭环控制系统和复合控制系统。以上四种系统的精度从低到高，结构从简单到复杂，下面对这四种系统进行介绍。

1. 按给定值操纵的开环控制系统

按给定值操纵的开环控制系统如图 3-3 所示。

图 3-3　按给定值操纵的开环控制系统

由上图可以看出，一方面，信号由给定值至被控量是单方向传递的，控制装置与被控对象之间只有单方向的联系，因此称为开环控制；另一方面，系统是根据给定值来直接产生控制作用，因此称作按给定值操纵的开环控制系统。

因为执行机构只是按照给定值完成动作，在执行的过程中和执行完成后都不关心被控量的变化，因此，并不能保证被控量等于给定值。控制系统的精度受外部干扰和系统特性参数变化的影响较大，控制精度难以保证。但这种控制系统的结构比较简单，造价较低，经济性较好。在对精度要求比较低的场合，这种系统被大量使用。

例如，自动洗衣机为按给定值操纵的开环控制系统。在设定的要求下，洗衣机执行进水、漂洗、甩干等流程，但并不关心衣服最后的干净程度，衣服是否干净取决于衣服的洁净程度和洗衣粉或洗衣液的性质等。

2. 按干扰补偿的开环控制系统

按干扰补偿的开环控制系统如图 3-4 所示。

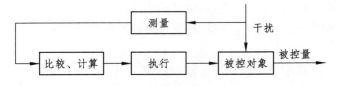

图 3-4 按干扰补偿的开环控制系统

由上图可以看出，一方面，干扰量至被控量是单方向传递的，控制装置与被控对象之间也只有单方向的联系，因此是开环控制系统；另一方面，依据干扰量产生控制作用，当干扰使被控量不等于给定值时，控制装置产生控制作用，调节被控量等于给定值，因此称为按干扰补偿的开环控制系统。

图 3-5 所示的水位高度控制系统为一种典型的按干扰补偿的开环控制系统。该系统的工作原理为，当干扰量（出水阀门 l_2 或出水流量 Q_2）改变时，比如出水阀门 l_2 开大或出水流量 Q_2 增大时，将使水位实际高度 h 减小，偏离设定高度 H，此时，干扰量变化会被测量元件杠杆测量到，并操纵进水阀门 l_1 开大，从而增大进水流量 Q_1，使出水流量 Q_2 与进水流量 Q_1 平衡，从而保持水箱的设定高度 H 不变。

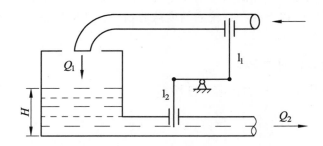

图 3-5 按干扰补偿的水位高度控制系统

从以上分析可看出，只要系统因设定干扰量的影响而偏离给定值，系统就会产生控制作用，使被控量等于给定值，系统的精度感觉起来很高。实际并非如此，比如，当进水压力增大而使进水流量 Q_1 增大时，系统不会产生控制作用，此时水位实际高度 h 将上升，偏离给定值 H。这是因为系统只根据干扰量 Q_2 产生控制作用，而对其他干扰量不会产生控制作用，对于不可测干扰量或其他原因引起的被控量变化，系统无法控制，控制精度仍然受到影响。

3. 按偏差调节的闭环控制系统

按偏差调节的闭环控制系统如图 3-6 所示。

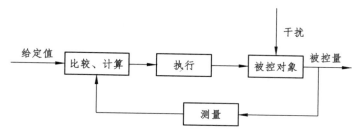

图 3-6　按偏差调节的闭环控制系统

由上图可以看出，一方面，系统是根据给定值与被控量的偏差产生控制作用的，是按偏差调节的；另一方面，被控量要与给定值进行比较，并利用比较后产生的偏差量使执行机构动作，直至被控量等于给定值，偏差消失，执行机构才停止作用。因此，在系统的工作过程中，控制信号不停地沿前向通道和反馈通道传送，形成一个闭合回路，因此称为按偏差调节的闭环控制系统。

因为偏差等于被控量与给定值相减后的值，即被控量反馈回来后与给定值相减，该方式称为负反馈，因此按偏差调节的闭环控制系统也称作负反馈系统。

系统是根据偏差进行控制，只要被控量不等于给定值，系统就会产生控制作用，而不管是什么原因引起的，因此系统的控制精度较高。其闭环控制系统结构复杂程度适中，控制精度较高，是目前自动控制工程中最广泛使用的基本控制方式。

例如，恒温煤气热水器为按偏差调节的闭环控制系统。其工作原理为：测定实际水温 t 并与设定水温 T 比较，如果实际水温 t 低于设定水温 T，则开大煤气阀门，增高火焰温度，使水温上升；如果实际水温 t 高于设定水温 T，则关小煤气阀门，降低火焰温度，使水温下降；如果实际水温 t 等于设定水温 T，则不产生任何控制作用。

4. 复合控制系统

复合控制系统其实是开环控制系统和闭环控制系统的结合，其结构最复杂，但控制精度最高。复合控制系统有两种形式：按输入信号补偿的复合控制系统和按干扰信号补偿的复合控制系统，分别如图 3-7 和图 3-8 所示。

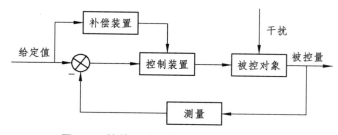

图 3-7　按输入信号补偿的复合控制系统

按输入信号补偿的复合控制系统的工作原理是：输入信号通过补偿装置产生一个微分作用，并作为直接控制信号与偏差信号一起产生控制作用，从而提高系统的控制精度。其关键原因是微分作用能预测误差变化的趋势，能够提前使抑制误差的控制作用等于零，甚至为负值，从而避免了被控量的严重超调。

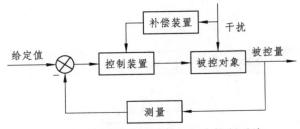

图 3-8　按干扰信号补偿的复合控制系统

按干扰信号补偿的复合控制系统的工作原理是：在干扰对系统的被控量产生影响之前，补偿装置产生一个控制作用抵消干扰对被控量的影响，从而提高系统的控制精度。

3.2　农用控制系统的数学模型

上一节介绍了农用自动控制系统的组成、结构及工作原理，但这远远不够，还要能定量分析自动控制系统的性能和根据性能要求设计出合理的自动控制系统，这就要求建立控制系统的数学模型。数学模型是反映输入与输出变量以及系统内部各变量之间关系的数学表达式。

本节主要研究线性定常系统，这是经典控制理论的主要研究对象。线性定常系统的最大特点是符合叠加原理，并且其结构参数不随时间而变化。叠加原理包括可叠加性和均匀性（齐次性）两重意义。叠加性是指各个外作用同时加于系统产生的响应，等于各个外作用单独作用于系统产生的响应之和。而均匀性（齐次性）指外作用增加若干倍，系统的响应也增加同样的倍数。现实中的很多控制系统都可以看作或近似看作线性定常系统。

线性定常系统的数学模型有微分方程、传递函数、频率特性、状态方程、脉冲过渡函数和差分方程等。本节重点介绍微分方程和传递函数。大部分系统都可以用微分方程表示，通过微分方程可以转化求得系统的传递函数。

本节首先介绍系统的微分方程的建立方法，接着介绍传递函数，最后介绍系统方框图的表示方法和方框图化简方法。

3.2.1　控制系统微分方程的建立方法

1. 建立系统微分方程的方法

建立系统微分方程的目的是表达输入量与输出量之间的关系，主要方法是依据组成系统的各元件所遵循的物理、化学定律，列出足够多的数学表达式，并经过数学运算求出系统的输入量与输出量之间的关系。列写微分方程的一般步骤如下：

① 了解整个系统的组成和工作原理，明确输入和输出。

② 按各组成元件遵循的物理、化学定律，列出足够多的数学表达式。

③ 通过数学处理，消除中间变量，获取输入、输出量之间的微分方程。

④ 整理所得的微分方程，输出量在左边，输入量在右边，求导阶次从高到低。

下面以电学系统和力学系统为例，介绍控制系统微分方程的建立方法和步骤。

2. 电学系统微分方程的建立方法

列写电学微分方程的主要依据是元件所遵循的电学定律，下面例子中将要使用的主要电学定律如下：

（1）基尔霍夫电流定律（节点电流定律）。

任一瞬时流入任一节点的电流之和必定等于流出该节点的电流之和。如图 3-9 所示，根据基尔霍夫电流定律，有如下表达式：

$$i_1(t) = i_2(t) + i_3(t) \tag{3-1}$$

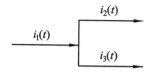

图 3-9 节点电流之间的关系

（2）基尔霍夫电压定律（回路电压定律）。

在电路的任一回路中，任一瞬间的电压代数和为零。如图 3-10 所示，根据基尔霍夫电压定律，有如下表达式：

$$u(t) = i(t)R \tag{3-2}$$

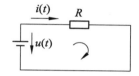

图 3-10 回路电压的关系

（3）电容器两端电压与电流的关系。

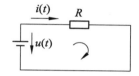

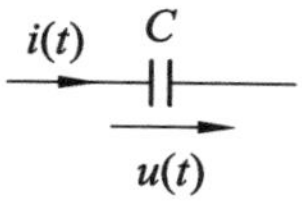

图 3-11 电容器的电压与电流

如图 3-11 所示，电容器两端电压 $u(t)$ 与经过电容器的电流 $i(t)$ 之间的关系可用式（3-3）表示。

$$u(t) = \frac{1}{C}\int i(t)\mathrm{d}t \tag{3-3}$$

对式（3-3）两边求导，整理后可得另一种表达形式：

$$i(t) = C\frac{\mathrm{d}u(t)}{\mathrm{d}t} \tag{3-4}$$

（4）电感元件两端电压与电流的关系。

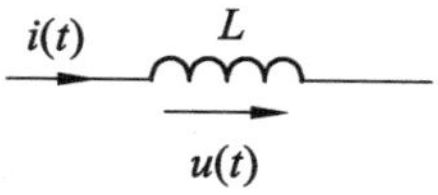

图 3-12 电感元件的电压与电流

如图 3-12 所示，电感元件两端电压 $u(t)$ 与经过电感元件的电流 $i(t)$ 之间的关系可用式（3-5）

表示。

$$u(t) = L\frac{\mathrm{d}i(t)}{\mathrm{d}t} \tag{3-5}$$

对式（3-5）两边求导，整理后可得另一种表达形式如下：

$$i(t) = \frac{1}{L}\int u(t)\mathrm{d}t \tag{3-6}$$

列写电学系统的微分方程，可遵循如下的步骤与方法：

① 输出量 $u_c(t)$ 所在的支路列一个方程，即列出的方程形式为 $u_c(t) = ?$。

② 同时包含输出量 $u_c(t)$ 和输入量 $u_r(t)$ 的回路列一个方程，即列出的方程形式为 $u_c(t) = u_r(t) + ?$。

③ 若存在并联支路，则继续根据并联支路两端电压相等列一个方程。

④ 消除中间变量，获取输入量 $u_r(t)$、输出量 $u_c(t)$ 之间的微分方程。具体方法为：逐个观察列出的微分方程式，确定基准方程，依据其他方程解出中间变量，然后替换基准方程的中间变量。

⑤ 整理所得的微分方程，输出量 $u_c(t)$ 在左边，输入量 $u_r(t)$ 在右边，求导阶次从高到低。

按照以上步骤可知，若给出的电学系统不存在并联支路，则只需列出 2 个方程，如存在 1 个并联支路，则需列出 3 个方程，存在 2 个并联支路，则需列出 4 个方程，以此类推。下面举例说明。

【例 1】列出图 3-13 所示无源网络的微分方程，图中电压 u_r 为输入量，电压 u_c 为输出量。

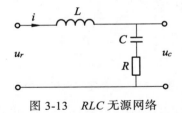

图 3-13　RLC 无源网络

解：① 输出量 $u_c(t)$ 所在的支路列一个方程：

$$u_c = \frac{1}{C}\int i\mathrm{d}t + iR \tag{3-7}$$

② 同时包含输出量 $u_c(t)$ 和输入量 $u_r(t)$ 的回路列一个方程：

$$u_r = L\frac{\mathrm{d}i}{\mathrm{d}t} + u_c \tag{3-8}$$

③选式（3-7）为代入的基准方程，因此，对式（3-8）两边积分，并整理得

$$i = \frac{1}{L}\int (u_r - u_c)\mathrm{d}t \tag{3-9}$$

对式（3-9）两边积分得

$$\int i\mathrm{d}t = \frac{1}{L}\int\int (u_r - u_c)\mathrm{d}t \tag{3-10}$$

将式（3-9）和式（3-10）代入基准方程式（3-7），并运算得

$$\frac{\mathrm{d}^2 u_c}{\mathrm{d}t^2} = \frac{1}{LC}(u_r - u_c) + \frac{R}{L}\frac{\mathrm{d}(u_r - u_c)}{\mathrm{d}t} \tag{3-11}$$

④ 整理式（3-11），输出量 $u_c(t)$ 在左边，输入量 $u_r(t)$ 在右边，求导阶次从高到低，得

$$\frac{\mathrm{d}^2 u_c}{\mathrm{d}t^2} + \frac{R}{L}\frac{\mathrm{d}u_c}{\mathrm{d}t} + \frac{1}{LC}u_c = \frac{R}{L}\frac{\mathrm{d}u_r}{\mathrm{d}t} + \frac{1}{LC}u_r \tag{3-12}$$

【例 2】列出图 3-14 所示无源网络的微分方程，图中电压 u_r 为输入量，电压 u_c 为输出量。

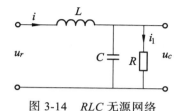

图 3-14　RLC 无源网络

解：① 输出量 $u_c(t)$ 所在的支路列一个方程：

$$u_c = i_1 R \tag{3-13}$$

② 同时包含输出量 $u_c(t)$ 和输入量 $u_r(t)$ 的回路列一个方程：

$$u_r = L\frac{\mathrm{d}i}{\mathrm{d}t} + u_c \tag{3-14}$$

③ 根据并联支路两端电压相等列一个方程：

$$u_c = \frac{1}{C}\int (i - i_1)\mathrm{d}t \tag{3-15}$$

④ 选式（3-14）为代入的基准方程，则由式（3-13）得

$$i_1 = \frac{u_c}{R} \tag{3-16}$$

由式（3-15）得

$$\frac{\mathrm{d}u_c}{\mathrm{d}t} = \frac{1}{C}(i - i_1)$$

$$i = C\frac{\mathrm{d}u_c}{\mathrm{d}t} + \frac{u_c}{R}$$

$$\frac{\mathrm{d}i}{\mathrm{d}t} = C\frac{\mathrm{d}^2 u_c}{\mathrm{d}t^2} + \frac{1}{R}\frac{\mathrm{d}u_c}{\mathrm{d}t} \tag{3-17}$$

⑤ 将式（3-17）代入式（3-14）并整理得

$$LC\frac{\mathrm{d}^2 u_c}{\mathrm{d}t^2} + \frac{L}{R}\frac{\mathrm{d}u_c}{\mathrm{d}t} + u_c = u_r \tag{3-18}$$

3. 力学系统微分方程的建立方法

列写力学微分方程的主要依据是达朗贝尔原理。

达朗贝尔原理表述为：在质点受力运动的任何时刻，作用于质点的主动力、约束力和惯性力互相平衡。其中：

（1）主动力：外部主动施加的力。

（2）约束力：比如阻尼力，阻尼力方向与速度方向相反，大小与速度成正比，可用式（3-19）表示。

$$F = fv \qquad (3-19)$$

其中，f 为阻尼系数，v 为速度。

（3）惯性力：指当物体加速时，惯性会使物体有保持原有运动状态的倾向，仿佛有一股相反的力作用在该物体上，称之为惯性力，又称为假想力，实际上并不存在。惯性力方向与加速度方向相反，其大小可用式（3-20）表示。

$$F = ma \qquad (3-20)$$

其中，m 为质量，a 为加速度。

列写力学系统的微分方程，可遵循如下的步骤与方法：

（1）确定分析作用点。

（2）确定投影至某一方向（比如向上）的力。

（3）确定相反方向（比如向下）的力。

（4）根据达朗贝尔原理，相反方向的力应相等，列出表达式。

（5）若该表达式还不足以得到输入与输出的关系，增加选择分析作用点，并重复步骤（2）和（3）。

（6）消掉中间变量，并整理可得系统的微分方程，其中输出量在左边，输入量在右边，求导阶次从高到低。下面举例说明。

【例 3】建立图 3-15 所示机械系统的微分方程。图中，$x(t)$ 为输入位移量，$y(t)$ 为输出位移量。

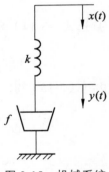

图 3-15　机械系统

解：① 确定向上的力：

$$fv = f\,\dot{y}(t)$$

② 确定向下的力：

$$k[x(t) - y(t)]$$

③ 根据达朗贝尔原理，相反方向的力应相等，列出表达式：

$$f\,\dot{y}(t) = k[x(t) - y(t)] \qquad (3-21)$$

④ 整理得

$$f\,\dot{y}(t) + ky(t) = kx(t) \qquad (3-22)$$

3.2.2　控制系统的传递函数

式（3-12）为上一小节例 1 所求的无源网络的微分方程。可以看出，尽管微分方程表示出了输入量与输出量之间的关系，但是难以获取输入量与输出量之间关系的直观印象，并且从微分方程也很难看出结构参数变化对系统性能的影响。

$$\frac{\mathrm{d}^2 u_c}{\mathrm{d}t^2} + \frac{R}{L}\frac{\mathrm{d}u_c}{\mathrm{d}t} + \frac{1}{LC}u_c = \frac{R}{L}\frac{\mathrm{d}u_r}{\mathrm{d}t} + \frac{1}{LC}u_r \tag{3-23}$$

控制系统的传递函数，可以直观表示输入量与输出量的关系，如式（3-24）所示为某一阶系统的传递函数，其表达式简单直观。此外，传递函数能间接反映结构参数变化对系统性能的影响，如式（3-24）表示的一阶系统，可以知道其单位阶跃响应在取误差带为 5% 时的调节时间为 6 s，具体的内容将在 3.3 节详细介绍。

$$G(s) = \frac{C(s)}{R(s)} = \frac{1}{2s+1} \tag{3-24}$$

1. 传递函数的定义

任一线性定常系统的微分方程的一般形式可表示为式（3-25）所示。

$$
\begin{aligned}
&a_0\frac{\mathrm{d}^n}{\mathrm{d}t^n}c(t) + a_1\frac{\mathrm{d}^{n-1}}{\mathrm{d}t^{n-1}}c(t) + \cdots + a_{n-1}\frac{\mathrm{d}}{\mathrm{d}t}c(t) + a_n c(t) \\
&= b_0\frac{\mathrm{d}^m}{\mathrm{d}t^m}r(t) + b_1\frac{\mathrm{d}^{m-1}}{\mathrm{d}t^{m-1}}r(t) + \cdots + b_{m-1}\frac{\mathrm{d}}{\mathrm{d}t}r(t) + b_m r(t)
\end{aligned}
\tag{3-25}
$$

其中，$c(t)$ 为输出量；$r(t)$ 为输入量；$a_0, a_1, \cdots, a_{n-1}, a_n$ 和 $b_0, b_1, \cdots, b_{m-1}, b_m$ 为与系统结构有关的常系数。

在初始条件为零时，对式（3-25）两边进行拉氏变换，则有

$$
\begin{aligned}
&a_0 s^n C(s) + a_1 s^{n-1} C(s) + \cdots + a_{n-1} s C(s) + a_n C(s) \\
&= b_0 s^m R(s) + b_1 s^{m-1} R(s) + \cdots + b_{m-1} s R(s) + b_m R(s)
\end{aligned}
$$

整理得

$$G(s) = \frac{C(s)}{R(s)} = \frac{b_0 s^m + b_1 s^{m-1} + \cdots + b_{m-1} s + b_m}{a_0 s^n + a_1 s^{n-1} + \cdots + a_{n-1} s + a_n} \tag{3-26}$$

可见，$G(s)$ 反映了系统输入与输出的对应关系，是系统的一种数学模型，把 $G(s)$ 称为系统的传递函数。那么，线性定常系统（或环节、元件）的传递函数为在初始条件为零时，系统（或环节、元件）输出变量的拉氏变换与输入变量的拉氏变换之比。

在以上得出传递函数的推导中，进行了一个假设，即初始条件为零，那么这个假设是否合理呢？初始条件为零包含两个方面的意思：

（1）输入作用是在 $t=0$ 以后才加于系统。即在 $t=0^-$ 时，输入量 $r(t)$ 及其各阶导数为 0。具体意义：t 是个计时点，起始计时点应在输入作用加于系统的时间之前，这是可以控制和实现的。

（2）输入信号作用于系统之前系统是静止的。即在 $t=0^-$ 时，输出量 $c(t)$ 及其各阶导数为"0"。这反映控制系统的实际情况，比如对机器不施加动力，就不会运转。

由此可见，假设初始条件为零是符合大多数实际情况的，则假设是合理的。

传递函数具有如下特点：

（1）传递函数是对系统的一种描述，与外界的输入无关。

（2）传递函数分母的阶次一定大于分子的阶次，因为输入与输出之间存在着实际系统的惯性。

（3）传递函数反映的是零初始状态的系统特性。

微分方程与传递函数可以相互转化，在下面的描述中，在没有特别说明的情况下，系统的初始状态为零。

【例4】已知：$5\ddot{c}(t) + 25\dot{c}(t) = 0.5\dot{r}(t)$，求 $G(s) = \dfrac{C(s)}{R(s)}$。

解：两边取拉氏变换，得

$$5s^2C(s) + 25sC(s) = 0.5sR(s) \tag{3-27}$$

可得

$$G(s) = \frac{C(s)}{R(s)} = \frac{1}{10(s^2 + 5)} \tag{3-28}$$

2. 典型环节的传递函数

根据传递函数的定义，如式（3-29）所示，可知传递函数可能是高阶的，形式比较复杂。对高阶系统，在研究的时候，对其进行分解，分解为简单的环节，掌握一些简单的典型环节，有利于分析和设计系统，本小节主要介绍6个典型的环节。

$$G(s) = \frac{C(s)}{R(s)} = \frac{b_0s^m + b_1s^{m-1} + \cdots + b_{m-1}s + b_m}{a_0s^n + a_1s^{n-1} + \cdots + a_{n-1}s + a_n} \tag{3-29}$$

（1）比例环节。

凡输出量与输入量成正比的环节，称为比例环节，即

$$c(t) = kr(t) \tag{3-30}$$

其中，k 为放大系数，也称为增益。

对式（3-30）两边进行拉氏变换，可得比例环节的传递函数：

$$G(s) = \frac{C(s)}{R(s)} = k \tag{3-31}$$

如运算放大器、齿轮副传动的比例环节。

（2）惯性环节（或一阶环节）。

凡微分方程为一阶微分方程形式的环节，称为惯性环节，即

$$T\frac{\mathrm{d}c(t)}{\mathrm{d}t} + c(t) = r(t) \tag{3-32}$$

其中，T 为时间系数。

对式（3-32）两边进行拉氏变换，可得惯性环节的传递函数：

$$G(s) = \frac{1}{Ts + 1} \tag{3-33}$$

部分无源滤波电路和部分弹簧-阻尼系统为惯性环节。

（3）微分环节。

凡输出量与输入量的微分成正比的环节，称为微分环节，即

$$\dot{c}(t) = r(t) \qquad (3\text{-}34)$$

对式（3-34）两边进行拉氏变换，可得微分环节的传递函数：

$$G(s) = s \qquad (3\text{-}35)$$

部分机械-液压阻尼器为微分环节。

（4）积分环节。

凡输出量与输入量的积分成正比的环节，称为积分环节，即

$$c(t) = \int r(t)\mathrm{d}t \qquad (3\text{-}36)$$

对式（3-36）两边进行拉氏变换，可得积分环节的传递函数：

$$G(s) = \frac{1}{s} \qquad (3\text{-}37)$$

部分水箱高度控制系统和部分有源积分网络为积分环节。

（5）振荡环节（二阶环节）。

振荡环节的传递函数如式（3-38）所示。

$$G(s) = \frac{\omega_n^2}{s^2 + 2\zeta\omega_n s + \omega_n^2} \qquad (3\text{-}38)$$

其中，ω_n 为自然频率，ζ 为阻尼系数。

部分无源网络和一些做旋转运动的惯量-阻尼-弹簧系统为振荡环节。

（6）延迟环节。

输出滞后输入时间 τ 但不失真反映输入的环节，称为延迟环节，即

$$c(t) = r(t - \tau) \qquad (3\text{-}39)$$

对式（3-39）两边进行拉氏变换，可得延迟环节的传递函数：

$$G(s) = \mathrm{e}^{-\tau s} \qquad (3\text{-}40)$$

一些轧钢时带钢厚度检测的系统为延迟环节。

3.2.3 控制系统的方框图

控制系统的方框图是用图形的方法具体而形象地表示系统，如图 3-16 所示。方框图可表示系统由哪些环节组成，各环节的数学模型是怎样的，各变量之间的相互关系及信号的流向。根据动态结构图，通过一定的运算变换可求得系统的传递函数。

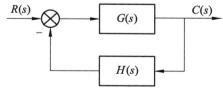

图 3-16 控制系统的方框图示例

1. 方框图的组成单元

如图 3-16 所示，方框图一般由 4 个部分组成，分别是：

（1）信号线：带箭头的直线，箭头表示信号传递方向，信号线上标信号的原函数或象函

数，如图 3-17 所示。

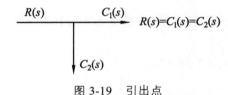

图 3-17　信号线

（2）方框：代表元部件，方框中为元部件的传递函数，起对信号的运算、转换作用，如图 3-18 所示。能否求出 $C(s)$ 与 $R(s)$、$G(s)$ 的关系表达式？

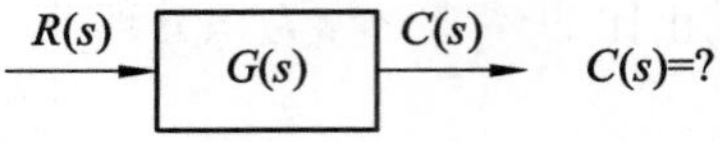

图 3-18　方框

（3）引出点（测量点、分支点）：表示信号引出或测量位置，从同一点引出的信号完全相同，如图 3-19 所示。

图 3-19　引出点

（4）综合点（相加点）：对两个以上的信号进行加或减运算，如图 3-20 所示。

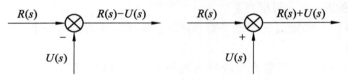

图 3-20　综合点

2. 方框图的建立

建立系统方框图的步骤如下：

（1）设中间变量，从左至右，在包含元件的支路上设中间变量。

（2）建立控制系统各元部件的微分方程。

（3）对各微分方程在零初始条件下进行拉氏变换。

（4）根据拉氏变换式求出各中间变量和输出量的表达式和画出对应的方框图。

（5）按照系统中各变量的传递顺序，依次将各元件的方框图连接起来，通常输入变量在左端，输出变量在右端，便得到系统的方框图。下面举例说明。

【例 5】绘制图 3-21 所示无源网络的方框图。

解：

① 设中间变量，从左至右，在包含元件的支路上设中间变量，设置的中间变量如图所示。

② 建立控制系统各元部件的微分方程。

A. 输出量 $u_c(t)$ 所在的支路列一个方程：

$$u_c = i_2 R \tag{3-41}$$

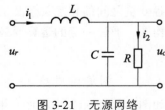

图 3-21　无源网络

B. 同时包含输出量 $u_c(t)$ 和输入量 $u_r(t)$ 的回路列一个方程：

$$u_r = L\frac{\mathrm{d}i_1}{\mathrm{d}t} + u_c \qquad (3\text{-}42)$$

C. 根据并联支路两端电压相等列一个方程：

$$u_c = \frac{1}{C}\int(i_1 - i_2)\mathrm{d}t \qquad (3\text{-}43)$$

③ 对各微分方程在零初始条件下进行拉氏变换。

$$U_c(s) = I_2(s)R \qquad (3\text{-}44)$$
$$U_r(s) = sLI_1(s) + U_c(s) \qquad (3\text{-}45)$$
$$U_c(s) = \frac{1}{Cs}[I_1(s) - I_2(s)] \qquad (3\text{-}46)$$

④ 根据拉氏变换式求出各中间变量和输出量的表达式以及画出对应的方框图。

A. 由式（3-45），求得中间变量 $I_1(s)$：

$$I_1(s) = \frac{1}{Ls}[U_r(s) - U_c(s)] \qquad (3\text{-}47)$$

对应的方框图如图 3-22 所示。

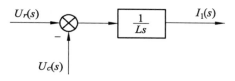

图 3-22

B. 由式（3-44），求得中间变量 $I_2(s)$：

$$I_2(s) = U_c(s)\frac{1}{R} \qquad (3\text{-}48)$$

对应的方框图如图 3-23 所示。

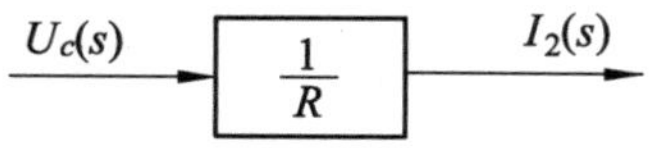

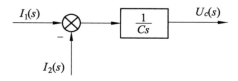

图 3-23

C. 由式（3-46），得输出量 $U_c(s)$：

$$U_c(s) = \frac{1}{Cs}[I_1(s) - I_2(s)] \qquad (3\text{-}49)$$

对应的方框图如图 3-24 所示。

图 3-24

⑤ 按照系统中各变量的传递顺序，依次将各元件的方框图连接起来，通常输入变量在左端，输出变量在右端，得到系统的方框图，如图 3-25 所示。

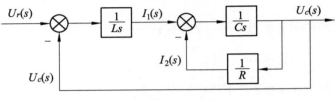

图 3-25

3. 方框图的等效变换

通过方框图的等效变换，可化简方框图。方框图化简的目的是求得系统的传递函数，比如图 3-26 所示的控制系统，通过方框图化简可得到如图 3-27 所示的最简方框图，并得到系统的传递函数。

$$G(s) = \frac{G_1 G_2 G_5 (G_3 G_4 + 1)}{1 + G_1 G_2 G_3 G_4 G_5 + G_1 G_2 G_5 + G_1 G_2 H_1 - G_2 G_3 H_2} \tag{3-50}$$

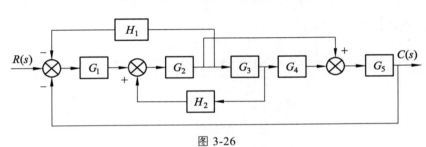

图 3-26

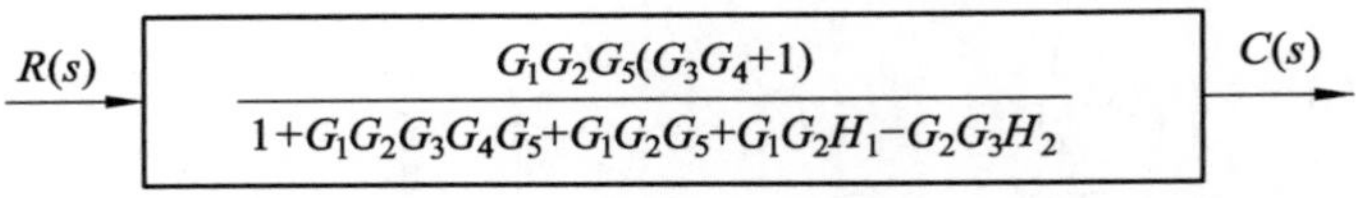

$$R(s) \quad \boxed{\frac{G_1 G_2 G_5 (G_3 G_4 + 1)}{1 + G_1 G_2 G_3 G_4 G_5 + G_1 G_2 G_5 + G_1 G_2 H_1 - G_2 G_3 H_2}} \quad C(s)$$

图 3-27

进行方框图化简，主要依据 6 个等效变换法则，下面进行介绍。

（1）串联环节的等效变换规则。

如图 3-28 所示的方框图连接方式为串联连接，其特点是前一个方框的输出变量作为下一个方框的输入变量，且中间无引出点和综合点。

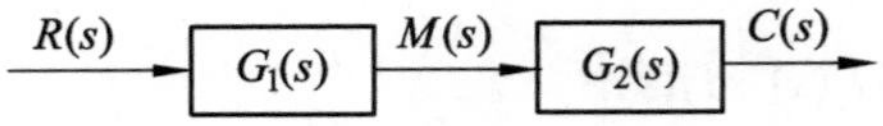

$$R(s) \rightarrow \boxed{G_1(s)} \xrightarrow{M(s)} \boxed{G_2(s)} \xrightarrow{C(s)}$$

图 3-28

由图可得

$$M(s) = R(s)G_1(s) \tag{3-51}$$

$$C(s) = M(s)G_2(s) \tag{3-52}$$

因此

$$C(s) = R(s)G_1(s)G_2(s) \tag{3-53}$$

化简后的方框图如图 3-29 所示。

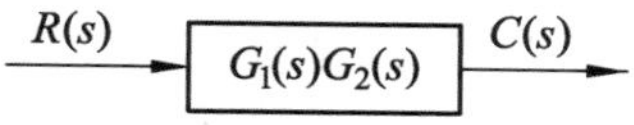

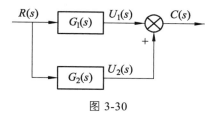

图 3-29

以上表明，多个方框图串联可以等效为一个方框，其传递函数为各个串联的方框的传递函数之积。

（2）并联环节的等效变换规则。

如图 3-30 所示的方框图连接方式为并联连接，其特点是并联的各个方框具有相同的输入量，而输出量为各个方框的代数和。

图 3-30

由图可得

$$U_1(s) = R(s)G_1(s) \tag{3-54}$$

$$U_2(s) = R(s)G_2(s) \tag{3-55}$$

$$C(s) = U_1(s) + U_2(s) \tag{3-56}$$

因此

$$C(s) = R(s)[G_1(s) + G_2(s)] \tag{3-57}$$

化简后的方框图如图 3-31 所示。

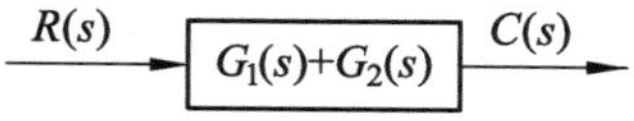

图 3-31

以上表明，多个方框图并联可以等效为一个方框，其传递函数为各个并联的方框的传递函数之代数和。

（3）反馈环节的等效变换规则。

如图 3-32 所示的方框图连接方式为反馈连接，其特点是并联的各个方框具有相同的输入量，而输出量为各个方框的代数和。

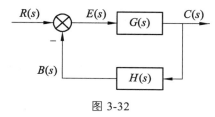

图 3-32

由图可得

$$B(s) = C(s)H(s) \tag{3-58}$$

$$E(s) = R(s) - B(s) = R(s) - C(s)H(s) \tag{3-59}$$

$$C(s) = E(s)G(s) = [R(s) - C(s)H(s)]G(s) \tag{3-60}$$

因此

$$C(s) = R(s)\frac{G(s)}{1 + G(s)H(s)} \tag{3-61}$$

化简后的方框图如图 3-33 所示。

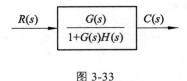

图 3-33

以上表明，多个方框图并联可以等效为一个方框。在反馈环节中，$G(s)$ 称为前向通道函数，$H(s)$ 称为反馈通道函数，若 $H(s)=1$ 称为单位负反馈，$G(s)H(s)$ 称为开环传递函数，则反馈环节的传递函数可表述为

$$\frac{C(s)}{R(s)} = \frac{\text{前向通道函数}}{1 \mp \text{开环传递函数}} \tag{3-62}$$

（4）引出点前后移动的等效变换规则。

① 引出点前移。

如图 3-34 所示的方框图的引出点前移后转换为如图 3-35 所示的方框图。

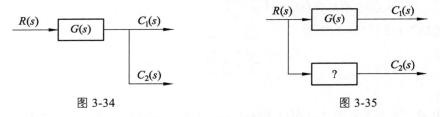

图 3-34　　　　　　　　　　　　图 3-35

为了保持信号关系不变，图 3-35 "?" 处应填传递函数 $G(s)$，如图 3-36 所示。

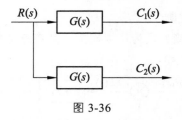

图 3-36

以上表明，引出点前移时，应乘以引出点前移跳过的方框的传递函数之积。

② 引出点后移。

如图 3-37 所示的方框图的引出点后移后转换为如图 3-38 所示的方框图。

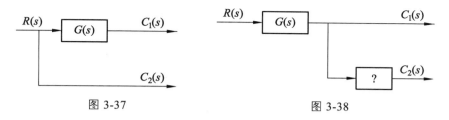

图 3-37   图 3-38

为了保持信号关系不变，图 3-38 "?" 处应填传递函数 $\dfrac{1}{G(s)}$，如图 3-39 所示。

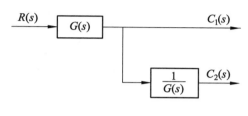

图 3-39

以上表明，引出点后移时，应乘以引出点后移跳过的方框的传递函数之积的倒数。

③ 相邻移出点的移动。

如图 3-40 所示的方框图的引出点移动后转换为如图 3-41 所示的方框图。

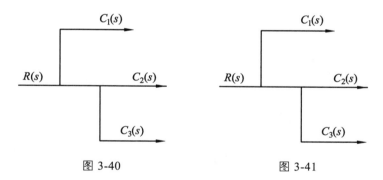

图 3-40   图 3-41

以上表明，相邻引出点互换位置是不影响信号传递关系的。

（5）综合点前后移动的等效变换规则。

① 综合点前移。

如图 3-42 所示的方框图的综合点前移后转换为如图 3-43 所示的方框图。

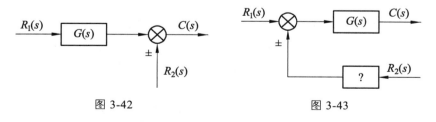

图 3-42   图 3-43

为了保持信号关系不变，图 3-43 "?" 处应填传递函数 $\dfrac{1}{G(s)}$，如图 3-44 所示。

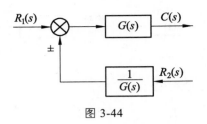

图 3-44

以上表明，综合点前移时，应乘以综合点前移跳过的方框的传递函数之积的倒数。

② 综合点后移。

如图 3-45 所示的方框图的综合点后移后转换为如图 3-46 所示的方框图。

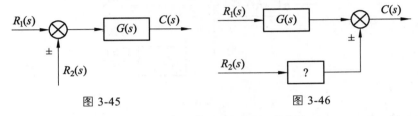

图 3-45   图 3-46

为了保持信号关系不变，图 3-46 "？"处应填传递函数 $G(s)$，如图 3-47 所示。

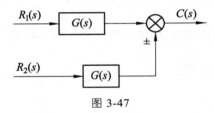

图 3-47

以上表明，引出点后移时，应乘以综合点后移跳过的方框的传递函数之积。

③ 相邻综合点的移动。

如图 3-48 所示的方框图的综合点移动后转换为如图 3-49 所示的方框图。

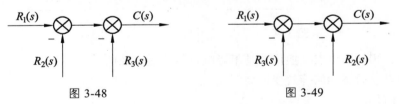

图 3-48   图 3-49

以上表明，相邻综合点互换位置是不影响信号传递关系的，进入综合点的前向通道的信号必须为正。

（6）综合点和引出点之间移动的等效变换规则。

因为前面的 5 个等效变换规则已经足够进行方框图化简，且这个法则相对复杂，这里不再介绍，并强调引出点和综合点调换位置需要进行变换，不能认为它们之间调换位置不会改变信号的传递关系。

在进行方框图化简时，除了应用以上介绍的等效变换规则，还应掌握一些要点有助于快速有序完成方框图的化简，这里介绍一种基本的方法，具体步骤如下：

① 去除不能移动至输入端的综合点。

② 使所有综合点的反馈极性都为负反馈。

③ 使所有综合点尽量移至输入端。

④ 使所有引出点移动至输出端。

⑤ 对串联环节和并联环节进行化简。

⑥ 对最后的负反馈环节进行化简。

下面举例对方框图的化简方法进行说明。

【例 6】对图 3-50 所示的方框图进行化简。

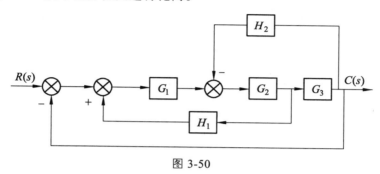

图 3-50

解：

① 去除不能移动至输入端的综合点。

　没有不可移动的综合点。

② 使所有综合点的反馈极性都为负反馈，如图 3-51 所示。

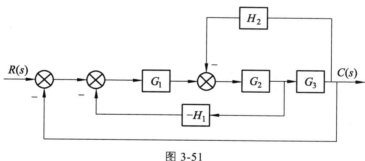

图 3-51

③ 使所有综合点尽量移至输入端，如图 3-52 所示。

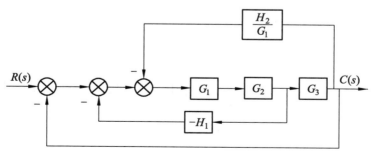

图 3-52

④ 使所有引出点移动至输出端，如图 3-53 所示。

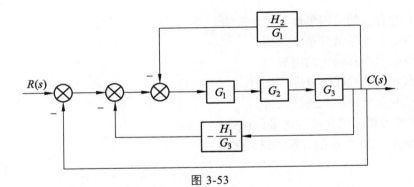

图 3-53

⑤ 对串联环节和并联环节进行化简，如图 3-54 所示。

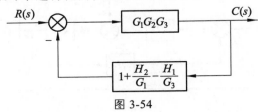

图 3-54

⑥ 对最后的负反馈环节进行化简，如图 3-55 所示。

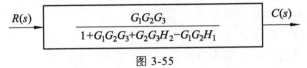

图 3-55

【例 7】对图 3-56 所示的方框图进行化简。

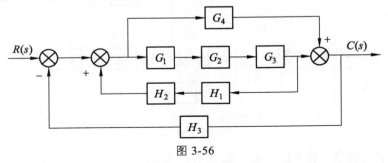

图 3-56

解：

① 去除不能移动至输入端的综合点，如图 3-57 所示。

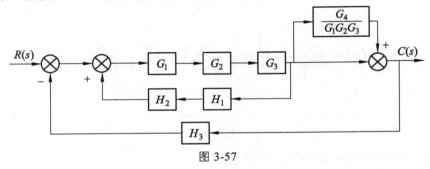

图 3-57

② 使所有综合点的反馈极性都为负反馈，如图 3-58 所示。

R(s)
−
−
G1
G2
G3
G1G2G3+G4
G1G2G3
C(s)
−H1H2
H3

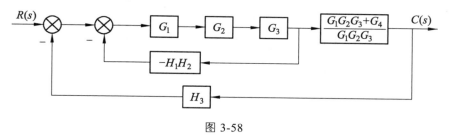

图 3-58

③ 使所有综合点尽量移至输入端。

所有综合点已在输入端。

④ 使所有引出点移动至输出端，如图 3-59 所示。

R(s)
−
−
G1
G2
G3
G1G2G3+G4
G1G2G3
C(s)
−G1G2G3H1H2/(G1G2G3+G4)
H3

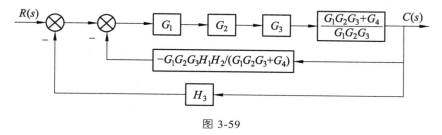

图 3-59

⑤ 对串联环节和并联环节进行化简，如图 3-60 所示。

R(s)
−
G1G2G3+G4
C(s)
H3−G1G2G3H1H2/(G1G2G3+G4)

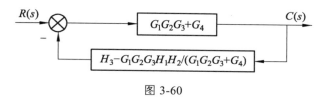

图 3-60

⑥ 对最后的负反馈环节进行化简，如图 3-61 所示。

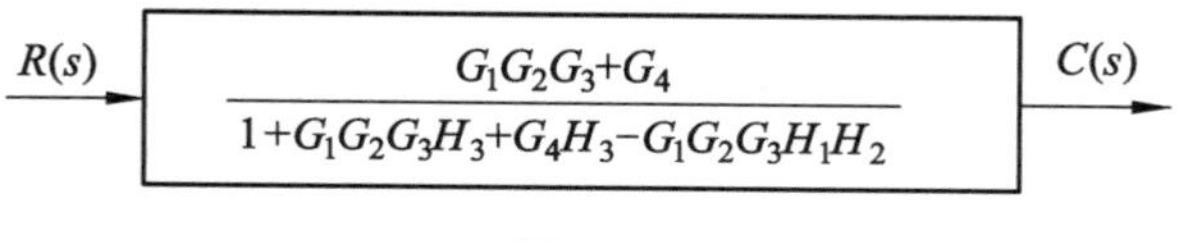

R(s)
G1G2G3+G4
1+G1G2G3H3+G4H3−G1G2G3H1H2
C(s)

图 3-61

4. 利用梅森公式求传递函数

利用梅森公式可以比较快速地求出系统的传递函数，如式（3-63）所示。

$$G(s)=\frac{\sum_{k=1}^{n}P_k\Delta_k}{\Delta} \tag{3-63}$$

下面通过例题详细说明梅森公式中各参数的意义以及运用梅森公式解题的方法。

【例 8】利用梅森公式求图 3-62 所示系统的传递函数。

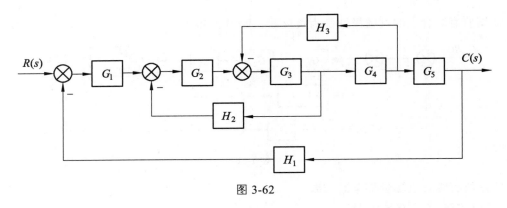

图 3-62

解：

① 找出回路，并在结构图上标出。

回路：在结构图中，信号在其中可以闭合流动，且经过元件不多于一次的闭合回路，称为独立回路，简称回路。

找回路的方法：根据综合点，从前到后、从上到下确定回路，如图 3-63 所示。

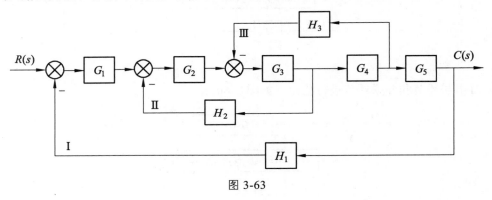

图 3-63

② 列出各回路的传递函数。

回路传递函数：指回路中的前向通道和反馈通道的传递函数的乘积，并且包含代表反馈极性的正负号。

$$L_1 = -G_1 G_2 G_3 G_4 G_5 H_1 \tag{3-64}$$

$$L_2 = -G_2 G_3 H_2 \tag{3-65}$$

$$L_3 = -G_3 G_4 H_3 \tag{3-66}$$

③ 利用梅森公式求传递函数。

$$G(s) = \frac{\sum_{k=1}^{n} P_k \Delta_k}{\Delta} \tag{3-67}$$

式中，

（a）Δ——特征式，$\Delta = 1 - \sum L_i + \sum L_i L_j - \sum L_i L_j L_k + \cdots$；

$\displaystyle\sum L_i$ ——所有各回路的传递函数之和；

$\displaystyle\sum L_iL_j$ ——两两互不接触的回路的传递函数乘积之和；

$\displaystyle\sum L_iL_jL_k$ ——所有三个互不接触的回路的传递函数乘积之和（互不接触的回路为回路之间没有同一信号流过，在本例中，没有互不接触的回路）。

因此

$$\Delta = 1-(L_1+L_2+L_3) \tag{3-68}$$

$$\Delta = 1+G_1G_2G_3G_4G_5H_1+G_2G_3H_2+G_3G_4H_3 \tag{3-69}$$

（b）P_k ——从输入端到输出端第 i 条前向通道的总传递函数，包括正负号；

Δ_k ——在特征式中，将其与第 i 条前向通道接触的回路所在项除去后余下的部分，称为余子式。

在本例中，只有一条前向通道，因此

$$P_1 = G_1G_2G_3G_4G_5 \tag{3-70}$$

$$\Delta = 1-(L_1+L_2+L_3) \tag{3-71}$$

$$\Delta_1 = 1 \tag{3-72}$$

（c）根据梅森公式求出传递函数。

$$G(s)=\frac{P_1\Delta_1}{\Delta}=\frac{G_1G_2G_3G_4G_5}{1+G_1G_2G_3G_4G_5H_1+G_2G_3H_2+G_3G_4H_3} \tag{3-73}$$

3.3　农用控制系统的性能分析

上一节详细介绍了建立农用控制系统数学模型的方法。在这一节，主要介绍利用数学模型对控制系统的性能进行分析的方法。进行控制系统分析、设计和研究的方法有时域分析法、根轨迹法和频率域方法等，本节主要介绍时域分析法。

本节首先介绍对控制系统的性能要求，接着介绍时域分析法的基本概念，然后利用时域分析法对一阶系统和二阶系统进行分析，最后对高阶系统的分析方法进行介绍。

3.3.1　对农用控制系统的性能要求

农用控制系统的自动控制任务是在没有人直接参与下，利用控制装置操纵被控对象，使被控量等于给定值。那么，在被控量因各种原因（比如由于干扰的作用）不等于给定值时，控制装置应操纵被控对象，使被控量等于给定值。被控量在调节过程中随时间变化的全过程，称为动态过程或过渡过程。控制系统的性能，可以用动态过程的特性来衡量，工程上常常从稳、快、准三方面来评价和要求自动控制系统的性能。

1. 稳

稳包括稳定性和平稳性。

稳定性是指当被控量偏离给定值时，若控制装置能操纵被控对象，使被控对象随着时间的增长而最终等于给定值，则称系统是稳定的，否则是不稳定的。稳定性是对控制系统的最基本要求，只有稳定的系统才能完成自动控制任务。

平稳性是指在调节过程中，被控量变化的激烈程度，一般用振荡的幅度和振荡的次数来衡量。好的控制系统要求平稳性要好。

2. 快

快指动态过程持续时间的长短。好的控制系统要求动态过程要短。但快和稳是一个矛盾，应该在它们之间找到合适的平衡点。

稳和快反映了动态控制过程的性能，是系统动态精度的衡量指标。

3. 准

准指的是动态过程结束后，被控量与给定值的偏差，这一偏差称作稳态误差。与动态精度对应，稳态误差反映的是系统稳定以后的精度，是系统静态精度的指标。

综上所述，对控制系统性能的要求包括稳、快、准三方面。稳定性是对控制系统的最基本要求。好的控制系统要求既快又稳，但快和稳是一对矛盾。准是对系统静态精度的要求，好的控制系统希望稳态误差要小。

3.3.2　时域分析法基础

时域分析法是利用典型信号对控制系统提出的控制要求，并获取系统的输出响应，也就是动态过程的数学表达式，依据该表达式画出时间响应曲线，利用表达式和时间响应曲线分析系统的控制性能（比如稳、快、准性能），找出系统结构参数与系统性能之间的关系。

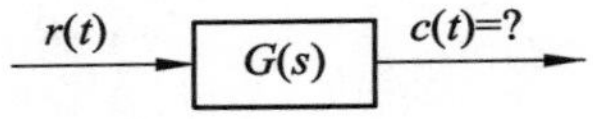

图 3-64

对一个控制系统，如图 3-64 所示，在提出控制要求 $r(t)$ 后，在控制装置的作用下，被控量 $c(t)$ 会随着时间而变化，时域分析法就是利用 $c(t)$ 及其图形来分析控制系统的性能。

$c(t)$ 跟初始状态、$r(t)$ 和系统本身 $G(s)$ 有关，不同的初始状态、不同的控制要求和不同的系统，其 $c(t)$ 也不同。由于 $r(t)$ 和初始状态都具有多样性，所以，为了便于分析和比较控制系统的性能，通常对初始状态、控制要求 $r(t)$ 进行规定，分别称作典型初始状态和典型输入信号。

1. 典型初始状态

典型初始状态规定为零初始状态，即在外作用加于系统之前，输入量及其各阶导数为零，被控量及其各阶导数为零。

2. 典型输入信号

常用的典型输入信号有单位脉冲信号、单位阶跃信号、单位斜坡信号和正弦信号等。

（1）单位脉冲信号。

单位脉冲信号如图 3-65 所示。其数学表达式如式（3-74）所示。

$$\delta(t) = \begin{cases} 0 & t \neq 0 \\ \infty & t = 0 \end{cases} \tag{3-74}$$

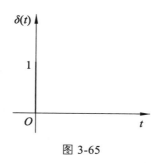

图 3-65

其拉氏变换式为

$$L[\delta(t)] = 1 \qquad (3-75)$$

单位脉冲信号在现实中是不存在的,但一些信号可以近似为脉冲信号,比如冲击力、脉冲电信号等。

(2)单位阶跃信号。

单位阶跃信号如图 3-66 所示。其数学表达式如式(3-76)所示。

$$u(t) = \begin{cases} 1 & t \geqslant 0 \\ 0 & t < 0 \end{cases} \qquad (3-76)$$

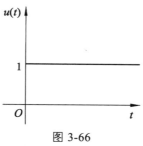

图 3-66

其拉氏变换式为

$$L[u(t)] = \frac{1}{s} \qquad (3-77)$$

电源的突然接通、常值指令的突然施加可看作单位阶跃作用。

(3)单位斜坡信号。

单位斜坡信号如图 3-67 所示。其数学表达式如式(3-78)所示。

$$t \cdot 1(t) = \begin{cases} t & t \geqslant 0 \\ 0 & t < 0 \end{cases} \qquad (3-78)$$

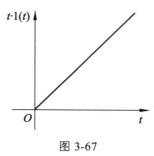

图 3-67

其拉氏变换式为

$$L[t \cdot 1(t)] = \frac{1}{s^2} \qquad (3-79)$$

电梯匀速升降时拖动系统发出的位置信号是斜坡信号。

（4）正弦信号。

正弦信号如图 3-68 所示。其数学表达式如式 3-80 所示。

$$A\sin \omega t \cdot 1(t) = \begin{cases} A\sin \omega t & t \geqslant 0 \\ 0 & t < 0 \end{cases} \qquad (3-80)$$

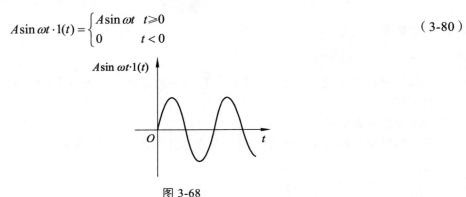

图 3-68

其拉氏变换式为

$$L[t \cdot 1(t)] = \frac{A}{s^2 + \omega^2} \qquad (3-81)$$

一些机械振动的噪声是正弦信号。

3. 典型时间响应

控制系统在典型输入作用下的响应（输出）叫典型时间响应。如图 3-69 所示，$k(t)$ 称为单位脉冲响应，$h(t)$ 称为单位阶跃响应，$c_t(t)$ 称为单位斜坡响应。

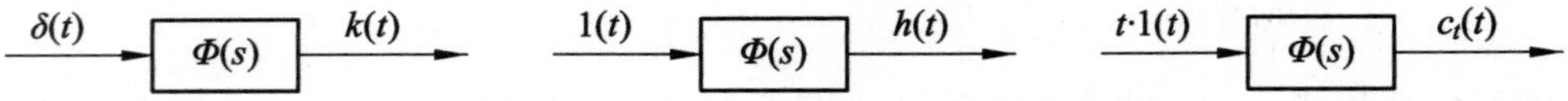

$$\delta(t) \rightarrow \boxed{\Phi(s)} \xrightarrow{k(t)} \qquad 1(t) \rightarrow \boxed{\Phi(s)} \xrightarrow{h(t)} \qquad t \cdot 1(t) \rightarrow \boxed{\Phi(s)} \xrightarrow{c_t(t)}$$

图 3-69

4. 单位阶跃响应的性能指标

如果需要分析系统的性能，只要给系统输入一个典型信号，然后求出系统的响应表达式和画出对应的图形即可进行分析。但我们有四种典型信号，实际中我们最常使用的是哪种呢？因为单位阶跃信号比较简单，且实际中很多信号就是阶跃信号，比如水箱水位高度控制系统要求的水位高度、炉温控制系统要求的炉温，并且一般认为跟踪和复现阶跃作用对系统来说是较为严格的工作条件。所以，一般用阶跃响应来衡量控制系统的性能和定义时域性能指标。

控制系统单位阶跃响应的性能指标包括衡量稳定性的超调量 $\sigma\%$，衡量快速性的延迟时间 t_d，上升时间 t_r，峰值时间 t_p 和调节时间 t_s；衡量准确性的稳态误差 e_{ss}。这些指标如图 3-70 所示，并详细描述如下。

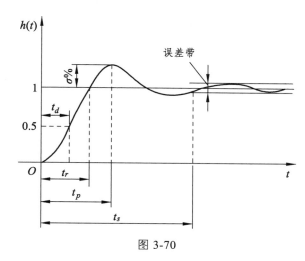

图 3-70

① 延迟时间 t_d：单位阶跃响应曲线 $h(t)$ 从零上升到其稳态值的 50% 所需要的时间。

② 上升时间 t_r：单位阶跃响应曲线 $h(t)$ 从零上升到其稳态值所需要的时间。

③ 峰值时间 t_p：单位阶跃响应曲线 $h(t)$ 从零上升到超过其稳态值达到第一个峰值所需要的时间。

④ 调节时间 t_s：在单位阶跃响应曲线的稳态值附近，取 ±5%（或取 ±2%）作为误差带，响应曲线达到并不再超出该误差带的最小时间，称为调节时间。

⑤ 超调量 $\sigma\%$：超出稳态值的最大偏离量与稳态值之比，即

$$\sigma\% = \frac{h(t_p) - h(\infty)}{h(\infty)} \times 100\% \qquad (3\text{-}82)$$

⑥ 稳态误差 e_{ss}：当时间趋于无穷时，系统的单位阶跃响应的实际值与期望值之差，即

$$e_{ss} = 1 - h(\infty) \qquad (3\text{-}83)$$

在评价系统的稳、快、准性能时，一般侧重使用超调量 $\sigma\%$、调节时间 t_s 和稳态误差 e_{ss}。

3.3.3 一阶系统的分析与计算

1. 一阶系统的数学模型

用一阶微分方程描述的系统，称为一阶系统，也称为惯性环节，如式（3-84）所示。

$$T\frac{dc(t)}{dt} + c(t) = r(t) \qquad (3\text{-}84)$$

由式（3-84）可得系统的传递函数，如式（3-85）所示。

$$\Phi(s) = \frac{1}{Ts + 1} \qquad (3\text{-}85)$$

在以上两式中，T 为表征系统的结构参数，称作时间常数。

2. 一阶系统单位阶跃响应的性能指标

为了得到一阶系统单位阶跃响应的性能指标，根据时域分析法，应先求出系统的单位阶

跃响应，并画出响应曲线，进而分析系统的性能。

为此，对一阶系统施加单位阶跃响应，如图 3-71 所示。

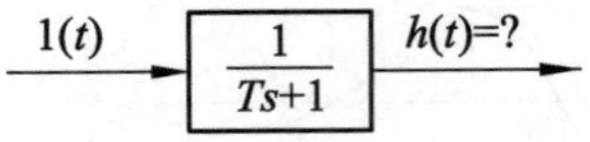

$$1(t) \longrightarrow \boxed{\dfrac{1}{Ts+1}} \longrightarrow h(t)=?$$

图 3-71

根据图 3-71，有

$$H(s) = R(s)\Phi(s) \tag{3-86}$$

由式（3-86），得

$$H(s) = \frac{1}{s(Ts+1)} \tag{3-87}$$

对式（3-87）求拉氏逆变换：

$$h(t) = 1 - e^{-\frac{1}{T}t} \tag{3-88}$$

根据式（3-88），使用描点法画出一阶系统的单位阶跃响应曲线，如图 3-72 所示。相关点的坐标计算如下：

$$t = 0, \quad h(0) = 0$$
$$t = T, \quad h(T) = 1 - e^{-1} = 1 - 2.718\ 28^{-1} = 0.632$$
$$t = 2T, \quad h(2T) = 1 - e^{-2} = 0.865$$
$$t = 3T, \quad h(3T) = 1 - e^{-3} = 0.950$$
$$t = 4T, \quad h(4T) = 1 - e^{-4} = 0.982$$

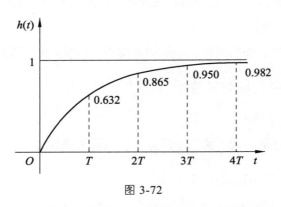

图 3-72

显然，一阶系统的单位阶跃响应曲线是一条由 0 开始，按指数规律上升并最终趋于 1 的曲线。

根据式（3-88）和图 3-72 讨论一阶系统的单位阶跃响应性能。

① 稳。

超调量 $\sigma\% = 0$。

② 快。

由图 3-72 可知，当 $t = 3T$ 时，$h(t) = 0.95$，误差为 5%，因此，当误差带取 5% 时，$t_s = 3T$；

当 $t=4T$ 时，$h(t)=0.982$，误差约 2%，因此，当误差带取 2%时，$t_s=4T$。

③ 准。

稳态误差：$e_{ss}=1-h(\infty)=1-1=0$

另外，传递函数为 $\Phi(s)=\dfrac{k}{Ts+1}$ 的系统也是一阶系统。其中，k 称为放大系数，T 称为时间常数。与上述类似，其单位阶跃响应表达式为 $h(t)=k(1-\mathrm{e}^{-\frac{1}{T}t})$，超调量 $\sigma\%=0$，调节时间 $t_s=3T$（对应 5%误差带）或 $t_s=4T$（对应 2%误差带）。

【例 9】一阶系统的结构如图 3-73 所示，求系统的单位阶跃响应表达式和调节时间 t_s。

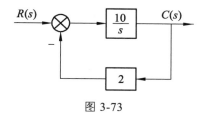

图 3-73

解：由图 3-73 求得系统的闭环传递函数为

$$\Phi(s)=\frac{\dfrac{10}{s}}{1+\dfrac{10}{s}\times 2}=\frac{10}{s+20} \qquad (3-89)$$

将式（3-89）化为一阶系统传递函数的标准形式，即 $\Phi(s)=\dfrac{k}{Ts+1}$，得

$$\Phi(s)=\frac{\dfrac{1}{2}}{\dfrac{1}{20}s+1} \qquad (3-90)$$

对比一阶系统的标准形式，可得

$$\begin{cases} k=\dfrac{1}{2} \\ T=\dfrac{1}{20} \end{cases}$$

因此，一阶系统的单位阶跃响应表达式为

$$h(t)=k(1-\mathrm{e}^{-\frac{1}{T}t})$$

$$h(t)=\frac{1}{2}(1-\mathrm{e}^{-20t}) \qquad (3-91)$$

调节时间为

$$t_s=3T=3\times\frac{1}{20}=0.15s \quad （对应 5%误差带）$$

3.3.4 二阶系统的分析与计算

1. 二阶系统的数学模型

用二阶微分方程描述的系统，称为二阶系统，如式（3-92）所示。

$$\frac{d^2 c(t)}{dt^2} + 2\zeta\omega_n \frac{dc(t)}{dt} + \omega_n^2 = \omega_n^2 r(t) \tag{3-92}$$

由式（3-92）可得系统的传递函数，如式（3-93）所示。

$$\Phi(s) = \frac{\omega_n^2}{s^2 + 2\zeta\omega_n s + \omega_n^2} \tag{3-93}$$

在以上两式中，ζ 和 ω_n 为表征系统的结构参数，分别称为阻尼系数和自然频率。

传递函数的分母称为系统的特征方程，特征方程的解称为系统的特征根。因此，二阶系统的特征方程为 $s^2 + 2\zeta\omega_n s + \omega_n^2 = 0$，且有 2 个特征根。

根据阻尼系数 ζ 的取值，二阶系统分为 5 类，分别是

① $\zeta < 0$，负阻尼系统；

② $\zeta = 0$，无阻尼或零阻尼系统；

③ $0 < \zeta < 1$，欠阻尼系统；

④ $\zeta = 1$，临界阻尼系统；

⑤ $\zeta > 1$，过阻尼系统。

2. 二阶系统单位阶跃响应的性能指标

为了得到二阶系统单位阶跃响应的性能指标，根据时域分析法，应先求出系统的单位阶跃响应，并画出响应曲线，进而分析系统的性能。

为此，对二阶系统施加单位阶跃响应，如图 3-74 所示。

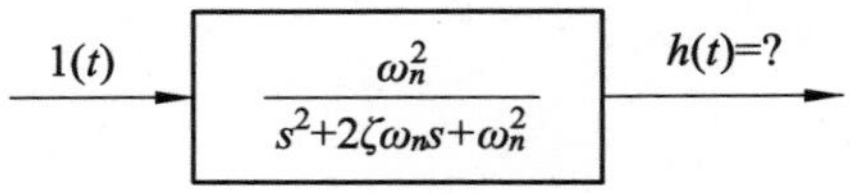

图 3-74

根据图 3-74，有

$$H(s) = R(s)\Phi(s) \tag{3-94}$$

由式（3-94），得

$$H(s) = \frac{1}{s} \frac{\omega_n^2}{s^2 + 2\zeta\omega_n s + \omega_n^2} \tag{3-95}$$

根据阻尼系数 ζ 的取值，分情况讨论二阶系统的单位阶跃响应性能。

① $\zeta < 0$，负阻尼系统。

此时，根据特征方程 $s^2 + 2\zeta\omega_n s + \omega_n^2 = 0$，可求得系统的 2 个特征根：

$$s_1 = -\zeta\omega_n + \omega_n\sqrt{\zeta^2 - 1}$$

$$s_2 = -\zeta\omega_n - \omega_n\sqrt{\zeta^2 - 1}$$

当 $\zeta \neq -1$ 时，系统有 2 个互异特征根，由式（3-95），即 $H(s) = \dfrac{1}{s} \dfrac{\omega_n^2}{s^2 + 2\zeta\omega_n s + \omega_n^2}$，

得

$$H(s) = \frac{1}{s} \frac{\omega_n^2}{(s - s_1)(s - s_2)} \tag{3-96}$$

$$H(s) = \frac{A}{s} + \frac{B}{s - s_1} + \frac{C}{s - s_2} \tag{3-97}$$

所以

$$h(t) = A + Be^{s_1 t} + Ce^{s_2 t} \tag{3-98}$$

其中，

$$s_1 = -\zeta\omega_n + \omega_n\sqrt{\zeta^2 - 1}$$

$$s_2 = -\zeta\omega_n - \omega_n\sqrt{\zeta^2 - 1}$$

则

（a）若 $\zeta < -1$，s_1 和 s_2 为正实根，因此，当 $t \to \infty$ 时，$h(t) = A + Be^{s_1 t} + Ce^{s_2 t} \to \infty$，系统是发散的，为不稳定的系统。

（b）若 $-1 < \zeta < 0$，s_1 和 s_2 为共轭复根，且

$$s_1 = -\zeta\omega_n + \omega_n\sqrt{1 - \zeta^2}\, j$$

$$s_2 = -\zeta\omega_n - \omega_n\sqrt{1 - \zeta^2}\, j$$

则式 $h(t) = A + Be^{s_1 t} + Ce^{s_2 t}$ 中常系数 B 和 C 为共轭复数，设 $B = ke^{j\theta}$，则 $C = ke^{-j\theta}$，因此

$$h(t) = A + ke^{j\theta}e^{(-\zeta\omega_n + \omega_n\sqrt{1 - \zeta^2}\, j)t} + ke^{-j\theta}e^{(-\zeta\omega_n - \omega_n\sqrt{1 - \zeta^2}\, j)t}$$

$$h(t) = A + 2ke^{-\zeta\omega_n t}\cos(\omega_n\sqrt{1 - \zeta^2}\, t + \theta) \tag{3-99}$$

当 $t \to \infty$ 时，系统是发散的，为不稳定的系统。

（c）当 $\zeta = -1$，由式（3-95），即 $H(s) = \dfrac{1}{s} \dfrac{\omega_n^2}{s^2 + 2\zeta\omega_n s + \omega_n^2}$，

得

$$H(s) = \frac{1}{s} \frac{\omega_n^2}{s - 2\omega_n + \omega_n^2} = \frac{1}{s} \frac{\omega_n^2}{(s - \omega_n)^2} \tag{3-100}$$

对式（3-100）进行拉氏逆变换得

$$h(t) = 1 - e^{\omega_n t}(1 - \omega_n t) \tag{3-101}$$

当 $t \to \infty$ 时，式（3-101）发散。

综上所述，当 $\zeta < 0$ 时，系统为不稳定系统。

② $\zeta = 0$，零阻尼或无阻尼系统。

由式（3-95），即 $H(s) = \dfrac{1}{s}\dfrac{\omega_n^2}{s^2 + 2\zeta\omega_n s + \omega_n^2}$，得

$$H(s) = \frac{1}{s}\frac{\omega_n^2}{s^2 + \omega_n^2} \tag{3-102}$$

对式（3-102）进行拉氏逆变换得

$$h(t) = 1 - \cos\omega_n t \tag{3-103}$$

显然，零阻尼系统的阶跃响应曲线是一条偏移量为 1 的余弦振荡曲线，振荡角频率为 ω_n，因此 ω_n 又称为无阻尼振荡角频率。

③ $\zeta = 1$，临界阻尼系统。

由式（3-95），即 $H(s) = \dfrac{1}{s}\dfrac{\omega_n^2}{s^2 + 2\zeta\omega_n s + \omega_n^2}$，

得

$$H(s) = \frac{1}{s}\frac{\omega_n^2}{s + 2\omega_n + \omega_n^2} = \frac{1}{s}\frac{\omega_n^2}{(s + \omega_n)^2} \tag{3-104}$$

对式（3-104）取拉氏逆变换，得

$$h(t) = 1 - \omega_n t(1 + e^{-\omega_n t}) \tag{3-105}$$

根据式（3-105），作出临界阻尼系统的单位阶跃响应曲线，如图 3-75 所示。

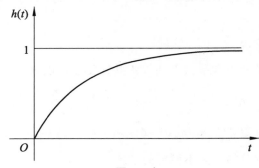

图 3-75

可见，临界阻尼二阶系统的单位阶跃响应是非振荡的（非周期的）。

④ $\zeta > 1$，过阻尼系统。

根据二阶系统的传递函数：

$$\Phi(s) = \frac{\omega_n^2}{s^2 + 2\zeta\omega_n s + \omega_n^2}$$

得系统的 2 个实数特征根：

$$s_1 = -\zeta\omega_n + \omega_n\sqrt{\zeta^2 - 1}$$

$$s_2 = -\zeta\omega_n - \omega_n\sqrt{\zeta^2 - 1}$$

设 $s_1 = -\dfrac{1}{T_1}$，$s_2 = -\dfrac{1}{T_2}$，即

$$T_1 = \frac{1}{\omega_n(\zeta - \sqrt{\zeta^2 - 1})}$$

$$T_2 = \frac{1}{\omega_n(\zeta + \sqrt{\zeta^2 - 1})}$$

则

$$\Phi(s) = \frac{\omega_n^2}{(s + \frac{1}{T_1})(s + \frac{1}{T_2})}$$

因为

$$\frac{1}{T_1 T_2} = \omega_n^2$$

所以

$$\Phi(s) = \frac{\frac{1}{T_1 T_2}}{(s + \frac{1}{T_1})(s + \frac{1}{T_2})}$$

$$\Phi(s) = \frac{1}{(T_1 s + 1)(T_2 s + 1)} \tag{3-106}$$

由式（3-106）可知，过阻尼系统可以看成两个时间常数不同的惯性环节串联。

接下来求过阻尼系统的单位阶跃响应。由式（3-95），即 $H(s) = \frac{1}{s}\frac{\omega_n^2}{s^2 + 2\zeta\omega_n s + \omega_n^2}$，结合式（3-106），得

$$H(s) = \frac{1}{s}\frac{1}{(T_1 s + 1)(T_2 s + 1)} \tag{3-107}$$

对式（3-107）进行拉氏逆变换，得

$$h(t) = 1 + \frac{1}{\frac{T_2}{T_1} - 1}e^{-\frac{1}{T_1}t} + \frac{1}{\frac{T_1}{T_2} - 1}e^{-\frac{1}{T_2}t} \tag{3-108}$$

根据式（3-108），画出临界阻尼系统的单位阶跃响应曲线，如图 3-76 所示。

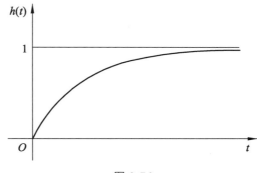

图 3-76

可见，过阻尼二阶系统的单位阶跃响应是非振荡的（非周期的）。

确定 t_s 的表达式是有困难的，一般由响应表达式经计算机运算后制成曲线或表格来分析。

分析得出，当 $T_1 > 4T_2$ 时，即 $\zeta > 1.25$ 时，$e^{-\frac{1}{T_2}t}$ 比 $e^{-\frac{1}{T_1}t}$ 衰减快得多，t_s 主要取决于 T_1，系统等效为一阶系统 $\Phi(s) = \dfrac{1}{T_1 s + 1}$，因此调节时间 $t_s \approx 3T_1$。

⑤ $0 < \zeta < 1$，欠阻尼系统。

根据二阶系统的传递函数：

$$\Phi(s) = \frac{\omega_n^2}{s^2 + 2\zeta\omega_n s + \omega_n^2}$$

得系统的 2 个共轭复根：

$$s_1 = -\zeta\omega_n + \omega_n\sqrt{1-\zeta^2}\,j$$

$$s_2 = -\zeta\omega_n - \omega_n\sqrt{1-\zeta^2}\,j$$

令 $\sigma = \zeta\omega_n$，其为特征根实部的模值，具有角频率量纲。

令 $\omega_d = \omega_n\sqrt{1-\zeta^2}$，称为阻尼振荡角频率。

则

$$s_{1,2} = -\sigma \pm \omega_d j$$

接下来求临界阻尼系统的单位阶跃响应。对式（3-95），即 $H(s) = \dfrac{1}{s}\dfrac{\omega_n^2}{s^2 + 2\zeta\omega_n s + \omega_n^2}$ 两边进行拉氏逆变换，可求得

$$h(t) = 1 - \frac{e^{-\zeta\omega_n t}}{\sqrt{1-\zeta^2}}\sin(\omega_d t + \beta) \tag{3-109}$$

其中，$\beta = \arccos\zeta$。

根据式（3-109），画出欠阻尼系统的单位阶跃响应曲线，如图 3-77 所示。

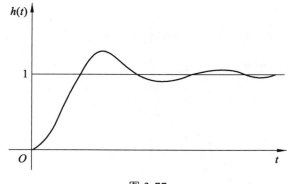

图 3-77

由此可见，欠阻尼系统的阶跃响应曲线为随着时间 t 的增长而衰减的振荡过程，振荡的角频率为 ω_d。

根据对式（3-109）和图 3-77 的分析，有如下结果：

（a）稳定性。

阻尼系数 ζ 越大，超调量越小，振荡次数越小，平稳性较好；在一定的阻尼比下，因为 $\omega_d = \omega_n \sqrt{1-\zeta^2}$，$\omega_n$ 越大，ω_d 越大，振荡频率越大，平稳性越差。

（b）快速性。

阻尼系数 $\zeta = 0.707$ 为最佳阻尼比；当 $0 < \zeta \leqslant 0.707$ 时，阻尼系数 ζ 越大，快速性越好；当 $0.707 < \zeta < 1$ 时，阻尼系数 ζ 越大，快速性越差；在一定的阻尼比下，ω_n 越大，快速性越好。

（c）准确性。

系统稳定，且稳态误差 $e_{ss} = 1 - h(\infty) = 0$。

下面具体讨论欠阻尼系统阶跃响应的性能指标。

① 快速性。

（a）上升时间 t_d。

上升时间 t_d 的定义为从 0 上升到稳态值所需的时间，结合式（3-109），有

$$h(t_r) = 1 - \frac{e^{-\zeta\omega_n t_r}}{\sqrt{1-\zeta^2}} \sin(\omega_d t_r + \beta) = 1 \qquad (3\text{-}110)$$

求得

$$t_r = \frac{\pi - \beta}{\omega_d} \qquad (3\text{-}111)$$

式（3-110）为欠阻尼系统上升时间 t_d 的计算公式。

（b）峰值时间 t_p。

根据峰值时间的定义结合式（3-109），有

$$\frac{\mathrm{d}h(t)}{\mathrm{d}t}\Big|_{t=t_p} = 0 \qquad (3\text{-}112)$$

$$\zeta\omega_n \frac{e^{-\zeta\omega_n t}}{\sqrt{1-\zeta^2}} \sin(\omega_d t + \beta) - \omega_d \frac{e^{-\zeta\omega_n t}}{\sqrt{1-\zeta^2}} \cos(\omega_d t + \beta)\Big|_{t=t_p} = 0$$

求得

$$t_p = \frac{\pi}{\omega_d} \qquad (3\text{-}113)$$

式（3-113）为欠阻尼系统峰值时间 t_p 的计算公式。

（c）调节时间 t_s。

写出调节时间 t_s 的准确表达式相当困难，经常采用近似公式，即

当 $\zeta < 0.8$ 时，

$$t_s = \frac{3.5}{\zeta\omega_n} \text{（取 5\% 误差带）} \qquad (3\text{-}114)$$

$$t_s = \frac{4.5}{\zeta\omega_n} \text{（取 2\% 误差带）} \qquad (3\text{-}115)$$

② 稳定性。

根据超调量的定义，有

$$\sigma\% = \frac{h(t_p) - h(\infty)}{h(\infty)} \times 100\%$$

$$\sigma\% = \frac{h\left(\dfrac{\pi}{\omega_d}\right) - 1}{1} \times 100\%$$

$$\sigma\% = \frac{1 - \dfrac{e^{-\zeta\omega_n \frac{\pi}{\omega_d}}}{\sqrt{1-\zeta^2}} \sin\left(\omega_d \dfrac{\pi}{\omega_d} + \beta\right) - 1}{1} \times 100\%$$

求得

$$\sigma\% = e^{-\frac{\pi\zeta}{\sqrt{1-\zeta^2}}} \times 100\% \tag{3-116}$$

式（3-116）为欠阻尼系统超调量 $\sigma\%$ 的计算公式。

③ 准确性。

根据稳态误差的定义，结合式（3-109）有

$$e_{ss} = 1 - h(\infty) = 0 \tag{3-117}$$

【例 10】设单位反馈系统的开环传递函数为 $G(s) = \dfrac{5}{s(0.2s+1)}$，试求阶跃响应的性能指标超调量 $\sigma\%$ 及调节时间 t_s（误差带为 5%）。

解：系统闭环传递函数为

$$\Phi(s) = \frac{5}{0.2s^2 + s + 5}$$

化为二阶系统传递函数的标准形式：$\Phi(s) = \dfrac{25}{s^2 + 5s + 25}$

与二阶系统的标准形式 $\Phi(s) = \dfrac{\omega_n^2}{s^2 + 2\zeta\omega_n s + \omega_n^2}$ 对比，得

$$\begin{cases} \omega_n^2 = 25 \\ 2\zeta\omega_n = 5 \end{cases}$$

$$\begin{cases} \omega_n = 5 \\ \zeta = 0.5 \end{cases}$$

则

$$\sigma\% = e^{-\frac{\pi\zeta}{\sqrt{1-\zeta^2}}} \times 100\% = 16.3\%$$

$$t_s = \frac{3.5}{\zeta\omega_n} = 1.4s$$

3.3.5 高阶系统的分析方法

用高阶微分方程描述的系统称为高阶系统。工程上，许多控制系统是高阶系统，用解微分方程的方法求解高阶系统的时间响应是很困难的。但多数高阶系统可用一些方法近似为一、二阶系统。使用根轨迹法可以把一些高阶系统近似为一、二阶系统。

 思考题

（1）自动控制的任务是什么？

（2）什么是被控对象？什么是被控量？什么是给定值？

（3）自动控制系统由哪些部分组成？

（4）有哪些典型的控制系统结构？请叙述其具体结构和工作原理。

（5）列出图 3-78 所示无源网络的微分方程，图中电压 u_r 为输入量，电压 u_c 为输出量。

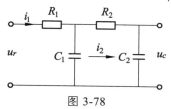

图 3-78

（6）建立图 3-79 所示机械系统的微分方程。图中，$x(t)$ 为输入位移量，$y(t)$ 为输出位移量。

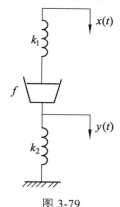

图 3-79

（7）绘制图 3-80 所示无源网络的方框图。

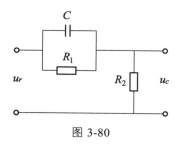

图 3-80

（8）分别使用方框图等效变换和梅森公式求出图 3-81 所示系统的传递函数 $\dfrac{C(s)}{R(s)}$。

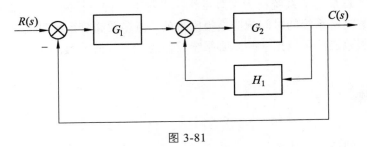

图 3-81

（9）单位负反馈系统的开环传递函数为 $G(s) = \dfrac{30}{s}$，求系统的单位阶跃响应表达式和调节时间 t_s。

（10）系统结构如图 3-82 所示，试求系统的超调量 $\sigma\%$ 和调节时间 t_s（误差带为 5%）。

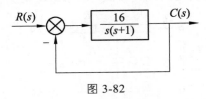

图 3-82

4

智慧农业机器人运动学建模和运动轨迹规划

运动学（Kinematics）是从几何角度描述和研究农业机器人关节的位置、速度和加速度随时间的变化规律。机器人运动学问题主要在机器人的工作空间和关节空间内讨论，包括正运动学（Forward Kinematics）和逆运动学（Inverse Kinematics）。由机器人的关节空间到工作空间的映射称为正运动学；反之，由机器人的工作空间到关节空间的映射称为逆运动学。正运动学也被称为运动学建模，逆运动学也被称为运动学求逆或求逆解。

4.1　机器人位姿描述

在机器人学中，机器人的位置（Position）和姿态（Posture/Pose）统称为位姿。其中，位姿的数学描述是表达机器人的线速度、角速度、力和力矩的基础，而坐标变换是研究不同坐标系中机器人位姿关系的重要途径。描述三维空间中物体的运动需要 6 个变量（x, y, z, α, β, γ），其中，（x, y, z）表示位置，（α, β, γ）表示姿态。为了描述机器人的位置和姿态，需要建立坐标系，通常采用笛卡尔直角坐标系。

机器人操作臂可看成一个开式运动链，它是由一系列连杆通过转动或移动关节串联而成。开链的一端固定在基座上，而另一端是自由的，安装着工具，用来操作物体，完成各种作业。关节由伺服驱动器驱动，关节的相对运动导致连杆的运动，使手爪到达所需的位姿。在轨迹规划时，最有趣的是末端执行器相对于固定参考系的空间描述。图 4-1 所示为香蕉采摘机器人，为了实现香蕉串采摘，首先需要通过视觉等方式检测识别出香蕉串果柄的位姿，然后控制机器人末端执行器准确运动到香蕉串果柄处并完成切割任务。显然，位姿是机器人控制和应用中非常重要的变量。

图 4-1　香蕉采摘机器人

4.1.1　齐次坐标

1. 空间点的齐次坐标

齐次坐标可用于描述机器人的位姿，而齐次变换可实现机器人位姿在不同坐标系中的转换，因此，利用齐次坐标和齐次变换研究机器人的位姿问题非常方便。

在设定的参考直角坐标系中，空间任一点的位置可用式（4-1）所示 3×1 的列向量 $\boldsymbol{p}$ 表示：

$$\boldsymbol{p}=\begin{bmatrix} p_x & p_y & p_z \end{bmatrix}^{\mathrm{T}} \tag{4-1}$$

在空间点位置 3×1 的列向量基础上，增加一维非零元素，用 4×1 的列向量表示三维空间直角坐标系中的点，则该 4×1 的列向量称为点的齐次坐标，如式（4-2）所示。

$$\boldsymbol{P}=\begin{bmatrix} p_x & p_y & p_z & 1 \end{bmatrix}^{\mathrm{T}} \tag{4-2}$$

将齐次坐标中各元素同乘一个非零比例因子 ω 后，仍表示同一点的位置坐标，即

$$\boldsymbol{P}=\begin{bmatrix} a & b & c & \omega \end{bmatrix}^{\mathrm{T}} \tag{4-3}$$

式（4-3）中，$a=\omega p_x$、$b=\omega p_y$、$c=\omega p_z$。由于 ω 可取任意正值，显然，一个点位置的齐次坐标不唯一，它随 ω 取值不同而不同。为了简化计算，在机器人运动学中，通常取 $\omega=1$，即机器人上点的齐次坐标通式如式（4-2）所示。

2. 坐标轴方向的描述

直角坐标系的坐标轴是具有确定方向的矢量，坐标轴的齐次坐标可用通式 $[a\,b\,c\,0]^{\mathrm{T}}$ 描述，若 $\boldsymbol{i}$、$\boldsymbol{j}$、$\boldsymbol{k}$ 分别表示直角坐标系中 X、Y、Z 坐标轴的单位向量，采用齐次坐标描述 X、Y、Z 轴的方向，则有

$$\boldsymbol{i}=\begin{bmatrix} 1 \\ 0 \\ 0 \\ 0 \end{bmatrix} \qquad \boldsymbol{j}=\begin{bmatrix} 0 \\ 1 \\ 0 \\ 0 \end{bmatrix} \qquad \boldsymbol{k}=\begin{bmatrix} 0 \\ 0 \\ 1 \\ 0 \end{bmatrix}$$

根据坐标轴方向的齐次坐标描述，做如下规定：

若 $[a\,b\,c\,0]^{\mathrm{T}}$ 中第四个元素为零，且 $a^2+b^2+c^2=1$，则表示某轴（某矢量）的方向。

若 $[a\,b\,c\,\omega]^{\mathrm{T}}$ 中第四个元素不为零，则表示空间某点的位置。

4.1.2　齐次变换

齐次变换有较直观的几何意义，而且可描述各连杆之间的关系，所以常用于解决运动学问题。机器人连杆的运动包括平移运动、旋转运动、平移和旋转运动。将每次运动用一个变换矩阵来表示，那么，多次运动即可用多个变换矩阵的乘积来表示，表示这个积的矩阵称为齐次变换矩阵。这样，用连杆的初始位姿矩阵乘以齐次变换矩阵，即可得到经过多次变换后连杆的位姿矩阵。通过多个连杆位姿的传递，可以得到机器人末端的位姿，即后续将讨论的机器人正运动学问题。

1. 平移的齐次变换

空间某一点在直角坐标系中的平移，由点 $A(x_A, y_A, z_A)$ 平移至点 $B(x_B, y_B, z_B)$，如图 4-2 所示，即

$$\begin{cases} x_B = x_A + p_x \\ y_B = y_A + p_y \\ z_B = z_A + p_z \end{cases} \qquad (4\text{-}4)$$

式（4-4）中，p_x、p_y、p_z 分别表示 X、Y、Z 轴方向的移动量。

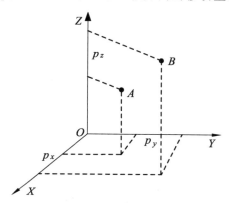

图 4-2　点的平移变换

将式（4-4）写成齐次矩阵的形式：

$$\begin{bmatrix} x_B \\ y_B \\ z_B \\ 1 \end{bmatrix} = \begin{bmatrix} 1 & 0 & 0 & p_x \\ 0 & 1 & 0 & p_y \\ 0 & 0 & 1 & p_z \\ 0 & 0 & 0 & 1 \end{bmatrix} \begin{bmatrix} x_A \\ y_A \\ z_A \\ 1 \end{bmatrix} \qquad (4\text{-}5)$$

若点的平移量用向量 $\boldsymbol{p} = [p_x\ p_y\ p_z]^\mathrm{T}$ 表示，则平移的齐次变换式（4-5）可简写为：

$$\boldsymbol{P}_B = \mathrm{Trans}(\boldsymbol{p}) \cdot \boldsymbol{P}_A \qquad (4\text{-}6)$$

其中，$\mathrm{Trans}(\boldsymbol{p})$ 为平移操作算子，其表达式为：

$$\mathrm{Trans}(\boldsymbol{p}) = \begin{bmatrix} 1 & 0 & 0 & p_x \\ 0 & 1 & 0 & p_y \\ 0 & 0 & 1 & p_z \\ 0 & 0 & 0 & 1 \end{bmatrix}$$

式（4-6）适用于坐标系的平移变换、机器人关节位置的平移变换等。

2. 旋转的齐次变换

空间点在直角坐标系中的旋转如图 4-3 所示，点 $A(x_A, y_A, z_A)$ 绕 Z 轴逆时针旋转 θ 角后至 $B(x_B, y_B, z_B)$。点 A、B 在 XOY 平面内的投影为 A'、B'，设 OA' 与 X 轴的夹角为 α，由于点 A 绕 Z 轴旋转，故 $OA' = OB' = r$。

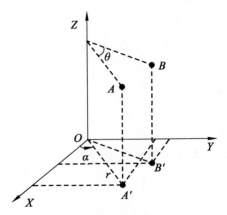

图 4-3　点的旋转变换

由几何关系可得

$$\begin{cases} x_A = r\cos\alpha \\ y_A = r\sin\alpha \end{cases}$$
（4-7）

同理有

$$\begin{cases} x_B = r\cos(\alpha+\theta) = r\cos\alpha\cos\theta - r\sin\alpha\sin\theta \\ y_B = r\sin(\alpha+\theta) = r\sin\alpha\cos\theta + r\cos\alpha\sin\theta \end{cases}$$
（4-8）

将式（4-7）代入式（4-8）可得

$$\begin{cases} x_B = x_A\cos\theta - y_A\sin\theta \\ y_B = y_A\cos\theta + x_A\sin\theta \end{cases}$$
（4-9）

由于 Z 坐标不变，故点 A 旋转到点 B 后位置为：

$$\begin{cases} x_B = x_A\cos\theta - y_A\sin\theta \\ y_B = x_A\sin\theta + y_A\cos\theta \\ z_B = z_A \end{cases}$$
（4-10）

写成矩阵形式为

$$\begin{bmatrix} x_B \\ y_B \\ z_B \\ 1 \end{bmatrix} = \begin{bmatrix} \cos\theta & -\sin\theta & 0 & 0 \\ \sin\theta & \cos\theta & 0 & 0 \\ 0 & 0 & 1 & 0 \\ 0 & 0 & 0 & 1 \end{bmatrix} \begin{bmatrix} x_A \\ y_A \\ z_A \\ 1 \end{bmatrix}$$
（4-11）

则旋转的齐次变换式（4-11）可简写为

$$\boldsymbol{P}_B = \mathrm{Rot}(Z,\theta)\cdot\boldsymbol{P}_A$$

其中，Rot（Z，θ）为绕 Z 轴旋转 θ 角度的变换矩阵，其表达式为：

$$\mathrm{Rot}(Z,\theta) = \begin{bmatrix} \cos\theta & -\sin\theta & 0 & 0 \\ \sin\theta & \cos\theta & 0 & 0 \\ 0 & 0 & 1 & 0 \\ 0 & 0 & 0 & 1 \end{bmatrix}$$

同理，可得绕 X 轴旋转 θ 角度的变换矩阵：

$$\text{Rot}(X,\theta) = \begin{bmatrix} 1 & 0 & 0 & 0 \\ 0 & \cos\theta & -\sin\theta & 0 \\ 0 & \sin\theta & \cos\theta & 0 \\ 0 & 0 & 0 & 1 \end{bmatrix}$$

绕 Y 轴旋转 θ 角度的变换矩阵：

$$\text{Rot}(Y,\theta) = \begin{bmatrix} \cos\theta & 0 & \sin\theta & 0 \\ 0 & 1 & 0 & 0 \\ -\sin\theta & 0 & \cos\theta & 0 \\ 0 & 0 & 0 & 1 \end{bmatrix}$$

3. 平移和旋转的齐次变换

利用纯平移和纯旋转的齐次变换，可以得到两个坐标系之间既有平移又有旋转的复合齐次变换。假设机器人的连杆绕其局部坐标系 x、y、z 轴的转动角度分别为 θ_x、θ_y、θ_z，局部坐标系原点在其母连杆坐标系中的位置向量为 $p=[p_x\,p_y\,p_z]^{\text{T}}$，则在其母连杆坐标系中平移和旋转的复合齐次变换矩阵如下：

绕 x 轴转动（偏摆自由度）的齐次变换矩阵为

$$\boldsymbol{T}_x = \begin{bmatrix} 1 & 0 & 0 & p_x \\ 0 & \cos\theta_z & -\sin\theta_z & p_y \\ 0 & \sin\theta_z & \cos\theta_z & p_z \\ 0 & 0 & 0 & 1 \end{bmatrix}$$

绕 y 轴转动（俯仰自由度）的齐次变换矩阵为

$$\boldsymbol{T}_y = \begin{bmatrix} \cos\theta_y & 0 & \sin\theta_y & p_x \\ 0 & 1 & 0 & p_y \\ -\sin\theta_y & 0 & \cos\theta_y & p_z \\ 0 & 0 & 0 & 1 \end{bmatrix}$$

绕 z 轴转动（滚动自由度）的复合齐次变换矩阵为

$$\boldsymbol{T}_z = \begin{bmatrix} \cos\theta_x & -\sin\theta_x & 0 & p_x \\ \sin\theta_x & \cos\theta_x & 0 & p_y \\ 0 & 0 & 1 & p_z \\ 0 & 0 & 0 & 1 \end{bmatrix}$$

4.2 机器人的运动学建模

4.2.1 正运动学建模

机器人运动学建模方法主要包括几何建模方法、D-H 建模方法等。其中，几何建模方法适用于结构较简单的机器人，特别是平面机器人，而 D-H 建模方法通用性较强，适用于串联机器人、并联机器人和混联机器人等不同结构的机器人。已知关节运动学参数，求出末端执行器运动学参数是工业机器人正向运动学问题的求解；反之，是工业机器人逆向运动学问题的求解。

1. 几何建模方法

图 4-4 所示为具有两个旋转自由度机械臂的连杆模型，为了建立其运动学模型，先在其基座上建立一个参考坐标系 XOY。该机械臂的关节空间有两个角度变量 θ_1、θ_2，工作空间有两个变量 x、y，表示机械臂末端在参考坐标系中的位置。对关节变量的方向定义如下：θ_1 为从 X 轴到连杆 1 的夹角，θ_2 为从连杆 1 的延长线到连杆 2 的夹角，且逆时针为正方向。连杆 1 的长度为 l_1，连杆 2 的长度为 l_2。根据三角几何关系，可得该机械臂的运动学模型为

$$\begin{cases} x = l_1 \cos\theta_1 + l_2 \cos(\theta_1 + \theta_2) \\ y = l_1 \sin\theta_1 + l_2 \sin(\theta_1 + \theta_2) \end{cases} \tag{4-12}$$

利用式（4-12）所示运动学模型，由关节角度变量 θ_1、θ_2 即可求出机器臂末端在参考坐标系中的位置（x，y）。然而，几何建模法只适用于运动关系比较简单、且满足一定几何关系的机器人运动学建模，而对于连杆结构和运动比较复杂的机器人，需要采用 D-H 等方法进行运动学建模。

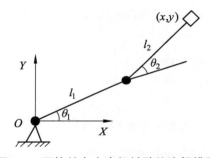

图 4-4　两旋转自由度机械臂的连杆模型

2. D-H 建模方法

为了研究机器人各连杆之间的位移关系，可在每个连杆上固接一个坐标系，然后描述这些坐标系之间的关系。Denavit 和 Hartenberg 提出一种通用方法，用一个 4×4 的齐次变换矩阵，建立机器人的正运动学模型，称之为 D-H 建模方法。D-H 方法是机器人运动学建模的标准方法，理论上适用于任何机器人。

（1）D-H 参数。

在 D-H 建模方法中，主要用到 4 个参数 a、α、d、θ，下面逐一介绍。

连杆长度 a：连杆 i 的长度 a_i 定义为关节 i 的轴线和关节 i+1 的轴线之间的公法线长度，它表示的是两关节轴线之间的空间最短距离，如图 4-5 所示。当两关节的轴线相交时，则连杆的长度为零。图中将连杆画成弯曲的形状是为了说明 D-H 建模中连杆长度与连杆的几何形状无关。在实际的机器人中，连杆的长度一般不为零。长度不为零的连杆的机械功能是连接两个关节，它的运动学功能是保持与连杆两端固连的关节之间固定的几何位姿关系。这里的连杆长度并不是其几何意义上的长度，而是其运动学意义上的长度。

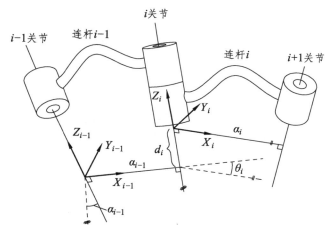

图 4-5　机器人的连杆结构与 D-H 参数

连杆扭角 α：连杆 $i-1$ 的扭角 α_{i-1} 定义为关节 $i-1$ 的轴线与关节 i 的轴线之间的夹角，指向为从轴线 $i-1$ 到轴线 i，如图 4-5 所示。扭角 α_{i-1} 实际表示关节 i 的轴线相对于关节 $i-1$ 的轴线的旋转角度，指向从轴线 $i-1$ 到轴线 i。特殊地，当两关节的轴线平行时，扭角 $\alpha_{i-1}=0$。

连杆偏置 d：连杆 i 相对于连杆 $i-1$ 的偏置 d_i 定义为：关节 i 上的两条公法线 a_i 与 a_{i-1} 之间的距离，沿关节轴线 i 测量，指向从 a_{i-1} 到 a_i，如图 4-5 所示。如果关节是移动关节，则它是关节变量。

关节角 θ：关节角 θ_i 定义为连杆 i 相对于连杆 $i-1$ 绕轴线 i 的旋转角度，绕关节轴线 i 测量，指向从 a_{i-1} 到 a_i，如图 4-5 所示。如果关节 i 是转动关节，则 θ_i 是关节变量。

4 个 D-H 参数中，连杆长度 a、连杆扭角 α 描述连杆本身，而连杆偏置 d、关节角 θ 描述与相邻连杆的位姿关系。对于旋转关节，θ 是关节变量，其他 3 个参数固定不变，为结构参数；对于移动关节，d 是关节变量，其他 3 个为结构参数。结构参数是由机器人本身的结构确定的，其中不包含活动构件，不会在机器人运动过程中发生改变。

（2）D-H 坐标系的建立。

D-H 建模方法需要在每个连杆上建立一个坐标系，然后利用连杆坐标系描述两相邻连杆之间的相对运动和位姿关系。对于一个 n 自由度的机器人，需要建立 $n+1$ 个连杆坐标系，包括基坐标系 {0}，中间坐标系 {i}，末端连杆坐标系 {n}。这些连杆坐标系的建立需要依据 D-H 建模方法规则，因此，也被称为 D-H 坐标系。

在建立 D-H 坐标系时，遵循先建立中间连杆坐标系 {i}，再建立两端连杆坐标系 {0} 和 {n} 的原则。D-H 坐标系的建立步骤如下：

Step1：确定 Z_i 轴：根据关节 i 的轴线及关节转向采用右手定则确定 Z_i 轴。

Step2：确定原点 O_i：若两相邻关节轴线 Z_i 与 Z_{i+1} 不相交，则公垂线与 Z_i 轴（轴线 i）的交点为原点；若 Z_i 与 Z_{i+1} 平行时，原点的选择应使偏置 d_{i+1} 为零；若 Z_i 与 Z_{i+1} 相交则交点为原点；若 Z_i 与 Z_{i+1} 重合则原点应使偏置 d_{i+1} 为零。

Step3：确定 X_i 轴：两轴线不相交时，X_i 轴与轴线 Z_i 与 Z_{i+1} 的公垂线重合，指向从 i 到 $i+1$；若两轴线相交，则 X_i 轴是 Z_i 与 Z_{i+1} 两轴线所在平面的法线；若两轴线重合，则 X_i 轴与 Z_i 与 Z_{i+1} 两轴线垂直且使其他连杆参数尽可能为零。

Step4：按右手定则确定 Y_i 轴。

Step5：坐标系{0}可任意建立，一般选择坐标系{0}与坐标系{1}重合。

Step6：坐标系{n}的 Z 轴由关节 n 的运动类型和右手定则确定，原点 O_n 与 X_n 轴可任意选择，但一般选择 X_n 轴与坐标系{n-1}的 X 轴同向，从而使尽可能多的 D-H 参数为零。

（3）利用连杆坐标系确定 D-H 参数。

建立了机器人的 D-H 坐标系后，可直接从相邻的两个连杆坐标系确定 D-H 参数。对于图 4-5 所示的连杆坐标系{i-1}和{i}，其 D-H 参数的确定方法如下：

a_{i-1}：从 Z_{i-1} 到 Z_i 沿 X_{i-1} 测量的距离；

α_{i-1}：从 Z_{i-1} 到 Z_i 沿 X_{i-1} 旋转的角度；

d_i：从 X_{i-1} 到 X_i 沿 Z_i 测量的距离；

θ_i：从 X_{i-1} 到 X_i 沿 Z_i 旋转的角度。

（4）确定 D-H 矩阵。

如图 4-5 所示，对于坐标系{i-1}和{i}，坐标系{i-1}经过以下四次运动变换到坐标系{i}：

Step1：坐标系{i-1}绕 X_{i-1} 转动 α_{i-1}，使 Z_{i-1} 与 Z_i 同向；

Step2：坐标系{i-1}沿 X_{i-1} 移动 a_{i-1}，使 Z_{i-1} 与 Z_i 共线；

Step3：坐标系{i-1}绕 Z_i 转动 θ_i，使 X_{i-1} 与 X_i 同向；

Step4：坐标系{i-1}沿 Z_i 移动 d_i，使 X_{i-1} 与 X_i 共线，坐标系{i-1}与{i}共原点。

上述坐标系变换中，坐标系{i-1}都是相对于自己的坐标轴做旋转或平移，因此，所有的子变换都是相对于动坐标系的，所以坐标系{i}相对于坐标系{i-1}的转换矩阵为

$$
{}_{i-1}^{i}\boldsymbol{T} = \text{Rot}(X, \alpha_{i-1})\text{Trans}(X, a_{i-1})\text{Rot}(Z, \theta_i)\text{Trans}(Z, d_i)
$$

$$
= \begin{bmatrix}
\cos\theta_i & -\sin\theta_i & 0 & a_{i-1} \\
\sin\theta_i\cos\alpha_{i-1} & \cos\theta_i\cos\alpha_{i-1} & -\sin\alpha_{i-1} & -d_i\sin\alpha_{i-1} \\
\sin\theta_i\sin\alpha_{i-1} & \cos\theta_i\sin\alpha_{i-1} & \cos\alpha_{i-1} & d_i\cos\alpha_{i-1} \\
0 & 0 & 0 & 1
\end{bmatrix} \tag{4-13}
$$

该矩阵通式被称作 D-H 矩阵，它是一个 4×4 的齐次变换矩阵，由 4 个 D-H 参数表示相邻两连杆之间的位姿关系或转换关系。

（5）机器人的运动学建模。

对于具有 n 个自由度的机器人，在建立其 D-H 坐标系并确定相邻坐标系之间的 D-H 参数后，即可获得 n 个如式（4-13）所示的 D-H 矩阵，将它们按顺序连乘，即可得到 n 自由度机器人的运动学模型如下：

$$
{}_{0}^{n}\boldsymbol{T} = {}_{0}^{1}\boldsymbol{T}(q_1){}_{1}^{2}\boldsymbol{T}(q_2)\cdots{}_{n-1}^{n}\boldsymbol{T}(q_n) = \begin{bmatrix} {}_{0}^{n}\boldsymbol{R} & {}_{0}^{n}\boldsymbol{P} \\ 0 & 1 \end{bmatrix} \tag{4-14}
$$

在式（4-14）所示的机器人运动学模型中，各个关节变量就是该运动学方程的变量。如果确定了各关节变量，则可唯一确定机器人末端连杆坐标系{n}在基坐标系{0}中的位姿。

4.2.2 机器人的逆运动学

若已知机器人各关节角度，利用机器人的运动学模型可以计算出其末端执行器的位姿。

然而，在实际应用中，机器人末端执行器的运动轨迹是确定的或预先规划好的，为了控制机器人实现期望的轨迹，需要由机器人的期望运动轨迹逆解出各关节变量，这被称为运动学求逆或求运动逆解。如图 4-6 所示香蕉采摘机器人，先根据周围环境和香蕉串果柄位姿规划出采摘执行器的运动轨迹，然后通过运动学逆解求出各关节变量，再输入关节伺服控制器，即可控制机器人末端采摘执行器按照期望的轨迹运动到香蕉串果柄位置，完成香蕉串果柄切割任务。

图 4-6　香蕉串采摘机器人

对于串联机器人，正运动学的解是唯一的，但逆运动学的解不唯一。而并联机器人则相反。运动学求逆是机器人运动规划与轨迹控制的基础，是机器人学中重要的研究内容。机器人的逆运动学是已知机器人末端的位姿，求对应的关节变量，如式（4-15）所示，其中等号右边的齐次矩阵已知，而等号左边的关节角度为待求的未知变量。

$$
{}^n_0\boldsymbol{T}(q_1,q_2,\cdots,q_n) = {}^1_0\boldsymbol{T}(q_1){}^2_1\boldsymbol{T}(q_2)\cdots{}^n_{n-1}\boldsymbol{T}(q_n) = \begin{bmatrix} n_x & o_x & a_x & p_x \\ n_y & o_y & a_y & p_y \\ n_z & o_z & a_z & p_z \\ 0 & 0 & 0 & 1 \end{bmatrix} \tag{4-15}
$$

对于 6 自由度的工业机器人，即 $n=6$，则上述逆运动学方程中有 6 个待求的未知关节变量，但有 12 个方程，然而，向量 n、o、a 所关联的 9 个方程中只有 3 个是独立的，位置 p_x、p_y、p_z 所关联的 3 个方程是独立的，因此，可得关于 6 个关节变量的 6 个独立方程，但该方程组表达式比较复杂，为非线性的超越方程组，直接求解非常困难。通常，机器人的逆运动学解法主要有两种：解析解和数值解。

1. 逆运动学的解析解方法

机器人逆运动学的解析解可以将求解的关节变量表示成解析表达式，是式（4-15）的精确解，能在任意精度下使该等式成立，具有计算速度快、便于实时控制等优点。串联机器人在结构上满足下列两个条件之一，就有解析解，即

① 三个相邻关节轴线交于一点；

② 三个相邻关节轴线互相平行。

上述两个条件称为 Pieper 准则，现在大部分工业机器人都满足第一个条件。目前，机器

人逆运动学的解析解方法主要有几何法和代数法。下面以仿人机器人的逆运动学求解为例进行说明。

（1）几何法。

仿人机器人的逆运动学是指根据各连杆的位姿求解各连杆关节的角度，即由髋关节、膝关节和踝关节的位姿，通过连杆间的几何位置等关系求解各关节的角度。由于仿人机器人左、右腿的关节对称，故以右腿为例，假设右腿踝关节俯仰和滚动角度分别为 θ_1、θ_2，膝关节角度为 θ_3，髋关节的滚动、俯仰和偏摆角度分别为 θ_4、θ_5、θ_6。

图 4-7 所示为仿人机器人的右腿模型，假定仿人机器人的髋部中心和右脚踝关节的位姿已知，即如图中的（p_1，R_1）和（p_7，R_7），同时定义髋部中心到髋关节的距离为 W_{hip}，大腿长度为 L_{th}，小腿长度为 L_{sh}，因此，髋关节的位置为

$$p_2 = p_1 + R_1 \begin{bmatrix} 0 \\ W_{hip} \\ 0 \end{bmatrix}$$

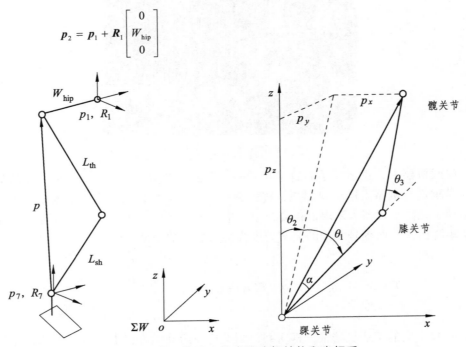

图 4-7　仿人机器人的右腿连杆结构和坐标系

而在踝关节坐标系中，髋关节的位置向量为

$$p = R_7^T (p_2 - p_7) = \begin{bmatrix} p_x, p_y, p_z \end{bmatrix}^T$$

由此求得髋关节与踝关节之间的距离 L_{ha}，即

$$L_{ha} = \sqrt{p_x^2 + p_y^2 + p_z^2}$$

在踝、膝和髋关节组成的三角形中，根据余弦定理有

$$L_{ha}^2 = L_{th}^2 + L_{sh}^2 - 2L_{th}L_{sh}\cos(\pi - \theta_3)$$

将上式整理可得膝关节角度为

$$\theta_3 = \pi - \arccos \frac{L_{\text{th}}^2 + L_{\text{sh}}^2 - L_{\text{ha}}^2}{2 L_{\text{th}} L_{\text{sh}}}$$

记小腿和踝髋关节位置向量的夹角为 α，如图 4-7 所示。在由踝、膝和髋关节组成的三角形中，根据余弦定理有

$$\alpha = \arccos \frac{L_{\text{ha}}^2 + L_{\text{sh}}^2 - L_{\text{th}}^2}{2 L_{\text{ha}} L_{\text{sh}}}$$

在踝关节坐标系中，根据髋关节的位置向量 p 可求得踝关节的俯仰和滚动角度：

$$\theta_2 = \arctan \frac{p_y}{p_z}$$

$$\theta_1 = -\arctan \frac{p_x}{\text{sign}(p_z)\sqrt{p_y^2 + p_z^2}} - \arccos \frac{L_{\text{ha}}^2 + L_{\text{sh}}^2 - L_{\text{th}}^2}{2 L_{\text{ha}} L_{\text{sh}}}$$

其中，$\text{sign}(p_z)$ 为符号函数，当 p_z 为正时返回 1；而 p_z 为负时返回-1。

（2）代数法。

采用代数法求机器人运动学逆解的方法较多，比如 Paul 方法，是比较常用的机器人运动学逆解计算方法。先根据链式法则建立机器人的运动学矩阵方程，然后在等式两端左乘或右乘相关变换矩阵，再从等式两边矩阵元素中寻找并建立含有单关节变量的等式，解出该变量，以此类推，直到所有的变量都求解出。

由链式法则可得踝关节的位姿矩阵 $\boldsymbol{R}_7$ 和髋关节中心的位姿矩阵 $\boldsymbol{R}_1$ 之间关系为

$$\boldsymbol{R}_7 = \boldsymbol{R}_1 \boldsymbol{R}_z(\theta_6) \boldsymbol{R}_x(\theta_4) \boldsymbol{R}_y(\theta_5) \boldsymbol{R}_y(\theta_1 + \theta_3) \boldsymbol{R}_x(\theta_2) \tag{4-16}$$

对式（4-16）左乘矩阵 $\boldsymbol{R}_1^{\text{T}}$、右乘矩阵 $\boldsymbol{R}_x^{\text{T}}(\theta_2)$ 和 $\boldsymbol{R}_y^{\text{T}}(\theta_1+\theta_3)$，可得

$$\boldsymbol{R}_z(\theta_6) \boldsymbol{R}_x(\theta_4) \boldsymbol{R}_y(\theta_5) = \boldsymbol{R}_1^{\text{T}} \boldsymbol{R}_7 \boldsymbol{R}_x^{\text{T}}(\theta_2) \boldsymbol{R}_y^{\text{T}}(\theta_1 + \theta_3) \tag{4-17}$$

将式（4-17）左右两边展开，得

$$\begin{bmatrix} c_6 c_5 - s_6 s_4 s_5 & -s_6 c_4 & c_6 s_5 + s_6 s_4 c_5 \\ s_6 c_5 + c_6 s_4 s_5 & c_6 c_4 & s_6 s_5 - c_6 s_4 c_5 \\ -c_4 s_5 & s_4 & c_4 c_5 \end{bmatrix} = \begin{bmatrix} R_{11} & R_{12} & R_{13} \\ R_{21} & R_{22} & R_{23} \\ R_{31} & R_{32} & R_{33} \end{bmatrix} \tag{4-18}$$

式（4-18）中，$s_i \equiv \sin\theta_i$，$c_i \equiv \cos\theta_i$，对比左边矩阵元素，可得髋关节各角度表达式：

$$\theta_6 = -\arctan \frac{R_{12}}{R_{22}}$$

$$\theta_5 = -\arctan \frac{R_{31}}{R_{33}}$$

$$\theta_4 = \arctan \frac{R_{32}}{R_{22}\cos\theta_6 - R_{12}\sin\theta_6}$$

至此，通过逆运动学的几何法和代数法求出了仿人机器人右腿 6 个关节角度 $\theta_1 \sim \theta_6$ 的解析解表达式。

2. 逆运动学的数值解法

所谓的数值解就是采用某种数值计算方法得到式（4-15）的一组近似解，在满足给定精度的条件下使其成立。但数值解法只能求出方程的特解，不能求出所有的解。数值解法主要有数值逼近法、差值法等。例如，可用迭代的方法使机器人末端执行器的位姿与目标位姿之间的距离最小化，从而求出机器人的运动学逆解。下面通过牛顿迭代数值方法求图 4-4 所示两转动自由度连杆机器人的运动学逆解。

根据三角几何关系，可得该机器人关于关节角度 θ_1、θ_2 的正运动学模型为

$$\begin{cases} x = l_1 \cos\theta_1 + l_2 \cos(\theta_1 + \theta_2) \\ y = l_1 \sin\theta_1 + l_2 \sin(\theta_1 + \theta_2) \end{cases} \tag{4-19}$$

根据机器人末端执行器的目标位置（x_0，y_0）和由式（4-19）正运动学求得的当前位置（x，y）的差值构造向量函数 $\boldsymbol{F(X)}$：

$$\boldsymbol{F(X)} = \begin{bmatrix} l_1 \cos\theta_1 + l_2 \cos(\theta_1 + \theta_2) - x_0 \\ l_1 \sin\theta_1 + l_2 \sin(\theta_1 + \theta_2) - y_0 \end{bmatrix} \tag{4-20}$$

其中，变量向量 $\boldsymbol{X} = [\theta_1\ \theta_2]^{\mathrm{T}}$。由式（4-20）分别对关节角度 θ_1、θ_2 求偏导数，可得其雅可比矩阵 $\boldsymbol{J(X)}$：

$$\boldsymbol{J(X)} = \begin{bmatrix} -l_1 \sin\theta_1 - l_2 \sin(\theta_1 + \theta_2) & -l_2 \sin(\theta_1 + \theta_2) \\ l_1 \cos\theta_1 + l_2 \cos(\theta_1 + \theta_2) & l_2 \cos(\theta_1 + \theta_2) \end{bmatrix}$$

根据 2×2 矩阵的逆矩阵计算公式可得其逆矩阵为

$$\boldsymbol{J(X)}^{-1} = \frac{1}{l_1 l_2 \sin\theta_2} \begin{bmatrix} l_2 \cos(\theta_1 + \theta_2) & l_2 \sin(\theta_1 + \theta_2) \\ -l_1 \cos\theta_1 - l_2 \cos(\theta_1 + \theta_2) & -l_1 \sin\theta_1 - l_2 \sin(\theta_1 + \theta_2) \end{bmatrix} \tag{4-21}$$

牛顿迭代法的表达式为

$$\boldsymbol{X}_{k+1} = \boldsymbol{X}_k - \boldsymbol{J}(\boldsymbol{X}_k)^{-1} \boldsymbol{F}(\boldsymbol{X}_k) \tag{4-22}$$

因此，由式（4-21）、（4-22）可得该机器人运动学逆解的牛顿迭代数值表达式为

$$\begin{bmatrix} \theta_1^{k+1} \\ \theta_2^{k+1} \end{bmatrix} = \begin{bmatrix} \theta_1^k \\ \theta_2^k \end{bmatrix} - \frac{1}{l_1 l_2 \sin\theta_2^k} \begin{bmatrix} l_2 \cos(\theta_1^k + \theta_2^k) & l_2 \sin(\theta_1^k + \theta_2^k) \\ -l_1 \cos\theta_1^k - l_2 \cos(\theta_1^k + \theta_2^k) & -l_1 \sin\theta_1^k - l_2 \sin(\theta_1^k + \theta_2^k) \end{bmatrix} \begin{bmatrix} l_1 \cos\theta_1^k + l_2 \cos(\theta_1^k + \theta_2^k) - x_0 \\ l_1 \sin\theta_1^k + l_2 \sin(\theta_1^k + \theta_2^k) - y_0 \end{bmatrix}$$

式中，迭代次数 $k = 0$，1，2，…。

只要关节角度初值设置合适，经过几次迭代就可以求出两个关节的逆解。但选择的迭代初值不能与目标关节角度相差太大，否则可能得不到准确的结果。在机器人实际应用中，由于连续的在线运动学逆解间隔时间短，各关节角度变化不大，因此，可选择上一采样时刻的关节角度作为当前时刻运动学逆解的迭代初值，这样不仅可以确保求得准确的关节角度，而且还可以减少迭代次数，提高实时性。

此外，对于迭代结束的条件，若选择末端执行器的迭代输出位置与目标位置偏差满足给定精度 ε，即

$$\|\boldsymbol{F(X)}\| = \left\| \begin{matrix} l_1 \cos\theta_1 + l_2 \cos(\theta_1 + \theta_2) - x_0 \\ l_1 \sin\theta_1 + l_2 \sin(\theta_1 + \theta_2) - y_0 \end{matrix} \right\| < \varepsilon$$

则迭代的次数减少，实时性会提高，但求出的关节角度精度相对稍差。

而如果选择连续两次迭代输出的关节角度偏差满足设定精度 δ，即

$$\left\| \boldsymbol{X}_{k+1} - \boldsymbol{X}_k \right\| < \delta$$

则迭代次数会相对多一些，但求出的关节角度精度更高。

4.3 机器人的雅可比矩阵

数学上，雅可比矩阵是一个多元函数的偏导矩阵。在机器人学中，雅可比矩阵是一个把关节速度向量变换为末端执行器广义速度向量的变换矩阵，它揭示了操作空间与关节空间的映射关系。在机器人速度分析和静力分析中都将用到雅可比矩阵。

对于图 4-4 所示两旋转自由度平面关节型机器人，其末端位置 (x, y) 与关节角度 θ_1、θ_2 的关系为

$$\begin{cases} x = l_1 \cos\theta_1 + l_2 \cos(\theta_1 + \theta_2) \\ y = l_1 \sin\theta_1 + l_2 \sin(\theta_1 + \theta_2) \end{cases}$$

将其分别对关节角度 θ_1、θ_2 求偏导数，得

$$\mathrm{d}x = \frac{\partial x}{\partial \theta_1}\mathrm{d}\theta_1 + \frac{\partial x}{\partial \theta_2}\mathrm{d}\theta_2 = -[l_1 \sin\theta_1 + l_2 \sin(\theta_1 + \theta_2)]\mathrm{d}\theta_1 - l_2 \sin(\theta_1 + \theta_2)\mathrm{d}\theta_2$$

$$\mathrm{d}y = \frac{\partial y}{\partial \theta_1}\mathrm{d}\theta_1 + \frac{\partial y}{\partial \theta_2}\mathrm{d}\theta_2 = [l_1 \cos\theta_1 + l_2 \cos(\theta_1 + \theta_2)]\mathrm{d}\theta_1 + l_2 \cos(\theta_1 + \theta_2)\mathrm{d}\theta_2$$

写成矩阵形式：

$$\begin{bmatrix} \mathrm{d}x \\ \mathrm{d}y \end{bmatrix} = \begin{bmatrix} \dfrac{\partial x}{\partial \theta_1} & \dfrac{\partial x}{\partial \theta_2} \\ \dfrac{\partial y}{\partial \theta_1} & \dfrac{\partial y}{\partial \theta_2} \end{bmatrix} \begin{bmatrix} \mathrm{d}\theta_1 \\ \mathrm{d}\theta_2 \end{bmatrix} = \begin{bmatrix} -l_1 \sin\theta_1 - l_2 \sin(\theta_1 + \theta_2) & -l_2 \sin(\theta_1 + \theta_2) \\ l_1 \cos\theta_1 + l_2 \cos(\theta_1 + \theta_2) & l_2 \cos(\theta_1 + \theta_2) \end{bmatrix} \begin{bmatrix} \mathrm{d}\theta_1 \\ \mathrm{d}\theta_2 \end{bmatrix}$$

其中，

$$\boldsymbol{J}(\boldsymbol{\theta}) = \begin{bmatrix} \dfrac{\partial x}{\partial \theta_1} & \dfrac{\partial x}{\partial \theta_2} \\ \dfrac{\partial y}{\partial \theta_1} & \dfrac{\partial y}{\partial \theta_2} \end{bmatrix} = \begin{bmatrix} -l_1 \sin\theta_1 - l_2 \sin(\theta_1 + \theta_2) & -l_2 \sin(\theta_1 + \theta_2) \\ l_1 \cos\theta_1 + l_2 \cos(\theta_1 + \theta_2) & l_2 \cos(\theta_1 + \theta_2) \end{bmatrix}$$

$$\mathrm{d}\boldsymbol{X} = \begin{bmatrix} \mathrm{d}x \\ \mathrm{d}y \end{bmatrix}, \quad \mathrm{d}\boldsymbol{\theta} = \begin{bmatrix} \mathrm{d}\theta_1 \\ \mathrm{d}\theta_2 \end{bmatrix}$$

于是可得

$$\mathrm{d}\boldsymbol{X} = \boldsymbol{J}(\boldsymbol{\theta})\mathrm{d}\boldsymbol{\theta}$$

其中，$\boldsymbol{J}(\boldsymbol{\theta})$ 为机器人的雅可比矩阵，它反映了关节空间微小运动 $\mathrm{d}\boldsymbol{\theta}$ 与末端操作空间微小位移 $\mathrm{d}\boldsymbol{X}$ 的关系。显然，雅可比矩阵 $\boldsymbol{J}$ 的各元素是关节角度 θ_1、θ_2 的函数。

一般地，对于 n 自由度的机器人，关节变量用广义关节变量 $\boldsymbol{q}$ 表示，$\boldsymbol{q} = [q_1, q_2, \cdots, q_n]^{\mathrm{T}}$，当关节为转动关节时 $q_i = \theta_i$；当关节为移动关节时 $q_i = d_i$。$\mathrm{d}\boldsymbol{q} = [\mathrm{d}q_1, \mathrm{d}q_2, \cdots, \mathrm{d}q_n]^{\mathrm{T}}$ 表示关节空

间的微小运动。机器人末端在操作空间的位置和方位用 6 维位姿矢量 X 表示，它是关节变量 q 的函数 $X=X(q)$。而 $dX=[dx, dy, dy, d\alpha, d\beta, d\gamma]^T$ 表示操作空间的微小运动，它由机器人末端的微小线位移和微小角位移组成，可表述为

$$dX = J(q)dq$$

式中，$J(q)$ 为 $6 \times n$ 维偏导数矩阵，称为 n 自由度机器人的雅可比矩阵，可表示为

$$
J(q) = \begin{bmatrix}
\dfrac{\partial x}{\partial q_1} & \dfrac{\partial x}{\partial q_2} & \cdots & \dfrac{\partial x}{\partial q_n} \\
\dfrac{\partial y}{\partial q_1} & \dfrac{\partial y}{\partial q_2} & \cdots & \dfrac{\partial y}{\partial q_n} \\
\dfrac{\partial z}{\partial q_1} & \dfrac{\partial z}{\partial q_2} & & \dfrac{\partial z}{\partial q_n} \\
\dfrac{\partial \alpha}{\partial q_1} & \dfrac{\partial \alpha}{\partial q_2} & \cdots & \dfrac{\partial \alpha}{\partial q_n} \\
\dfrac{\partial \beta}{\partial q_1} & \dfrac{\partial \beta}{\partial q_2} & \cdots & \dfrac{\partial \beta}{\partial q_n} \\
\dfrac{\partial \gamma}{\partial q_1} & \dfrac{\partial \gamma}{\partial q_2} & \cdots & \dfrac{\partial \gamma}{\partial q_n}
\end{bmatrix}
$$

4.4 机器人的运动轨迹规划

4.4.1 路径和轨迹

机器人在实际作业过程中的运动是规划好的，既可以离线规划，也可以在线规划。机器人的运动规划包括路径规划和轨迹规划。

路径规划是给定机器人的起点位置和终点位置，规划出满足约束条件（比如路径最短、避障）的运动路径，它是机器人位姿的一定序列，没有考虑机器人位姿参数随时间变化的因素。而轨迹规划是指根据机器人的作业任务要求计算出满足约束条件的机器人运动轨迹。轨迹与何时到达路径中每个部分有关，它包含时间变量，因此，机器人的运动轨迹与位移、速度、加速度和时间等变量有关。机器人的运动规划，不仅要涉及机器人的运动路径，而且还要考虑其速度和加速度。

由于规划的轨迹包含机器人的位置、速度和加速度等信息，机器人按时间执行规划的运动，因此，在机器人的轨迹规划中，不仅要给定起点和终点，还要给出中间点（路径点）的位姿及路径点之间的时间分配，即给出两个路径点之间的运动时间。为了保证机器人运动平稳，关节驱动力矩不发生突变，要求规划的轨迹及其一阶导数（速度）光滑、连续，对于一些特殊场合，要求其二阶导数（加速度）也必须光滑、连续。

机器人的轨迹规划包括关节空间轨迹规划和操作空间轨迹规划。其中关节空间轨迹规划在关节空间中进行，将所有的关节变量表示为时间的函数，用其一阶、二阶导数描述机器人的预期动作；而操作空间轨迹规划在直角坐标空间中进行，将机器人末端执行器的位姿表示为时间的函数，再通过机器人的逆运动学求解出相应关节变量的位置、速度和加速度。

4.4.2 关节空间的轨迹规划

1. 基于三次多项式的轨迹规划

轨迹规划的任务就是构造出满足关节运动约束条件的光滑轨迹函数 $\theta(t)$。由于三次多项式函数具有一阶和二阶导数光滑的特点，故常用于规划机器人的运动轨迹。

三次多项式函数的通式为

$$\theta(t) = c_3 t^3 + c_2 t^2 + c_1 t + c_0 \qquad (4\text{-}23)$$

由于该函数表达式中有 4 个待定的系数，故需要给定 4 个约束条件。通常给定机器人关节起始时刻 t_0、终止时刻 t_f 的角度和角速度，即

$$\begin{cases} \theta(t_0)=\theta_0 \\ \theta(t_f)=\theta_f \end{cases}, \quad \begin{cases} \dot{\theta}(t_0)=\omega_0 \\ \dot{\theta}(t_f)=\omega_f \end{cases} \qquad (4\text{-}24)$$

对式（4-23）求导数，得

$$\dot{\theta}(t) = 3c_3 t^2 + 2c_2 t + c_1 \qquad (4\text{-}25)$$

为方便计算，假设初始时刻 $t_0=0$，将约束条件式（4-24）分别代入式（4-23）和式（4-25），可得

$$\begin{cases} \theta_0 = c_0 \\ \theta_f = c_3 t_f^{\,3} + c_2 t_f^{\,2} + c_1 t_f + c_0 \\ \omega_0 = c_1 \\ \omega_f = 3c_3 t_f^{\,2} + 2c_2 t_f + c_1 \end{cases} \qquad (4\text{-}26)$$

由式（4-26）可求解出三次多项式的系数为

$$\begin{cases} c_0 = \theta_0 \\ c_1 = \omega_0 \\ c_2 = \dfrac{3}{t_f^{\,2}}(\theta_f - \theta_0) - \dfrac{2}{t_f}\omega_0 - \dfrac{1}{t_f}\omega_f \\ c_3 = -\dfrac{2}{t_f^{\,3}}(\theta_f - \theta_0) + \dfrac{1}{t_f^{\,2}}(\omega_0 + \omega_f) \end{cases} \qquad (4\text{-}27)$$

将式（4-27）求解出的系数代入三次多项式函数表达式（4-19），即可得到机器人关节的运动轨迹。如果初始时刻不为零，则同样可以通过给定约束条件求得多项式的系数值。由于在确定三次多项式的系数时只考虑了关节起、止时刻的位置和速度约束，故无法满足加速度的要求，如果要同时满足加速度的约束，则需要采用更高阶的多项式函数，如五次多项式函数。

2. 基于三次样条插值的轨迹规划

由于机器人工作环境的多样性和复杂性，使得关节运动轨迹需要满足多种约束条件，故采用多项式等传统方法规划的运动轨迹函数阶数高、容易出现振荡，并且计算量大，而三次样条插值（Cubic Spline Interpolation，CSI）方法规划的轨迹具有阶数低、平滑、可导等特点，因此，根据作业要求给定机器人各关节在关键时刻的位置、速度和加速度等约束条件，采用

三次样条插值方法规划出机器人各关节的运动轨迹。

以前的工程技术人员绘制经过给定点的曲线时借助于一种有弹性的被称为样条的金属条或细长木条，强迫样条弯曲通过给定点，由弹性力学可知样条的挠度曲线具有二阶连续的导数，且在相邻给定点之间为三次多项式，即为三次样条插值函数。

给定 $n+1$ 个插值点$[t_0, f(t_0)]$、$[t_1, f(t_1)]$、$\cdots$、$[t_n, f(t_n)]$，由三次样条插值方法可得在区间 $[t_i, t_{i+1}]$（$i=0, 1, \cdots, n-1$）内函数的表达式为

$$S(t) = M_i \frac{(t_{i+1}-t)^3}{6h_i} + M_{i+1} \frac{(t-t_{i+1})^3}{6h_i} + [f(t_i) - \frac{M_i h_i^2}{6}]\frac{t_{i+1}-t}{h_i} + [f(t_{i+1}) - \frac{M_{i+1} h_i^2}{6}]\frac{t-t_i}{h_i} \quad （4-28）$$

式中：$h_i = t_{i+1} - t_i$ 表示插值区间的宽度，而 $f(t_i)$、$f(t_{i+1})$ 分别为插值点 t_i、t_{i+1} 的值。因此，只要确定系数 M_i、M_{i+1} 的值即可得到式（4-28）所示在区间$[t_i, t_{i+1}]$内的三次样条插值函数。对于给定的 $n+1$ 个插值点，在整个插值区间$[t_0, t_n]$内，三次样条插值函数为由 n 个如式（4-28）所示的子函数构成的分段函数。

由于式（4-28）所示的函数 $S(t)$ 以及其一、二导数 $\dot{S}(t)$、$\ddot{S}(t)$ 都在 t_i、t_{i+1} 两点连续，故对于给定的 $n+1$ 个插值点可得到 $n-1$ 个方程，简写成如下的三弯矩方程：

$$\mu_i M_{i-1} + 2M_i + \lambda_i M_{i+1} = d_i \quad （4-29）$$

而要确定 $n+1$ 个系数 $M=[M_0, M_1, M_2, \cdots, M_n]$，还需增加两个边界条件，构成 $n+1$ 个方程，由此求得三次样条插值函数式（4-28）中的 M 系数值，从而得到三次样条函数表达式。根据仿人机器人的步态规划要求，主要考虑增加以下两类边界条件：

第一类边界条件：给定始末插值点的一阶导数值（速度），即 $\dot{S}(t_0) = \dot{f}(t_0) = m_0$，$\dot{S}(t_n) = \dot{f}(t_n) = m_n$，再结合式（4-29）可得关于系数 M 的矩阵：

$$
\begin{bmatrix}
2 & 1 & & & & \\
\lambda_1 & 2 & \mu_1 & & & \\
& \lambda_2 & 2 & \mu_2 & & \\
& & \ddots & \ddots & \ddots & \\
& & & \lambda_{n-1} & 2 & \mu_{n-1} \\
& & & & 1 & 2
\end{bmatrix}
\begin{bmatrix}
M_0 \\
M_1 \\
M_2 \\
\vdots \\
M_{n-1} \\
M_n
\end{bmatrix}
=
\begin{bmatrix}
d_0 \\
d_1 \\
d_2 \\
\vdots \\
d_{n-1} \\
d_n
\end{bmatrix}
\quad （4-30）
$$

式（4-30）中，

$$\lambda_i = \frac{h_{i-1}}{h_{i-1}+h_i} ; \quad \mu_i = \frac{h_i}{h_{i-1}+h_i} ;$$

$$
\begin{cases}
d_0 = \dfrac{6}{h_0}\left[\dfrac{f(t_1)-f(t_0)}{h_0} - m_0\right] \\[3mm]
d_i = \dfrac{6}{h_i+h_{i-1}}\left[\dfrac{f(t_{i+1})-f(t_i)}{h_i} - \dfrac{f(t_i)-f(t_{i-1})}{h_{i-1}}\right], \quad i=1,2,\cdots,n-1 \\[3mm]
d_n = \dfrac{6}{h_{n-1}}\left[m_n - \dfrac{f(t_n)-f(t_{n-1})}{h_{n-1}}\right]
\end{cases}
$$

第二类边界条件（周期边界条件）：始、末插值点的一阶（速度）和二阶（加速度）导数相同，即 $\dot{S}(t_0) = \dot{S}(t_n)$，$\ddot{S}(t_0) = \ddot{S}(t_n) = M_0 = M_n$，再结合式（4-29）可得关于系数 M 的矩阵：

$$\begin{bmatrix} 1 & & & & & & -1 \\ \lambda_1 & 2 & \mu_1 & & & & \\ & \lambda_2 & 2 & \mu_2 & & & \\ & & \ddots & \ddots & \ddots & & \\ & & & \lambda_{n-1} & 2 & \mu_{n-1} \\ \mu_n & & & & \lambda_n & 2 \end{bmatrix} \begin{bmatrix} M_0 \\ M_1 \\ M_2 \\ \vdots \\ M_{n-1} \\ M_n \end{bmatrix} = \begin{bmatrix} 0 \\ d_1 \\ d_2 \\ \vdots \\ d_{n-1} \\ d_n \end{bmatrix} \qquad （4\text{-}31）$$

式（4-31）中，

$$\begin{cases} \lambda_i = \dfrac{h_{i-1}}{h_{i-1} + h_i} \\[2mm] \lambda_n = \dfrac{h_{n-1}}{h_0 + h_{n-1}} \end{cases} ; \quad \begin{cases} \mu_i = \dfrac{h_i}{h_{i-1} + h_i} \\[2mm] \mu_n = \dfrac{h_0}{h_0 + h_{n-1}} \end{cases} ;$$

$$\begin{cases} d_i = \dfrac{6}{h_i + h_{i-1}} \left[\dfrac{f(t_{i+1}) - f(t_i)}{h_i} - \dfrac{f(t_i) - f(t_{i-1})}{h_{i-1}} \right] \\[4mm] d_n = \dfrac{6}{h_0 + h_{n-1}} \left[\dfrac{f(t_1) - f(t_0)}{h_0} - \dfrac{f(t_n) - f(t_{n-1})}{h_{n-1}} \right] \end{cases} , \quad i = 1, 2, \cdots, n-1$$

由于式（4-30）、（4-31）中系数矩阵是严格对角占优的 $n+1$ 阶矩阵，故通过式（4-30）、（4-31）均可求得系数 M 的唯一解，然后代入式（4-28）即可得第一类边界条件的三次样条插值函数和第二类边界条件（周期边界条件）的三次样条插值函数。

因此，给定式（4-24）所示机器人各关节在起始时刻 t_0、终止时刻 t_f 的角度和角速度等约束条件，采用第一类边界条件的系数矩阵式（4-30）求解系数 M，将其代入三次样条插值函数式（4-28）即可得到机器人的关节运动轨迹。若要规划周期性的关节运动轨迹，则给定每个周期各关键时刻的关节角度和角速度等约束条件，采用周期边界条件的系数矩阵式（4-31）求解系数 M，再代入三次样条插值函数式（4-28）即可得到机器人关节的周期性运动轨迹。

4.4.3 操作空间的轨迹规划

在机器人的关节空间中规划的运动轨迹，能保证机器人的末端经过起点和终点，但在两点之间的轨迹是未知的。然而，在一些应用场合需要保证机器人末端的运动轨迹经过一些特定的节点，这就需要在操作空间规划机器人的轨迹。在直角坐标系中规划出机器人操作空间的轨迹后，再根据机器人末端的位姿通过逆运动学反解出各关节角度值，机器人即可实现期望的操作空间运动轨迹。直线轨迹规划是机器人操作空间轨迹规划中最简单、最常用的一种，此外，还有圆弧轨迹规划等复杂的规划方法。

机器人末端的轨迹可用一系列的"节点"来表示。所谓节点，就是机器人操作空间轨迹上的"拐点"或关键点，可以用机器人末端坐标系相对于参考坐标系的位姿来表示。在机器人的操作空间中，机器人末端轨迹上的每个节点包含了三个位置变量（x，y，z）和三个姿态变量（α，β，γ）。假设机器人操作空间中的两个节点 $P_1 = (x_1, y_1, z_1, \alpha_1, \beta_1, \gamma_1)$，$P_2 = (x_2,$

y_2，z_2，α_2，β_2，γ_2），则在机器人操作空间的直线轨迹规划方法如下：

（1）确定机器人末端运动的速度 v、加速度 a、插补时间 t。插补时间由机器人的伺服控制周期决定，一般为 ms 级。

（2）计算两点之间的直线距离。

$$d = \sqrt{(x_1 - x_2)^2 + (y_1 - y_2)^2 + (z_1 - z_2)^2}$$

（3）计算插补次数，步长 $\Delta d = v + at$，则插补次数为

$$k = \begin{cases} \dfrac{d}{\Delta d} & \left(\dfrac{d}{\Delta d} \text{为整数}\right) \\[2ex] \text{int}(\dfrac{d}{\Delta d}) + 1 & \left(\dfrac{d}{\Delta d} \text{为非整数}\right) \end{cases}$$

（4）计算机器人末端的运动变量为

$$\mathrm{d}\boldsymbol{p} = \left[\frac{x_2 - x_1}{k}, \frac{y_2 - y_1}{k}, \frac{z_2 - z_1}{k}, \frac{\alpha_2 - \alpha_1}{k}, \frac{\beta_2 - \beta_1}{k}, \frac{\gamma_2 - \gamma_1}{k}\right]^{\mathrm{T}}$$

（5）由公式

$$\boldsymbol{p}_{i+1} = \boldsymbol{p}_i + \mathrm{d}\boldsymbol{p}, \quad i = 1, 2, \cdots, k$$

计算出机器人末端在下一插补点的位姿，再通过机器人的逆运动学反解出对应的关节变量值 $\boldsymbol{q}_{i+1}$。

（6）把每次计算出的关节变量值 $\boldsymbol{q}_{i+1}$ 按周期发送至机器人的伺服控制器，即可控制机器人末端按直线轨迹运动，以此循环直到完成所有的插补。

4.5　机器人拉格朗日动力学建模

机器人的动力学模型是指各关节的角度、角速度和角加速度与驱动力矩、关节受力之间的关系。机器人动力学研究机器人的运动和关节驱动力/力矩之间的关系，以便对机器人进行控制、优化和仿真。机器人的动力学研究包括正问题和逆问题两大类。动力学正问题是根据给定的关节驱动力/力矩，求解机器人的运动（关节角度、速度和加速度）。需要求解非线性的微分方程组，通常计算会比较复杂，主要应用于机器人的运动仿真。而动力学逆问题是已知机器人的运动（关节角度、速度和加速度），计算出对应的关节驱动力/力矩。不需要求解非线性方程组，计算相对简单，主要用于机器人的运动控制。

拉格朗日动力学建模方法是研究机器人动力学问题的一种重要方法，它从能量的角度分析、建立机器人的动力学模型。在拉格朗日动力学方法中有一个很重要的变量：拉格朗日函数 L，被定义为机器人的总动能 K 和总势能 P 之差，即

$$L = K - P \tag{4-32}$$

则由拉格朗日函数 L 所描述的机器人动力学方程为：

$$F_i = \frac{\mathrm{d}}{\mathrm{d}t}\frac{\partial L}{\partial \dot{q}_i} - \frac{\partial L}{\partial q_i}, \quad i = 1, 2, \cdots, n \tag{4-33}$$

式中，q_i、$\dot{q}_i$ 表示机器人连杆 i 的广义角度和角速度；n 为仿人机器人的连杆总数。F_i 表示

作用于关节 i 的广义驱动力，若 q_i 是位移变量，则 F_i 表示作用力，单位 N；若 q_i 是转动变量，则 F_i 表示驱动力矩，单位 N·m。

将式（4-32）代入式（4-33），得

$$F_i = \left(\frac{\mathrm{d}}{\mathrm{d}t} \frac{\partial K}{\partial \dot{q}_i} - \frac{\partial K}{\partial q_i} \right) - \left(\frac{\mathrm{d}}{\mathrm{d}t} \frac{\partial P}{\partial \dot{q}_i} - \frac{\partial P}{\partial q_i} \right) \tag{4-34}$$

由于势能 P 中不含关节速度 $\dot{q}_i$，故机器人的拉格朗日动力学方程可写为

$$F_i = \frac{\mathrm{d}}{\mathrm{d}t} \frac{\partial K}{\partial \dot{q}_i} - \frac{\partial K}{\partial q_i} + \frac{\partial P}{\partial q_i} \tag{4-35}$$

由式（4-35）可知，机器人各关节的广义驱动力仅与机器人的动能、势能和广义位置、速度等相关，因此，该方法适用于多自由度、复杂机器人的动力学建模。

采用拉格朗日方法建立机器人动力学模型的主要步骤如下：

① 计算机器人各连杆质心的位置和速度；

② 计算机器人的总动能 K；

③ 计算机器人的总势能 P；

④ 构造拉格朗日函数 L；

⑤ 由式（4-35）推导拉格朗日动力学方程。

下面以图 4-8 所示两连杆 RP 机器人为例，说明拉格朗日动力学模型的推导过程。假设该机器人各连杆的质心均位于末端，其中连杆 1 长度为 l_1，质量为 m_1，对应转动角度变量为 θ；连杆 2 长度为直线移动变量 r，质量为 m_2。连杆 1 固定在基座上，并建立基座坐标系 XOY。

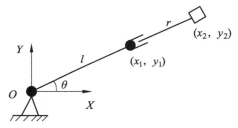

图 4-8　两自由度 RP 机器人连杆模型

（1）求各连杆质心的位置和速度。

根据几何关系，连杆 1 质心的位置为

$$\begin{cases} x_1 = l\cos\theta \\ y_1 = l\sin\theta \end{cases}$$

对时间求导数，可得连杆 1 质心的速度为

$$\begin{cases} \dot{x}_1 = -l\sin\theta\dot{\theta} \\ \dot{y}_1 = l\cos\theta\dot{\theta} \end{cases}$$

同理，连杆 2 质心的位置为

$$\begin{cases} x_2 = (l+r)\cos\theta \\ y_2 = (l+r)\sin\theta \end{cases}$$

对时间求导数，可得连杆 2 质心的速度为

$$\begin{cases} \dot{x}_2 = -(l+r)\sin\theta\dot{\theta} + \dot{r}\cos\theta \\ \dot{y}_2 = (l+r)\cos\theta\dot{\theta} + \dot{r}\sin\theta \end{cases}$$

（2）求机器人的总动能。

连杆 1 的动能为

$$K_1 = \frac{1}{2} m_1 (\dot{x}_1^2 + \dot{y}_1^2) = \frac{1}{2} m_1 l^2 \dot{\theta}^2$$

连杆 2 的动能为

$$K_2 = \frac{1}{2} m_2 (\dot{x}_2^2 + \dot{y}_2^2) = \frac{1}{2} m_2 [\dot{r}^2 + (l+r)^2 \dot{\theta}^2]$$

因此，机器人的总动能为

$$K = K_1 + K_2 = \frac{1}{2} m_1 l^2 \dot{\theta}^2 + \frac{1}{2} m_2 (l+r)^2 \dot{\theta}^2 + \frac{1}{2} m_2 \dot{r}^2$$

（3）求机器人的总势能。

对于该机器人，只需考虑各连杆的重力势能。连杆 1 的重力势能为

$$P_1 = m_1 g l \sin \theta$$

连杆 2 的重力势能为

$$P_2 = m_2 g (l+r) \sin \theta$$

则机器人的总势能为

$$P = P_1 + P_2 = m_1 g l \sin \theta + m_2 g (l+r) \sin \theta$$

（4）求机器人的拉格朗日动力学方程。

由于连杆 1 为转动关节，所以对应的关节驱动力矩为

$$\begin{aligned}
\tau_1 = F_1 &= \frac{\mathrm{d}}{\mathrm{d}t} \frac{\partial K}{\partial \dot{q}_1} - \frac{\partial K}{\partial q_1} + \frac{\partial P}{\partial q_1} \\
&= \frac{\mathrm{d}}{\mathrm{d}t} \frac{\partial K}{\partial \dot{\theta}} - \frac{\partial K}{\partial \theta} + \frac{\partial P}{\partial \theta} \\
&= \frac{\mathrm{d}}{\mathrm{d}t} [m_1 l^2 \dot{\theta} + m_2 (l+r)^2 \dot{\theta}] - 0 + m_1 g l \cos \theta + m_2 g (l+r) \cos \theta \\
&= [m_1 l^2 + m_2 (l+r)^2] \ddot{\theta} + 2 m_2 (l+r) \dot{\theta} \dot{r} + [m_1 l + m_2 (l+r)] g \cos \theta
\end{aligned}$$

而连杆 2 为直线移动关节，所以对应的关节作用力为

$$\begin{aligned}
f_2 = F_2 &= \frac{\mathrm{d}}{\mathrm{d}t} \frac{\partial K}{\partial \dot{q}_2} - \frac{\partial K}{\partial q_2} + \frac{\partial P}{\partial q_2} \\
&= \frac{\mathrm{d}}{\mathrm{d}t} \frac{\partial K}{\partial \dot{r}} - \frac{\partial K}{\partial r} + \frac{\partial P}{\partial r} \\
&= \frac{\mathrm{d}}{\mathrm{d}t} (m_2 \dot{r}) - m_2 (l+r) \dot{\theta}^2 + m_2 g \sin \theta \\
&= m_2 \ddot{r} - m_2 (l+r) \dot{\theta}^2 + m_2 g \sin \theta
\end{aligned}$$

至此，通过拉格朗日方法推导出了两自由度 RP 机器人的动力学模型：

$$\begin{cases}
\tau_1 = [m_1 l^2 + m_2 (l+r)^2] \ddot{\theta} + 2 m_2 (l+r) \dot{\theta} \dot{r} + [m_1 l + m_2 (l+r)] g \cos \theta \\
f_2 = m_2 \ddot{r} - m_2 (l+r) \dot{\theta}^2 + m_2 g \sin \theta
\end{cases}$$

由于拉格朗日动力学方程通常包括惯性力项、离心力项、科氏力项和重力项等部分，故一般情况下机器人的动力学方程可简写成如下表达式：

$$\tau = D(q)\ddot{q} + H(q,\dot{q}) + G(q)$$

式中，$D(q)$表示惯性矩阵，是关节变量 q 的函数，为 $n \times n$ 正定对称矩阵；$H(q,\dot{q})$ 是 $n \times 1$ 的离心力和科氏力矩阵；$G(q)$ 是 $n \times 1$ 的重力矩阵；各连杆的广义驱动力矩 τ、关节变量 q、速度 $\dot{q}$ 和加速度 $\ddot{q}$ 均为 $n \times 1$ 的向量。

💡 思考题

（1）用一个描述旋转与平移的变换来左乘或右乘一个表示坐标系的变换，得到的结果是否相同？为什么？请举例说明。

（2）假设位置向量 P 先绕参考坐标系的 X 轴旋转 α 角，再绕 Z 轴旋转 θ 角，请写出按上述次序完成旋转变换的矩阵。

（3）已知坐标系 $\{j\}$ 的初始位姿与坐标系 $\{i\}$ 重合，首先坐标系 $\{j\}$ 沿坐标系 $\{i\}$ 的 X 轴移动 6，再相对于坐标系 $\{i\}$ 的 Y 轴旋转 $60°$，相对于坐标系 $\{i\}$ 的 Z 轴旋转 $45°$。已知点 P 在坐标系 $\{j\}$ 中的位置为 $^jP = [3，6，8]^T$，求它在坐标系 $\{i\}$ 中的位置 ^iP。

（4）图 4-9 所示为一个 3 旋转自由度关节的机器人，其中第 3 关节轴线垂直于第 1、2 关节轴线所在的平面。各关节的旋转方向如图中所示。要求采用 D-H 方法建立各连杆坐标系，并建立 D-H 参数表，推导出该机器人的 D-H 运动学模型。

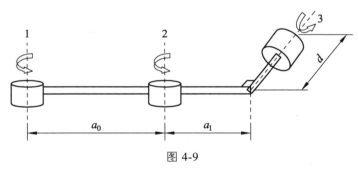

图 4-9

（5）采用逆运动学的数值解法在 MATLAB 中编程实现图 4-4 所示两转动（2R）自由度连杆机器人的关节角度，并举例进行说明和验证。

（6）请采用拉格朗日方法推导出图 4-4 所示两转动（2R）关节自由度连杆机器人的动力学方程。

（7）若机器人关节角度的起始时刻 $t_0 = 0$，结束时刻 $t_f = 3\text{s}$ 满足如下角度和角速度约束：

$$\begin{cases} \theta(t_0) = 0° \\ \theta(t_f) = 45° \end{cases}, \quad \begin{cases} \dot{\theta}(t_0) = 0 \\ \dot{\theta}(t_f) = 3°/\text{s} \end{cases}$$

请用三次多项式函数规划满足上述条件的关节运动轨迹，并在 MATLAB 中编程实现。

智慧设施栽培控制技术与装备

5.1 地膜覆盖栽培技术与装备

5.1.1 地膜覆盖栽培

地膜覆盖栽培是 20 世纪 70 年代末期从国外引进的一项现代农业增产技术，其特点是用薄膜把适合播种的农田从地面上封盖起来，造成不同于露地栽培的农田土壤环境，具有提高土壤温度、调节土壤水分、改善农作物生长环境、提高肥料利用率、改善农作物中下部光照条件、减轻杂草滋生和病虫危害等作用，可促进作物早生快发，提前成熟，提高农作物产量和品质，增加种植效益。

地膜覆盖步骤：

（1）土地准备。

地膜覆盖栽培土壤的耕作和作畦方法，基本上与露地相同，可依据不同的覆盖方式作不同的畦面。作畦前施足基肥，以有机肥为主。

（2）地膜覆盖。

① 普通式覆盖。

这是最基本、最简单的一种覆盖方式，即将地膜展开，呈条幅式水平铺盖在做好的瓜畦畦面上。瓜畦一般应先做成中央隆起的龟背形，也可将瓜畦做成平畦。畦面平整、规则，地膜平铺、紧贴在畦面上，这种覆膜法要求膜与地面越紧贴越好，利于增温和保湿。

② 改良式覆盖。

为克服普通地膜缺点，对作畦或盖膜方法加以改进；或在畦面以上起拱，前期呈小拱棚式覆盖，瓜苗长成后将地膜落地；或向畦面以下挖穴，呈小阳畦式覆盖，瓜苗 3 片叶左右时再落地。改良式覆盖可使一幅地膜发挥盖地遮天的作用，使瓜苗出土后处于小温室保护下，不受风寒，较适宜早春气温偏低且须直播栽培的条件，可比普通地膜覆盖条件下早播种 5 ~ 10 d。但由于地膜很薄，抗风和抗拉能力均不如普通农膜，故空盖的高度和宽度均小，瓜苗在空盖膜下的生长期一般不超过 30 d。此外，改良式覆盖较费工。在有条件育大苗移栽和有能力采用拱棚双覆盖栽培情况下，此种改良式覆盖便失去价值。

目前，改良式覆盖主要有小拱棚式。

小拱棚式（拱盖式），其作畦方法与普通式相同，种子直播或大苗移植后先在畦面盖好地膜，再在畦面上，利用杨树、柳树枝条或紫穗槐条，以及竹条、铁丝等，弯成弓形或半圆形，顺瓜行插成支架，上盖薄膜，成小拱棚状。

小拱棚式改良薄膜覆盖与普通式地膜覆盖相比，能为出土后的幼苗创造较高的气温、地温环境，预防霜冻和寒风，实现提早播种和促进瓜苗生长，一般可早熟 5 ~ 7 d。采用小拱棚式覆盖法的棚内上午升温快，晴天中午可达 40 ℃ 以上，但下午降温也快，昼夜温差大。小拱棚内 10 cm 地温比普通式的高 2.9 ℃，比露地的高 7.1 ℃。但小拱棚式改良覆盖保墒不如普通式覆盖，必须适时浇水；同时，小拱棚下畦面易生杂草，棚内气温易过高，加之棚的空间小，必须注意除草和调节温度，及时撤除拱棚以防棚内气温过高灼伤瓜苗。一般在终霜过后 10 ~ 15 d，瓜苗长至 4 ~ 5 片真叶，蔓长 30 cm 时，或瓜苗长大到小拱棚容不下时，即应撤去拱棚支架，同时拔除杂草，放出瓜苗。薄膜收起后洗净阴干，明年可作地膜使用。

③ 铺设地膜。

可分为机械覆膜与人工覆膜两种。机械覆膜就是在已耕整好的土地上，用地膜覆盖机把单幅成卷厚度为 0.005 ~ 0.015 mm 的塑料薄膜平展地铺放在已播种或未播种的畦垄面上，同时在膜的两边覆土，盖严压实。与人工铺膜相比，地膜覆盖机械化技术有许多优点，概括起来主要是：A. 作业质量好。依靠机器的性能和正确的使用操作来实现对铺放作业"展得平，封得严，固定得牢固"的质量要求。B. 作业效率高。一般情况下，用人力牵引的地膜覆盖机能提高工效 3 ~ 5 倍，用畜力牵引的能提高 5 ~ 8 倍，用小型拖拉机带动的能提高 5 ~ 15 倍，用大中型拖拉机带动的能提高 20 ~ 50 倍，甚至更多。若采用联合作业工艺，则用小型拖拉机带动的工效能提高 20 ~ 30 倍，用大中型拖拉机带动的能提高 80 ~ 100 倍。C. 能够在刮风天进行作业。地膜覆盖机一般能在五级风条件下作业，并保持稳定的作业质量，特别适合在早春干旱多风的地区作业。D. 节省地膜。机械铺膜能使地膜均匀受力，充分伸展，所以能节省地膜。据测定，若选用 0.008 mm 厚的微膜，每公顷可节省 6 kg；铺 0.015 mm 厚的地膜，覆盖程度为 70% ~ 80% 时，每公顷可节省 12 ~ 22 kg。E. 作业成本低。从单一铺膜作业、人力牵引的铺膜机到大中型拖拉机带动的铺膜播种机，作业成本比铺膜低 4 ~ 18 元。F. 促进增产增收。据测定，地膜棉一般比露地棉平均每公顷增产皮棉 225 ~ 300 kg。

5.1.2　地膜覆盖栽培装备

1. 地膜

我国是世界上农膜生产和使用量最多的国家。据统计，目前我国地膜年产量达 60 万吨左右，累计推广面积达 5 000 万公顷，是其他所有国家总和的 1.6 倍。地膜按其功能和用途可分为普通地膜和特殊地膜两大类。普通地膜包括广谱地膜和微薄地膜；特殊地膜包括黑色地膜、黑白两面地膜、银黑两面地膜、绿色地膜、微孔地膜、切口地膜、银灰（避蚜）地膜、（化学）除草地膜、配色地膜、可控降解地膜、浮膜等。

农膜覆盖技术的广泛应用在极大地促进我国农业生产发展的同时，也给我国的生态环境造成了较大的"白色污染"。由于塑料地膜以化纤作原料，其主要成分为聚丙烯、聚氯乙烯，可在田间残留几十年不降解。农用地膜使用的时间越长，土壤中残留的塑料薄膜碎片越多，会造成土壤板结、通透性变差、地力下降，严重影响作物的生长发育和产量，造成农作物减产。有些地方农作物因此减产幅度达 20% 以上，并且这一情况还在进一步恶化，由此产生的环保负面效应已引起社会各界的广泛关注和忧虑。大力研制与推广环保型可降解地膜，是解决目前制约我国乃至世界农业生产可持续发展问题的战略途径。目前，国内主要研究开发可降解地膜，研究开发进程与世界同步，技术水平与世界先进水平接近或相当。

2. 地膜覆盖机

（1）地膜覆盖机的种类。

① 简易铺膜机。

简易铺膜机具有机械铺膜三个基本作业环节（放膜、展膜和封固）用的工作部件，即膜卷装卡装置、压膜轮和铧铲（或曲面圆盘），再加上开埋膜沟的铧铲或曲面圆盘以及牵引装置，用机架把这些部件和装置按一定的相关位置连接固定起来（见图 5-1）。它是结构最简单的地膜覆盖机，整机重 30 kg 左右，使用操作简便，由人力或畜力牵引，适用范围较广。

图 5-1　简易铺膜机

② 加强型铺膜机。

加强型铺膜机在简易铺膜机的基础上，适当强化各工作部件，相应提高机架的强度和刚性，以适应不同土壤情况和风天作业，提高作业质量和速度，如舒展地膜控制纵向拉力和防风用的铺膜辊、起土埋膜的工作部件及膜卷装卡装置和压膜轮的调整装置等。

③ 作畦铺膜机。

它有犁铧或曲面圆盘起土堆畦和整形工作部件，还有机械铺膜成套装置，中小型拖拉机配套作业一畦铺一幅地膜，大中型拖拉机配套作业一次可完成两个畦铺两幅地膜。作业是在已翻耕的土地上先起土筑畦，紧接着铺盖好地膜。

④ 旋耕（作畦）铺膜机。

旋耕铺膜机一般由定型的旋耕机和作畦铺膜机组合而成，由具有动力输出轴的拖拉机带动。与中型拖拉机配套一次可完成铺膜一畦或两垄，与大型拖拉机配套铺两畦或三垄。作业是先在已耕翻的土地上旋耕，使土壤疏松细碎均匀，并使事先撒布在地面上的农家肥与土壤掺和搅拌均匀，然后进行作畦、整形和铺膜。

⑤ 播种铺膜。

它由播种和铺膜成套装置组成，有畜力牵引的，有拖拉机带动的。作业是在已耕耙的土地上播种（条播或穴播），然后平铺作膜。由于播种和铺膜一次进行，因此作业效率较高，利于争取农时和土壤保墒。

⑥ 铺膜播种机。

它有铺膜成套装置和膜上扣孔穴播装置以及膜上种孔覆土装置。小型拖拉机带动的铺一幅地膜播两行，大中型拖拉机带动的可铺 2~4 幅播 4~8 行。作业是在已耕耙的土地上平作铺膜，然后在膜上打孔穴播，并起土封盖膜侧边和膜上的种孔。

（2）地膜覆盖机的选择。

由于地理环境、农艺要求及地膜覆盖栽培的作物不同，因此应从实际出发，因地制宜地选择适用机型。选择时应考虑以下几方面的因素：

① 土壤墒情、农艺要求及天气情况等因素。

一般来说，在干旱、多风和没有灌溉条件的地区，宜采用平作铺膜，利于保墒。而土壤墒情好或有灌溉条件的地方，则采用畦、垄作铺膜，使土壤尽快升温。

② 农艺要求。

根据农艺对先播后铺或先铺后播流程和分段或连续作业的要求，决定选择单一铺膜作业的机型或土壤加工、播种、施肥及喷施除草剂联合作业的机型。

③ 经营规模、田块。

根据作业地块情况和生产经营规模来决定选择大、中型或小型简易轻便的机型。

④ 优选机具。

根据机型的成熟程度和试验鉴定情况来选择适合本地区情况和具体要求的机型，并要求符合本地种植幅宽等习惯。

3. 播种机

播种机的类型很多，有多种分类方法，按播种方法可分为撒播机、条播机、穴播机和机密播种机；按播种的作物可分为谷物播种机、棉花播种机、牧草播种机、蔬菜播种机；按联合作业可分为施肥播种机、旋耕播种机、铺膜播种机、播种中耕通用机；按牵引动力可分为畜力播种机、机引播种机、悬挂播种机、半悬挂播种机；按排种原理可分为气力式播种机和离心式播种机。播种机种类繁多，但若按机械结构及作业特征区分，则播种机可分为谷物条播机和中耕作物穴（点）播机两大类。

（1）谷物条播机。

谷物条播机以条播麦类作物为主，兼施种肥，增设附加装置可以进行播草籽、镇压、筑畦埂等作业。播种机工作时，开沟器开出种沟，种子箱内的种子被排种器排出，通过输种管均匀分布到种沟内，然后由覆土器覆土。干旱地区要求播种的同时镇压，有些播种机带有镇压轮，用以将种沟内的松土适当压密，使种子与土壤紧密接触以利发芽。

谷物条播机一般由如下几部分组成：

① 机架：用于支持整机及安装各种工作部件，一般用型钢焊接成框架式。

② 排种、排肥部分：包括种子箱、肥料箱、排种器、排肥器、输种管和输肥管等。

谷物条播机播行多但行距小，故种箱和肥箱多采用整体式结构，用薄钢板压制成型，并与机架联结一起，以增加其刚度。当种肥比例关系常需要改变时，可采用组合式种肥箱。

通常谷物条播机每米工作幅宽的种箱容积为 45~100 L，肥箱容积为 45~90 L。前后箱壁的倾角 β 应大于种子或肥料与箱壁的摩擦角（β 一般在 55°~60°之间），保证种肥顺利流入排种器或排肥器内。

输送管的最小直径一般为 26 mm，最大直径一般为 40 mm。输种管的倾斜角应与种子流动轨迹相适应，采用外槽轮排种器的谷物条播机，输种管应按前进方向向右后方倾斜。金属管和橡胶管的最小倾斜角分别为 35°和 50°。输种管的长度一般为 0.3 ~ 0.5 m。

③ 开沟覆土部分包括开沟器、覆土器和开沟器升降调节机构。开沟器将土壤切开，形成种沟，种子落入沟底后，覆土器以适量细湿土覆盖，达到要求的覆土深度。

谷物条播机上常用的覆土器有链环式、拖杆式、弹齿式和爪盘式。其中，链环式和拖杆式结构简单，能满足条播机覆土要求，因此，我国生产的谷物条播机上多采用这两种覆土器。

④ 传动部分通常用行走轮通过链轮、齿轮等驱动排种、排肥部件。链轮或齿轮一般均能调换安装，以改变排种、排肥传动比调节播种量或播肥量。各行排种器和排肥器均采用同轴传动。

（2）中耕作物播种机。

按一定行距和穴距，将种子成穴播种的种植机械。每穴可播 1 粒或数粒种子，分别称单粒精播或多粒穴播，主要用于玉米、棉花、甜菜、向日葵、豆类等中耕作物，又称中耕作物播种机。每个播种机单体可完成开沟 、排种、覆土、镇压等整个作业过程。典型的中耕作物播种机如图 5-2 所示。主架由主横梁、行走轮、悬挂架等组成。而种箱、排种器、开沟器、覆土器、镇压器等则构成播种单体。播种单体通过四杆仿形机构与主梁连接，可随地面起伏而上下仿形。单体数与播行数相等，每一单体上的排种器由行走轮或该单体的镇压轮传动。调换链轮可调节穴距。

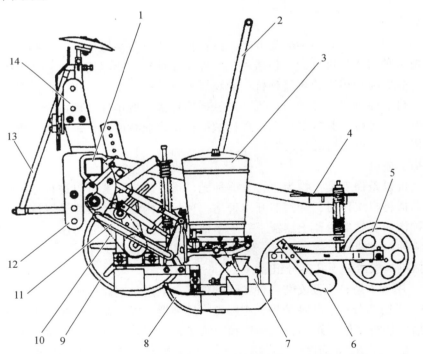

1—主横梁；2—扶手；3—种子箱及排种器；4—踏板；5—镇压轮；6—覆土板；7—成穴轮；8—开沟器；
9—行走轮；10—传动链；11—仿形机构；12—下悬挂架；13—划行器架；14—上悬挂架。

图 5-2 2BZ-6 中耕作物播种机

中耕作物播种机的排种器多采用机械式或气力式精密排种器。

① 机械式排种器。

圆盘式排种器是典型的机械式排种器，利用旋转圆盘上定距配置的型孔或窝眼排出定量的种子，根据种子大小、播种量、穴距等要求选配具有不同孔数和孔径的排种盘，选用适当的传动速比。图 5-3 为圆盘式排种器的玉米穴播机。

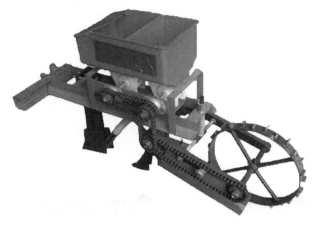

图 5-3　玉米穴播机

② 气力式排种器。

气力式精密播种机设有风机和风管，以提供排种器所需的气力。20 世纪 30 年代开始研制的新型排种器，对种子的大小要求不严，种子破损少，可适应 7 ~ 10 km/h 的高速作业。其中，气吸式排种器是利用风机在排种盘一侧造成的负压排种；气压式排种器是利用风机产生的气流在种子箱内产生的正压排种，种子充填过程受风压大小的影响比气吸式小，工作较稳定；气吹式排种器具有类似窝眼轮的排种轮，种子进入窝眼后，由风机产生的气流从气嘴吹压入型孔。

开沟器多采用滑刀式。播中耕作物时，对覆土及压密要求较高，故每个单体均有覆土器及镇压轮。常用的覆土器有刮板式和铲式。铲式覆土器连接在镇压轮架上，可以上下调节，以适应不同的覆土深度要求，常和滑刀式开沟器配合使用。

镇压轮用来压紧土壤，减少水分蒸发，使种子与湿土紧密接触，有利于种子发芽和生长。镇压轮按材料可分为金属镇压轮和橡胶镇压轮。平面和凸面镇压轮的轮辋较窄，主要用于沟内镇压。凹面镇压轮从两侧将土壤压向种子，有利于幼芽出土。宽型橡胶镇压轮内腔是空腔，并通过小孔与大气相通，又称零压镇压轮。工作时由于橡胶轮变形与复原反复交替，因此易脱土，镇压质量好，多用于精密播种机。

5.2　园艺作物温室栽培控制技术与装备

5.2.1　园艺作物温室栽培

园艺作物一般指以较小规模集约栽培的具有较高经济价值的作物。主要分为果树、蔬菜和观赏植物 3 大类。温室栽培是园艺作物的一种栽培方法。用保暖、加温、透光等设备（如冷床、温床、温室等）和相应的技术措施，保护喜温植物御寒、御冬或促使生长和提前开花结果等。在不适宜植物生长的季节，能提供生育期和增加产量。

5.2.2　园艺作物温室栽培装备

温室设施是农业设施中性能比较完善的类型，具有人工调节设施环境的设备，可使农作物在冬季进行生产，世界各国都很重视温室的建造和发展。近代园艺作物温室栽培主要包括塑料拱棚温室栽培和现代化温室栽培两类。目前，世界上塑料拱棚栽培最多的国家是意大利、西班牙、法国、日本等国。现代化温室是荷兰、英国、法国、德国、日本等国家发展的一种温室，由于这种温室可以自动控制室内的温度、湿度、灌溉、通风、二氧化碳浓度和光照，每平方米温室一季可产番茄 30 ~ 50 kg，黄瓜 40 kg，或产月季花 177 枚上下，相当于露地栽培产量 10 倍以上。

1. 塑料拱棚温室

（1）分类。

塑料拱棚不用砖、石、土做结构围护，只以竹、木、水泥或钢材等做骨架，将塑料薄膜覆盖于拱形支架之上而形成的栽培设施，即为塑料拱棚。根据塑料拱棚的结构形式和占地面积，可将塑料拱棚分为塑料小棚、塑料中棚、塑料大棚、连栋大棚等。

目前，生产中应用的塑料拱棚，按棚顶形状可以分为拱圆形和屋脊形。我国多数为拱圆形。按连接方式可分为单栋大棚、双连栋大棚及多连栋大棚，如图 5-4 所示。按骨架材料又可分为竹木结构、钢架结构、钢架混凝土柱结构、钢竹混合结构等，如图 5-5、5-6 所示。

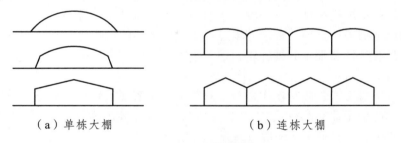

（a）单栋大棚　　　　　　　　（b）连栋大棚

图 5-4　塑料拱棚类型

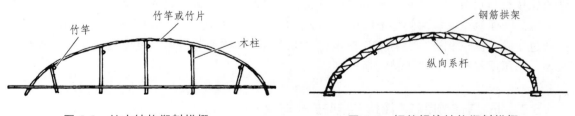

图 5-5　竹木结构塑料拱棚　　　　　图 5-6　钢筋焊接结构塑料拱棚

（2）组成。

塑料拱棚的组成分为骨架和棚膜。骨架主要由立柱、拱杆、拉杆、压杆等部件组成。为便于出入，一般在棚的两端设立棚门，如果大棚的跨度大于 10 m，在大棚中部的顶端还要设一个通风口。

① 拱杆。

拱杆是塑料拱棚的骨架，一般用直径 3～5 cm 竹竿或钢材、钢管等材料或宽 5～6 cm、厚 1 cm 的竹片连接而成，用于支撑棚膜，两端插入地下，并由立柱支撑，呈自然拱形。

② 立柱。

立柱是拱棚的主要支柱，承受棚架、棚膜的重量，在下雨、下雪和刮风时，还要承受它们所产生的压力。立柱可采用竹竿、木杆、钢筋水泥混凝土柱等，使用的立柱不必太粗，否则，遮光严重，影响作物生长。立柱要支稳，一般埋置的深度要在 40 cm 以上。

③ 拉杆。

拉杆可纵向连接拱杆和立柱，固定压杆，使拱棚骨架成为一个整体。拉杆一般由直径为 3～4 cm 的竹竿、木杆或钢材作为拉杆，拉杆长度与棚体长度一致。

④ 压膜线。

棚膜扣好后，在两根拱杆之间压一根压模线，使棚膜平压紧，压膜线的两端固定在棚两侧的"地锚"上。"地锚"入土深应为 50 cm 以上。

⑤ 棚膜。

棚膜是覆盖在棚架上的塑料薄膜。目前棚膜主要采用 0.1～0.12 mm 厚的聚氯乙烯（PVC）或聚乙烯（PE）薄膜以及 0.08～0.1 mm 厚的醋酸乙烯（EVA）薄膜。此外生产上多使用无滴膜、耐低温防老化膜等多功能复合膜作为覆盖材料。

⑥ 门窗。

门一般设在拱棚的两端，作为出路口及通风口，门的大小以便于出入为准。

2. 现代化温室

现代化温室或俗称智能温室。主要是指覆盖面积大，温度、湿度、肥料、水分和气体等环境因素基本上不受自然影响，而是由计算机自动控制，根据作物生长发育的要求调节环境因子，以满足其需求，能全天周年候进行智慧园艺作物生产的大型温室。当前，玻璃房温室发展的主要问题是能源消耗大、成本高，因此近 10 年一些国家大力研究节能措施。如室内采用保温帘、双层玻璃、多层覆盖和利用太阳能等技术措施，节省能源 50% 左右。另外，有些国家，如美国、日本、意大利等国开始把温室建在适于喜温作物生长的温暖地区，也减少了能源消耗。其主要类型如下：

（1）芬洛型玻璃温室（Venlo type）。

Venlo 型温室是我国引进玻璃温室的主要形式，是荷兰研究开发而后流行全世界的一种多脊连栋小屋面玻璃温室。温室单间跨度一般为 3.2 m 的倍数，开间距 3 m、4 m 或 4.5 m，檐高 3.5～5.0 m。根据桁架的支撑能力，可组合成 6.4 m、9.6 m、12.8 m 的多脊连栋型大跨度温室。覆盖材料采用 4 mm 厚的园艺专用玻璃，透光率大于 92%。开窗设置以屋脊为分界线，左右交错开窗，每窗长度 1.5 m，一个开间（4 m）设两扇窗，中间 1 m 不设窗，屋面开窗面积与地面积比率（通风比）为 19%。图 5-7 为 Venlo 型玻璃温室实景。

Venlo 型玻璃温室的主要特点为：

① 透光率高：由于其独特的承重结构设计减少了屋面骨架的断面尺寸，省去了屋面檩条及连接部件，减少了遮光，又由于使用了高透光率园艺专用玻璃，使透光率大幅度提高。

②密封性好：由于采用了专用铝合金及配套的橡胶条和注塑件，温室密封性大大提高，有利于节省能源。

图 5-7　Venlo 型玻璃温室

③屋面排水效率高：由于每一跨内有 2~6 个排水沟（天沟数），与相同跨度的其他类型温室相比，每个天沟汇水面积减少了 50%~83%。

④使用灵活且构件通用性强：芬洛型温室在我国，尤其是我国南方应用的最大不足是通风面积过小。由于其没有侧通风，且顶通风比仅为 8.5% 或 10.5%。在我国南方地区往往通风量不足，夏季热蓄积严重，降温困难。近年来，我国对其结构参数加以改进、优化，加大了温室高度，并加强顶侧通风，设置外遮阳和湿帘-风机降温系统，增强抗台风能力，提高了在亚热带地区的效果。

（2）里歇尔（Richel）温室。

法国瑞奇温室公司研究开发的一种流行的塑料薄膜温室，在我国引进温室中所占比重最大。一般单栋跨度为 6.4 m、8 m，檐高 3.0~4.0 m，开间距 3.0~4.0 m，其特点是固定于屋脊部的天窗能实现半边屋面（50%屋面）开启通风换气，也可以设侧窗、屋脊窗通风，通风面为 20% 和 35%，但由于半屋面开窗的开启度只有 30%，实际通风比为 20%（跨度为 6.4 m）和 16%（跨度为 8 m），而侧窗和屋脊窗开启度可达 45°，屋脊窗的通风比在同跨度下反而高于半屋面窗。该温室的通风效果较好，且采用双层充气膜覆盖，可节能 30%~40%，构件比玻璃温室少，空间大，遮阳面少，根据不同地区风力强度大小和积雪厚度，可选择相应类型结构。但双层充气膜在南方冬季多阴雨雪的天气情况下，透光性受到影响。

（3）卷膜式全开放型（Full open type）塑料温室。

卷膜式全开放型塑料温室是一种拱圆形连栋塑料温室，这种温室除山墙外，顶侧屋面均可通过手动或电动卷膜机将覆盖薄膜由下而上卷起，达到通风透气的效果（见图 5-8）。可将侧墙和 1/2 屋面或全屋面的覆盖薄膜全部卷起成为与露地相似的状态，以利夏季高温季节栽培作物。由于通风口全部覆盖防虫网而有防虫效果，我国国产塑料温室多采用这种形式。其特点是成本低，夏季接受雨水淋溶可防止土壤盐类积聚，简易、节能，利于夏季通风降温。

图 5-8　卷膜式全开放型塑料温室

（4）屋顶全开启型温室（open-roof greenhouse）。

最早是由意大利的 Serre Italia 公司研制的一种全开放型玻璃温室，近年在亚热带地区逐渐兴起。其特点是以天沟檐部为支点，可以从屋脊部打开天窗，开启度可达到垂直程度，即整个屋面的开启度可从完全封闭直到全部开放状态。侧窗则用上下推拉方式开启，全开后达1.5 m 宽。全开时可使室内外温度保持一致，中午室内光强可超过室外，也便于夏季接受雨水淋洗，防止土壤盐类积聚。其基本结构与 Venlo 型相似。

3. 温室的主要性能及评价指标

（1）温室的透光性能。

透光率是评价温室透光性能的一项最基本的指标，它是指透进温室内的光照量与室外光照量的百分比。温室是采光建筑，其透光性能的好坏直接影响到室内种植作物光合产物的形成和室内温度的高低。透光率越高，温室的光热性能越好。温室透光率受温室透光覆盖材料透光性能和温室骨架阴影率的限制，而且随着不同季节太阳辐射高度的不同，温室的透光率也在随时变化。夏季室外太阳辐射较强，即使温室的透光率很小，透进温室光照强度的绝对值仍然较高，要保证作物的正常生长，适当的遮阴设施仍然是很有必要的。但到了冬季，由于室外太阳辐射较弱，太阳高度角很低，温室透光率的高低就成了作物生长和选择种植作物品种的直接影响因素。一般来说，玻璃温室的透光率在 60%～70%，连栋塑料温室在 50%～60%，日光温室可达到 70%以上。

（2）温室的保温性能。

加温耗能是温室冬季运行的主要障碍。提高温室的保温性能，降低能耗，是提高温室生产效益的最直接的手段。衡量温室保温性能的指标除了温室围护结构的保温热阻外，温室的保温比是一项最基本的指标。温室保温比指热阻较小的温室透光材料覆盖面积与热阻较大的温室围护结构覆盖面积和地面积之和的比。保温比越大，说明温室的保温性能越好。一般温室的保温比均小于1.0，但有的日光温室的保温比可能会大于1.0。

（3）温室的耐久性。

温室是一种高投入、高产出的农业设施，其一次性投资较露地生产投入要高出几十倍，乃至几百倍，其使用寿命的长短直接影响到每年的折旧成本和生产效益，所以温室建设必须要考虑其耐久性。影响温室耐久性的因素除了温室材料的耐老化性能外，还与温室主体结构的承载能力有关。透光材料的耐久性除了自身强度外，还表现在材料透光率随时间的衰减程度上，往往透光率的衰减是影响透光材料使用寿命的决定性因素。设计温室主体结构的承载能力与出现最大风、雪荷载的再现年限直接相关。由于温室运行长期处于高温、高湿环境，构件的表面防腐就成了影响温室使用寿命的一个重要因素。对于木结构或钢筋焊接桁架结构温室，必须保证每年做一次表面防腐处理。

4. 配套设备与控制技术

现代温室除主体骨架外，还可根据情况配置各种配套设备以满足不同要求。

（1）自然通风系统。

依靠自然通风系统是温室通风换气、调节室温的主要方式，一般分为：顶窗通风、侧窗通风和顶侧窗通风等三种方式。屋顶通风即打开温室的屋顶覆盖物进行通风换气，薄膜温室一般通过卷膜装置打开，玻璃温室可通过移动等方法打开，屋顶通风换气量大；侧窗通风就是打开侧窗通风，有转动式、卷帘式和移动式三种方法打开。玻璃温室多采用转动式和移动式，薄膜温室多采用卷帘式。自然通风是温室通风换气、调节温室的主要方式。

（2）加热系统。

加热系统与通风系统结合，可为温室内作物生长创造适宜的温度和湿度条件。目前温室加热主要有热水管道加热和热风加热两种方式，多采用集中供热、分区控制的方法。

① 热水管道加热系统。

热水管道加热系统由锅炉房、锅炉、调节组、连接附件及传感器、进水及回水主管、温室内的散热管等组成。通过调节组的主调节组和分调节组分别对主输水管、分输水管的水温按计算机系统指令，调节阀门叶片的角度来实现水位高低的调节，再由温室内的散热管把热量散发到温室各处。热水加热系统在我国通常采用燃煤加热，其优点是室温均匀，停止加热后室温下降速度慢，运行成本低，水平式加热管道还可兼作温室高架作业车的运行轨道；缺点是室温升高慢，设备材料多，一次性投资大，安装维修费时费工。温室面积规模大的，应采用燃煤锅炉热水供暖方式。

② 热风加热系统。

热风加热系统是利用热风炉通过风机把热风送入温室各处加热的方式。该系统由热风炉、送气管道、附件及传感器等组成。热风加热系统采用燃油或燃气加热，其特点是室温升高快，但停止加热后降温也快。热风加热系统还有节省设备资材、安装维修方便、占地面积少、一次性投资小等优点，适于面积小、加温周期短的温室选用。图5-9为燃煤热风炉示意图。

此外，温室的加温还可利用工厂余热、太阳能集热加温器、地下热交换等节能技术。

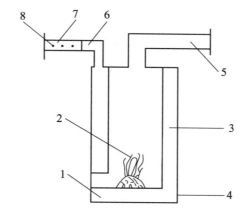

1—灰膛；2—炉膛；3—风膛；4—风机；5—排烟道；6—铁皮风管；
7—塑料风管；8—送风孔。

图 5-9　燃煤热风炉

③ 幕帘系统。

幕帘系统包括帘幕系统和传动系统。

A. 帘幕系统。

帘幕依安装位置的不同可分为内遮阳保温幕和外遮阳幕两种。其中，内遮阳保温幕是采用铝箔条或镀铝膜与聚酯线条间隔经特殊工艺编织而成的缀铝膜（铝箔条比例较少）。这种密闭型的膜，白天覆盖可反射光能 95%以上，具有良好的降温作用；夜间能阻止红外长光波向外辐射热量散热，可用于保温。外遮阳幕是利用遮光率为 70%或 50%的透气黑色网幕或缀铝膜覆盖于温室通风顶上 30～50 cm 处，可降低温度 4～10 ℃，同时还可防止作物日灼伤，提高其品质和质量。

B. 传动系统。

幕帘的传动系统有钢索轴拉幕系统和齿轮齿条拉幕系统两种，都可自动控制或手动控制。钢索轴拉幕系统传动速度快，成本低；齿轮齿条拉幕系统传动平稳，可靠性高，但造价略高。两种都可自动控制或手动控制。

④ 降温系统。

我国大部分地区冬季寒冷，夏季又比较炎热，温度超过了许多农作物正常生长发育温度，如果大棚配备降温系统进行降温栽培可提高设施利用率，实现冬夏两用型温室的建造目标。常见的降温系统有下面几种。

A. 微雾降温系统。

该系统是指使用普通水，经过细雾系统两级微米级的过滤系统过滤后进入高压泵，经加压的水输送到雾嘴，并以高速撞击针式雾嘴针，从而形成微米级的雾粒喷入温室。微雾降温系统形成的微雾在温室内迅速蒸发，大量吸收空气中的热量，然后将潮湿空气排出室外达到降温目的，如配合强制通风效果更好。其降温能力在 3～10 ℃ 间，是一种最新降温技术。细雾降温系统适用于相对湿度较低、自然通风好、长度超过 40 m 的温室。

B. 湿帘降温系统。

温帘降温系统是利用水的蒸发降温原理来实现降温的技术设备。通过水泵将水打至温室特制的疏水湿帘，湿帘通常安装在温室北墙上，以避免遮光影响作物生长。风扇则安装在南墙上，当需要降温时启动风扇将温室内的空气强制抽出并形成负压。室外空气在因负压被吸入室内的过程中以一定速度从湿帘缝隙穿过，与潮湿介质表面的水汽进行热交换，导致水分蒸发和冷却，冷空气流经温室吸热后再经风扇排出达到降温目的。湿帘降温系统主要用在炎热的夏天，尤其中午温度高、相对湿度低时，降温效果最好，是一种简易有效的降温系统，但在高湿季节或地区降温效果不佳。

⑤ 补光系统。

智慧园艺补充光照主要是冬季或阴雨天光照不足时进行补光。采用的光源灯具要求有防潮专业设计、使用寿命长、发光效率高、光输出量比普通钠灯高 10%以上，光强在 1.0×10^4 以上，如生物效应灯及农用钠灯等，悬挂的位置宜与植物行向垂直。补光系统成本高，目前仅在效益高的工厂化育苗温室中使用，栽培过程中使用不多。

⑥ 补气系统。

补气系统包括两部分：

A. 二氧化碳施肥系统。

一般日出 1 h 后设施内的二氧化碳（CO_2）浓度就不能满足作物光合作用的要求，需要进行 CO_2 补充施肥，才能获得高产。目前 CO_2 的施肥方法有很多，可直接使用储气罐或储液罐中的液态 CO_2，也可利用 CO_2 发生器将煤油或石油气等碳氢化合物通过充分燃烧而释放 CO_2。我国普通温室多采用化学反应方法，即使用强酸与碳酸盐在 CO_2 发生器反应释放 CO_2。该方法简单、成本低，使用时可将发生器直接悬挂在内，也可人背着发生器走动施肥。

B. 环流风机。

在封闭的温室内，CO_2 通过管道分布到室内，均匀性较差，启动环流风机可提高 CO_2 浓度分布的均匀性。利用环流风机使温室内的空气流动，一方面促进室内温度、相对湿度分布均匀；另一方面，使施入温室内的 CO_2 浓度分布均匀，从而保证作物生长的一致性，改善品质。

⑦ 灌溉和施肥系统。

灌溉和施肥系统包括水源、储水池及供给设施、水处理设施、灌溉和施肥设施、田间管道系统、灌水器，如喷头、滴头、滴箭等。目前常见的灌溉系统有滴灌系统、喷灌系统，以及适于工厂化育苗带有启动器的悬挂式喷灌机。自动灌溉系统中的水质好坏直接影响滴头或喷头的使用寿命，除符合饮用水质标准外，其余各种水源都要经过各种过滤器进行处理后才能灌溉。施肥与灌溉通常连在一起。在施肥系统中，首先按系统 EC 值和 pH 值的设定范围，在混合罐中将水和肥料均匀混合，同时用传感器检测 EC 值、pH 值是否达到设定标准值，如果未达到，田间网络的阀门会自动关闭，水肥重新回到混合罐中进行混合，并在混合前进行二次过滤，防止堵塞；同时为防止不同化学成分混合时产生沉淀，设有 A、B 罐与酸碱液，直到检测 EC 值、pH 值达到标准值，田间网络的阀门才自动打开进行施肥。

⑧ 计算机自动控制系统。

一个完整的自动控制系统包括气象监测站、微机、打印机、主控制器、温湿度传感器、控制软件等。自动控制是现代温室环境控制的核心技术，可自动测量温室的气候和土壤参数，并对温室内配置的所有设备都能实现优化运行和自动控制，如开窗、加温、降温、加湿、光照和补充 CO_2、灌溉施肥和环流通气等。目前较普及的是微处理机型的控制器，以电子集成电路为主体，利用中央控制器的计算能力与记忆体储存资料的能力进行控制作业，可担任开关控制或多段控制的功能，在控制策略上还可使用比例控制、积分控制或整个控制技术的整合体。

5. 夏季保护设施

夏季保护设施是指主要在夏秋季节使用，以遮阳、降温、防虫、避雨为主要目的的一类保护设施，包括遮阳网、防虫网、防雨棚等。

（1）遮阳网。

俗称遮阴网、凉爽纱，国内产品多以聚乙烯、聚丙烯等为原料，经编织而成的一种轻量化、高强度、耐老化、网状的新型农用塑料覆盖材料。利用它覆盖作物具有一定的遮光、降温、防台风暴雨、防旱保墒和忌避病虫等功能，用来替代芦帘、秸秆等传统覆盖材料，进行夏秋高温季节蔬菜、花卉的栽培以及蔬菜、花卉和果树的育苗。遮阳网覆盖已成为我国南方地区园艺作物夏秋栽培的一种简易实用、低成本、高效益的覆盖技术，在北方地区的蔬菜、花卉生产及育苗中也有广泛应用，如图 5-10 所示。

图 5-10　遮阳网

（2）防雨棚。

防雨棚是在多雨的夏秋季节，利用塑料薄膜等覆盖材料扣在大棚或小棚的顶部，四周通风不扣膜或扣防虫网防虫，使作物免受雨水直接淋洗和冲击的保护设施。防雨棚主要用于夏、秋季节蔬菜和果品的避雨栽培或育苗，如图 5-11 所示。

图 5-11　防雨棚

（3）防虫网。

防虫网是以高密度聚乙烯等为主要原料加入抗老化剂等辅料，经拉丝编织而成的 20～30 目等不同规格的网纱，具有强度大、抗紫外线、抗热、耐水、耐腐蚀、耐老化、无毒、无味等特点，如图 5-12 所示。

图 5-12　防虫网

5.3　温室无土栽培控制技术与装备

5.3.1　无土栽培

无土栽培是近几十年发展起来的一种作物栽培新技术，是指完全不用天然土壤，而是通过营养液或固体基质加营养液代替天然土壤向作物提供水、肥、气、热等根际环境条件，使作物完成从苗期开始的整个生命周期的方法。无土栽培具有产量高、品质好、商品价值高；省水、省肥、省工；病虫害少，无连作障碍，生产过程便于实现无公害化；充分利用土地资源，便于实现机械化、自动化、工厂化生产的优点。但也具有投资高、技术要求高等缺点。

自 1929 年格里克教授试种一株无土栽培番茄成功以来，作物栽培终于摆脱自然土壤的束缚，可进入工厂化生产的诱人发展前景。无土栽培由于不用土壤，在技术上是一重大突破，同时，由于技术的不断完善、先进设施和新型的基质材料的应用，无土栽培已完全可以根据不同作物的生长发育需要进行温、水、光、肥、气等的自动调节与控制，实行工厂化生产。因此，无土栽培是当今现代化农业的高新技术，是现代设施栽培的新技术。

5.3.2　分类及配套装备与控制技术

无土栽培的方法很多，目前生产上常用的有水培、基质栽培和雾（气）栽培。

1. 水培

水培是指植物根系直接与营养液接触，不用基质的栽培方法。常用的水培方法有以下几种。

（1）深液流技术（DFT）。

深液流技术是最早开发成可以进行农作物商品生产的无土栽培技术。它是指植株根系生长在较为深厚并且是流动的营养液层的一种水培技术。种植槽中盛放约 5～10 cm 有时甚至更深厚的营养液，将作物根系置于其中，同时采用水泵间歇开启供液使得营养液循环流动，以补充营养液中氧气并使营养液中养分更加均匀。DFT 在其发展过程中，世界各国对其做了不少改进，是一种有效实用、具有竞争力的水培生产类型。在日本十分普及，在我国广东省亦有较大的使用面积，能生产出番茄、黄瓜、辣椒、节瓜、丝瓜、甜瓜、西瓜等果菜类以及菜心、小白菜、生菜、通菜、细香葱等叶菜类，是较适合我国现阶段国情，特别是适合南方热带亚热带气候特点的水培类型，如图 5-13 所示。

图 5-13　深液流栽培

图 5-14 所示为深液流技术系统的基本组成。设施由营养液槽、栽培床、加液系统、排液系统和循环系统五部分组成，现分别介绍如下。

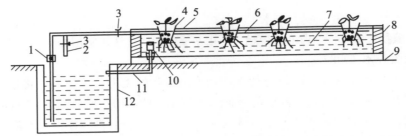

1—水泵；2—增氧及回流管；3—阀门；4—定植杯；5—定植板；6—供液管；7—营养液；
8—种植槽；9—地面；10—液位控制装置；11—回流管；12—地下储液池。

图 5-14　深液流技术系统的基本组成

① 营养液槽。

营养液槽是储存营养液的设备，一般用砖和水泥砌成水槽置于地下。因这种营养液槽容量大，无论是冬季还是夏季营养液的温度变化不大。但使用营养液槽必须靠泵的动力加液，因此必须在有电源的地方才能使用。营养液槽的容积，需要 5~7 t 水的标准设计，具体宽窄可根据温室地形灵活设计。营养液槽的施工是一项技术性较强的工作。一般用砖和水泥砌成，也可用钢筋水泥筑成。为了使液槽不漏水、不渗水和不返水，施工时必须加入防渗材料，并于液槽内壁涂上除水材料。除此之外为了便于液槽的清洗和使水泵维持一定的水量，在设计施工中应在液槽的一角放水泵之处做一 20 cm 见方的小水槽，以便于营养液槽的清洗。

② 栽培床。

栽培床是作物生长的场地，是水培设施的主体部分。作物的根部在床上被固定并得到支撑，从栽培床中得到水分、养分和氧气。栽培床由床体和定植板（也称栽培板）两部分组成，如图 5-15 所示。

图 5-15　栽培床

床体是用来盛营养液和栽植作物的装置。栽培床床体由常聚苯材料制成。床体规格根据温室跨度搭配使用。这种聚苯材料的床体具有重量轻、便于组装等特点，使用寿命长达 10 年以上。为了不让营养液渗漏和保护床体，里面铺一层黑膜。

栽培板用以固定根部，防止灰尘侵入，挡住光线射入，防止藻类产生并保持床内营养液温度的稳定。栽培板通常也是由聚苯板制成，上面排列定植孔（见图 5-16）。可以根据不同作物需要自行调整株行距。栽培板的使用寿命也在 10 年以上。

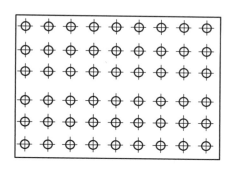

图 5-16　栽培板

③ 给排液装置及营养液循环。

水培设施的给液，一般是由水泵把营养液抽进栽培床。床中保持 5～8 cm 深的水位，向栽培床加液的设施由铁制或塑料制的加液主管和塑料制的加液支管组成，塑料支管上每隔 1.5 m 有一直径 3 mm 小孔。营养液从小孔中流入栽培床。营养液循环途径是营养液由水泵从营养液槽抽出，经加液主管、加液支管进入栽培床，被作物根部吸收。高出排液口的营养液，顺排液口通过排液沟流回营养液槽，完成一次循环。

（2）营养液膜法。

为了解决供 O_2 问题，英国 Cooper 在 1973 年提出了营养液膜法的水培方式，简称"NFT"（Nutrient Film Technique）。它的原理是使一层很薄的营养液（0.5～1 cm）层，不断循环流经作物根系，既保证不断供给作物水分和养分，又不断供给根系新鲜 O_2。

NFT 法的设施主要由栽培床（溶液槽）、水泵、输液管道和调节阀及储液槽四部分组成。栽培时将育苗块或营养钵中育的幼苗，按一定株行距成行地在栽培床上定植，栽培床的坡降为 1/80～1/100，然后用水泵将营养液从储液槽通过管道送到栽培床的上端，使之循环流动。营养液膜法组成如图 5-17 所示。栽培床即溶液槽是直接承受作物根系，并使营养液在其中流动的液槽。栽培床的材料、型式、大小、长短及制作方法等各不相同，也是设施研究者集中研究改良的重点目标。一些设施研究较发达的国家生产出多种类型的 NFT 栽培设施，并辅以自动控制设备。条件较差不能购置成套设备时可自己设计制作，可用黑色或底黑面白的聚乙烯膜作液槽，把薄膜两侧提起，在育苗钵上方用夹子夹紧，形成侧面呈三角形的平底长槽。水泵要选用节能、密封、耐腐蚀，并与栽培面积和总流量相适应的自吸型水泵或潜水泵。输液管道通常选用硬质塑料自来水管，配上接头、调节阀，装配成输液管道。小型储液槽可用塑料薄膜制作，一般用砖砌成，抹上水泥，再涂上沥青等防止渗漏。

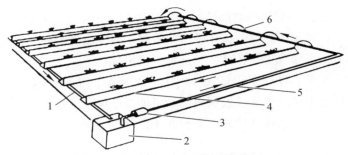

1—回流管；2—储液池；3—泵；4—种植槽；5—供液主管；6—供液支管。

图 5-17　营养液膜法组成

NFT 法栽培作物，灌溉技术大大简化，不必每天计算作物需水量，营养元素均衡供给。根系与土壤隔离，可避免各种土传病害，也无须进行土壤消毒。此方法栽培植物直接从溶液中吸取营养，相应根系须根发达，主根明显比露地栽培退化。这种栽培方式亦有其不足之处，主要表现在以下几个方面：

①栽培床的坡降要求严格。如果栽培床面不平，营养液形成乱流，供液不匀。尤其是进液处和出液处床内作物受液不匀，株间生长差异较大，会影响产量。

②由于营养液的流量小，其营养成分、浓度及 pH 易发生变化。

③因无基质和深水层的缓冲作用，根际的温度变化大。

④要循环供液，每日供液次数多，耗能大，如遇停电停水，尤其是作物生育盛期和高温季节，营养液的管理比较困难。

⑤因循环供液，一旦染上土传病害有全军覆没的危险。

2. 基质栽培

基质栽培是无土栽培中推广面积最大的一种方式。它是将作物的根系固定在有机或无机的基质中，通过滴灌或细流灌溉的方法，供给作物营养液。栽培基质可以装入塑料袋内，或铺于栽培沟或槽内。基质栽培的营养液是不循环的，称为开路系统，这可以避免病害通过营养液的循环而传播。

基质栽培缓冲能力强，不存在水分、养分与供 O_2 之间的矛盾，且设备较水培和雾培简单，甚至可不需要动力，所以投资少、成本低，生产中普遍采用。从我国现状出发，基质栽培是最有现实意义的一种方式。

基质栽培的方式有钵培、槽培、袋培、岩棉培等。

（1）钵培法。

钵培法是指在花盆、塑料桶等栽培容器中填充基质，栽培植物。从容器的上部供应营养液，下部设排液管，将排出的营养液回收于储液罐中循环利用。也可采用人工浇灌的原始方法。

（2）槽培法。

槽培法是指将基质装入一定容积的栽培槽中以种植植物。为了降低生产成本，各地可就地取材，采用木板条、竹竿等制成栽培槽。目前应用较为广泛的是在温室地面上直接用砖垒成栽培槽，为了降低成本也可采用较浅的栽培槽，但栽培槽太浅，灌溉时必须特别细心。槽的长度可由灌溉能力、温室结构以及田间操作所需步道等因素来决定。槽的坡度至少应为

0.4%，如有条件，还可在槽的底部铺设一根多孔的排水管。

常用的槽培基质有沙、蛭石、锯末、珍珠岩、草炭与蛭石混合物等。一般在基质混合之前，应加一定量的肥料作为基肥。混合后的基质不宜久放，应立即使用，否则有效养分会流失，基质的 pH 值和 EC 值也会有变化，可通过测量控制系统控制。基质装槽后，布设滴灌管，营养液可由水泵泵入滴灌系统后供给植株（见图 5-18），也可利用重力法供液，不需动力。

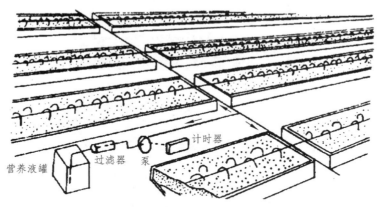

图 5-18 　槽培系统和滴灌装置（水泵供液系统）

（3）袋培法。

袋培除了基质装在塑料袋中以外，其他与槽培相似。袋子通常由抗紫外线的聚乙烯薄膜制成，至少可使用 2 年。在光照较强的地区，塑料袋表面应以白色为好，以利反射阳光并防止基质升温。相反，在光照较少的地区，袋表面应以黑色为好，利于冬季吸收热量，保持袋中的基质温度。由于袋培的方式相当于容器栽培，互相隔开，所以供液滴头一旦堵塞又没能及时发现，这一袋（或筒）植物不能得到水肥供应就会萎蔫或死亡，因此生产上已少应用。它的优点是因彼此隔开，根际病害不易传播蔓延。

（4）岩棉培。

农用岩棉在制造过程中加入了亲水剂，使之易于吸水。开放式岩棉栽培营养液灌溉均匀、准确，一旦水泵或供液系统发生故障有缓冲能力，对植物造成的损失也较小。岩棉的优点是可形成系列产品（岩棉栓、块、板等），使用搬运方便，并可进行消毒后多次使用。但是使用几年后就不能再利用，废岩棉的处理比较困难，在使用岩棉栽培面积最大的荷兰，已形成公害。

（5）有机生态型无土栽培。

有机生态型无土栽培也使用基质但不用传统的营养液灌溉植物，而是使用有机固态肥并直接用清水灌溉植物的一种无土栽培技术（见图 5-19）。有机生态型无土栽培技术除具有一般无土栽培的特点外，还具有如下特点：用固态有机肥取代传统的营养液，在植物的整个生长期中，可隔几天分若干次将固态肥直接追施于基质表面上，以保持养分的供应浓度；操作管理简单，在基质中施用有机肥，不仅各种营养元素齐全，其中微量元素也可满足需要，大大地简化了营养液的管理过程；大幅度降低无土栽培设施系统的一次性投资，可全部取消配制营养液所需的设备、测试系统、定时器、循环泵等；大量节省生产费用，有机生态型无土栽培主要施用消毒的有机肥，与使用营养液相比，其肥料成本降低 60% ~ 80%；对环境无污染，有机生态型无土栽培系统排出液中硝酸盐的含量只有 1 ~ 4 mg/L；产品品质优良无害，从栽培基质到所施用的肥料，均以有机物质为主，不会出现过多的有害无机盐，没有亚硝酸盐危害，从而可使产品安全无害。

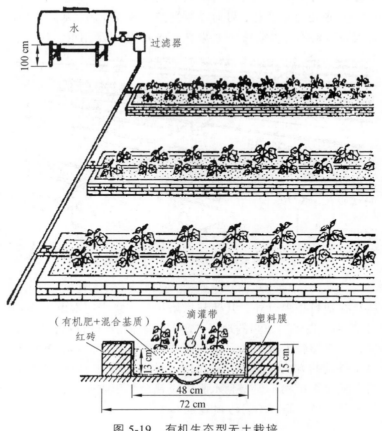

图 5-19 有机生态型无土栽培

3. 雾（气）培

雾（气）培又称气增或雾气培。它是所有无土栽培技术中根系水气矛盾解决得最好的一种形式，同时它也易于自动化控制和进行立体栽培。它是将营养液压缩成气雾状而直接喷到作物的根系上，根系悬挂于容器的空间内部。通常是用聚丙烯泡沫塑料板，其上按一定距离钻孔，于孔中栽培作物。两块泡沫板斜搭成三角形，形成空间，供液管道在三角形空间内通过，向悬垂下来的根系上喷雾。根系下方安装自动定时喷雾装置，喷雾管设在封闭系统内靠地面的一边，在喷雾管上按一定的距离安装喷头，喷头的工作由定时器控制，一般每间隔 2~3 分钟喷雾几秒钟或几十秒钟。将营养液由空气压缩机雾化成细雾状喷到植物根系，根系各部位都能接触到水分和养分，生长良好，地上部也健壮高产。营养液循环利用，同时保证作物根系有充足的氧气。由于采用立体式栽培，空间利用率比一般栽培方式提高 2~3 倍，栽培管理自动化。但此方法设备费用太高，需要消耗大量电能，且不能停电，没有缓冲的余地，目前还只限于科学研究应用，未进行大面积生产。此方法栽培植物机理同水培，因此根系状况同水培。

5.4 植物工厂控制技术与装备

植物工厂的概念最早是由日本提出来的。植物工厂是通过设施内高精度环境控制实现农作物周年连续生产的高效农业系统，是利用计算机对植物生育的温度、湿度、光照、CO_2浓度以及营养液等环境条件进行自动控制，使设施内植物生育不受或很少受自然条件制约的省力型生产。植物工厂是现代农业的重要组成部分，是科学技术发展到一定阶段的必然产物，是现代生物技术、建筑工程、环境控制、机械传动、材料科学、智慧园艺和计算机科学等多学科集成创新、知识与技术高度密集的农业生产方式。植物工厂由于受自然条件影响小，作物生产计划性强，周期短，自动化程度高，无污染，多层次立体栽培可以省省 3 ~ 5 倍的土地。植物工厂一直被公认为智慧农业发展的最高阶段，是衡量一个国家农业高技术水平的重要标志之一。目前，我国在此领域尚属起步阶段，迫切需要植物工厂环境控制关键技术的研究和探索。

5.4.1 植物工厂的分类及特征

1. 分类

植物工厂的分类，因所持的角度不同，其划分方式也各异。从生产功能上可分为种苗植物工厂和商品菜（果、花）植物工厂；从建设规模上可分为大型（1 000 m² 以上）、中型（300 ~ 1 000 m²）和小型（300 m² 以下）三种；从其研究对象的层次上又可分为以研究植物体为主的植物工厂、以研究植物组织为主的组织培养植物工厂、以研究植物细胞为主的细胞培养植物工厂。目前，较为常用的划分方法是按照植物生长中最重要的条件之一，光能的利用方式不同来划分，共有三种类型，即太阳光利用型、人工光利用型、太阳光和人工光并用型。

2. 特征

植物工厂的共同特征是有固定的设施；利用计算机和多种传感装置实行自动化、半自动化控制；采用营养液栽培技术；产品的数量和质量大幅度提高。但由于它们的类型不同，在控制手段、管理模式、投入与产出等方面也不尽一致，甚至差异很大，可以说是各有优势，也各有不足。因此，在实践中必须根据不同的情况因地制宜、合理应用。

按照光能的利用方式不同来划分三种类型的植物工厂的各自特征，分别是：

（1）太阳光利用型植物工厂的特征。

太阳光利用型植物工厂的温室结构为半封闭式，建筑覆盖材料多为玻璃或塑料（氟素树脂、薄膜、PC 板等）；光源采用自然光；温室内备有多种环境因子的监测和调控设备，包括光、温、湿、CO_2浓度等环境因子的数据采集以及顶开窗、侧开窗、通风降温、喷雾、遮阳、保温、防虫等环境调控系统（见图 5-20）；栽培方式以水耕栽培和基质栽培为主；生产环境易受季节和气候变化的影响，生产品种有局限性，主要生产叶菜类和茄果类蔬菜，有时生产不太稳定。

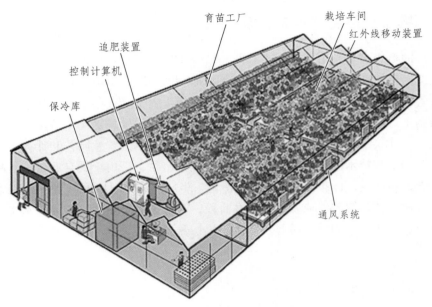

图 5-20　计算机控制的简易植物工厂模型

（2）人工光利用型植物工厂的特征。

人工光利用型植物工厂的建筑结构为全封闭式，密闭性强，屋顶及墙壁材料（硬质聚氨酯板、聚苯乙烯板等）不透光，隔热性较好；只利用人工光源，如高压卤素灯、高压钠灯、高频荧光灯（Hf）以及发光二极管（LED）等（见图 5-21）；采用植物在线检测和网络技术，对植物生长过程进行连续检测和信息处理；采用营养液水耕栽培方式；可以有效地抑制害虫和病原微生物的侵入，在不使用农药的前提下实现无污染生产；对设施内光、温、湿、CO_2、EC、pH、溶解氧和液温等均可进行精密控制，明、暗期长短可任意调节，植物生长较稳定，可实现周年均衡生产；技术装备和设施建设的费用高，能源消耗大，运行成本高，应用面窄，主要用于种苗生产。

图 5-21　LED 光源植物工厂

（3）太阳光和人工光并用型植物工厂的特征。

太阳光和人工光并用型植物工厂的温室结构、覆盖材料和栽培方式与太阳光利用型相似；

光源：白天利用太阳光，夜晚或白天连续阴雨寡照时，采用人工光源补充，作物生产比较稳定；与人工光利用型相比，用电较少；与太阳光利用型相比，受气候影响较小；这种类型兼顾了前两种方式的优点，实用性强，有利于推广应用。

5.4.2　植物工厂的控制技术与装备

植物工厂可以说是现代化温室的延伸和发展。机械化、自动化是植物工厂的重要特征之一，各类机械设备和配套装置在植物工厂内所占的比重较大，除了对象作物和营养液之外，绝大多数都属于机械与设备的范畴，包括营养液栽培系统、环境调控系统、计算机控制系统以及相关的配套设备等。植物工厂主要设施装备有厂房、育苗及栽培装置、收获、包装、预冷辅助装置、照明设备、空调设备、检测控制设备以及二氧化碳发生供给系统、空气环流机等。

1. 厂房建筑

从厂房造价来看，对长方形、正方形和圆形植物工厂来说，圆形造价最高，长方形最低；从植物工厂建筑物屋顶形状来看，以平顶造价最低，屋脊形、波浪形，造价依次增加。

2. 育苗及栽培装置

在植物工厂内依据其栽培作物的品种与栽培方式不同，所采取的育苗播种手段也不同，有些是采用工厂化穴盘育苗精量播种生产线来完成作业。工作时，操作人员把穴盘接连不断地送到机器的传送带上，播种机能自动填充基质材料、刷平，在穴盘的每个穴中央压出一个浅坑，同时把基质压实。播种器受光电控制，精确地在每个穴的浅坑中央点播一粒种子，接着再覆盖薄薄一层轻基质（如蛭石），以盖住种子并遮挡日光直射，最后把穴盘表面多余的基质刮平并喷水。

育苗播种机的类型多种多样，按照其工作原理，一般分为吸附式和磁性播种机两种。

（1）吸附式育苗播种机。

吸附式育苗播种机又分为吸嘴式、板式和齿盘转动式三种形式。吸嘴式播种机适用于营养钵育苗点播。已播种的营养钵块由输送带送出机外，并装入育苗盘，最后送到催芽室进行催芽。板式育苗播种机由带孔的吸种板、吸气装置、漏种板、输种管、育苗盘和输送机等组成。工作时，种子被快速地撒在吸种板上，使板上每个孔眼都吸附 1 粒种子，多余的种子流回板的下面。将吸种板转动到漏种板处，此时通过控制装置，去掉真空吸力，种子自吸种板孔落下并通过漏种板孔和下方的输种管，落入育苗盘对应的营养钵块上，然后覆土和灌水，将盘送入催芽室。这种类型的播种机可配置各种尺寸的吸种板，以适应不同类型的种子和育苗方式的需要。

吸附式育苗播种机，适用于营养钵和育苗穴盘的单粒播种，有利于机械化作业，生产效率高。但要求种子饱满、清洁和发芽率高，不能进行一穴多粒播种。

（2）磁性播种机。

该机是与纸钵育苗相配套的机具，一穴内可播数粒种子，有利于选取壮苗。它由播种设备和电气系统两部分组成。

其工作原理是，在种子上附着带磁性的粉末，用磁极吸引，然后再用消磁的方法使被吸上的种子播下。工作时，使用 100 V 的交流电，由整流器转成直流电，通过电闸盒通到线圈上，此时，磁极端部就被磁化，吸引住几粒附着磁性粉末的种子，当闭闸后电流消失，磁性也随即消失，被吸住的种子靠自重下落，播入纸钵内，播种结束。用于装种用的盛种盘上盛种孔的配置也与播种机磁极的排列间隙和数目相一致。磁性播种机的播量（即每穴粒数）可以调节，其方法是根据输出功率来控制，输出功率越大，则磁极吸附的种子粒数越多。

目前，植物工厂生产通常以水培方式栽培，其所需装置见 5.3 节。

（3）收获、包装、预冷辅助装置。

目前，在一些发达国家的植物工厂里广泛应用的收获设备大都是机体较庞大、载重量高、移动速度快、准确性强，属于收获、移栽兼用的自动化装置。随着农作物品种的不断增加和市场需求的扩大，在我国，产品采后加工包装商品化技术发展迅速，如蔬菜果品清洗机、叶菜捆扎机、果菜类包装机等都已开发出来，并广泛使用。

目前，在一些发达国家，已把预冷作为果菜采收后加工的第一道工序。新鲜果菜采收后仍在进行着呼吸和蒸发，释放出呼吸热，致使果菜周围的环境温度迅速升高，成熟衰老加快，其鲜度和品质也随之明显下降。所以，必须在果菜采收后的最短时间内，在原料产地，将其冷却到规定的温度，使果菜维持低生命水平，延缓衰老，这一冷却过程称之为预冷。植物工厂采用较多的是湿冷预冷系统和真空预冷系统。

💡 思考题

（1）地膜覆盖栽培主要有哪些机械？用途是什么？

（2）简述常用地膜覆盖机的类型和特点。

（3）简述园艺作物温室的类型和特点。

（4）园艺温室栽培配套控制系统主要有哪些？温室中有哪些测控技术？

（5）无土栽培技术主要有哪些？有哪些配套设备？

（6）什么是植物工厂？植物工厂常用有哪些控制装备？

智慧畜禽环境工程控制技术与装备

环境一般包括自然环境和人文环境两个方面的属性。就自然环境而言，一般是指一个生物个体或生物群体周围的自然状况或物质条件；人文环境一般是指影响个体和群体的复杂的社会、文化条件。环境影响评价中的环境概念一般是指其自然属性。畜禽环境是指畜禽周围空间中对其生存有直接或间接影响的各种因素的总和。其中包括物理因素，如温度、湿度、气流、气压、降水、太阳辐射、灰尘、噪声、土壤、牧场、畜舍等；化学因素，如空气中的各种固有气体成分（如 O_2、N_2），畜舍中的有害气体（如 H_2S、NH_3、CO_2、CO 等），污染大气的有害气体（如 SO_2、HF、O_3 等），饲料、牧草中所含的营养成分以及水体、土壤、饲料中所含有的或混入的有毒物因素等；生物因素，如空气、饮水、土壤、饲料中存在的病原微生物、寄生虫以及家畜群体之间关系等；人为因素，如人们对畜禽的饲养、管理、调教和利用等。

畜禽环境质量的概念与环境质量概念有着密切的联系，也有着一定的不同。畜禽环境质量概念也是依据以人为本提出的，最终的目的还是为保证畜牧业的可持续发展，为人类提供质高价廉的畜禽产品。然而在具体的操作层面，畜禽环境质量包含了两个方面的含义：一是畜禽生活的小环境，主要是指环境对畜禽生长和繁育的适宜性。在实际生产过程中，主要用来反映畜禽生产生活的环境条件，如畜舍温度、湿度、照度及光照周期、气流速度等。二是畜禽生产的大环境，侧重考察畜禽生产对周边环境的污染影响，从而直接或间接地影响到人们的正常生活。

6.1 畜禽养殖环境需求

6.1.1 养殖环境调控需求

畜禽养殖的环境控制系统主要由信息采集设备、调节装备和控制处理器等部分组成，当畜禽养殖环境的控制系统在运作时，传感器可以采集到动物本身的体温、采食量、脉搏等信息，还可通过传感器收集到养殖环境的温度、湿度，气体的浓度等信息。当这些信息传到控制处理器时，程序就会按照提前设定好的参数对养殖环境进行消毒、通风、降温来满足动物对环境的需求，各个环境控制系统就会一起参与到对环境的调控中来，最后实现环境的调节和消毒防疫目标。

1. 环境温湿度调控需求

适宜的温度有助于畜禽养殖中动物的健康发展，温度过高动物会因身体温度失去平衡而出现产量下降或者其他的不良反应，严重时甚至导致动物死亡。以猪为例，当畜禽养殖猪舍内的持续温度在 28～35 ℃时,猪的采食量会比常温环境下有所下降,体重也会随之减少。鸡在温度升高时其采食量也会有所下降,奶牛在温度过热的情况下,在食欲下降的同时产奶量也会随之减少,而且奶牛的呼吸频率会随之增加,影响奶牛的身体健康。为了解决畜禽养殖舍内的高温,可采用的降温方法有地板局部降温、风机蒸发降温等,降温要根据畜禽养殖地实际的气候情况采取不同的降温方法处理。以畜禽养殖鸡舍为例,在南方可用风机降温系统将温度控制在 32 ℃以下,黄河以北可将气温控制在 28 ℃以内。我国因地理环境的不同,所以在控制畜禽养殖场的温度时要综合考虑不同的因素,采取合理有效的方法。研究表明,温、湿度过低或者过高容易导致畜禽冷热应激,养殖福利受到抑制。高温、高湿情况下,畜禽通过皮肤散热的能力差,导致体温升高引起热应激,畜禽容易患细菌、寄生虫类疾病,饲料容易发霉变质。低温、高湿时,畜禽非蒸发散热增加,导致体温降低引起冷应激。生产中,高温环境易使繁殖母猪发情推迟甚至停止生长,高湿环境会造成呼吸道传染病流行,因此,在进行防暑的同时应该注意养殖场的相对湿度适宜范围在 60%～80%。

2. 空气质量调控需求

畜禽养殖区域内往往存有大量动物的排泄物以及饲料的残留,这些物体积存在一起时间长了就会发酵产生难闻的气味,导致饲养舍内空气质量污染严重,易给畜禽带来呼吸道疾病及其他的健康问题。以猪为例,当猪舍内氨气浓度呈现不同的数值时,猪就会患上不同的疾病:当空气中的氨气浓度达到 35 mg/m³时,猪容易患上萎缩性鼻炎;当氨气浓度达到 100 mg/m³时,猪的体重就会严重下降。除了受氨气浓度影响,当空气中硫化氢浓度达到 76 mg/m³以上时,猪就会出现严重的呕吐甚至失去知觉并最终死亡。

3. 环境光照调控需求

适宜的自然光照可以起到杀菌、消毒的作用,加强畜禽对钙的吸收。猪对光照的敏感性不及肉羊和家禽,研究表明,光照除了可以影响羊的繁殖能力,对羊绒影响也较为显著。当羊受光照时间为 16 h,低光照情况下羊的发情数上升,血浆中的褪黑素提高明显,差异显著($P<0.05$)。在对鸡的影响实验中发现,间歇性光照不但可以提高日增重,还可以降低应激反应的发生。

6.1.2 养殖环境污染防治需求

随着人民膳食结构的变化,国家农业产业结构的不断调整,畜禽规模化养殖得到了快速发展。由于不少畜禽养殖场受建设不规范、养殖成本高、资金与技术缺乏、污染防治滞后等因素的影响,养殖过程中产生的粪便、污水和废弃物缺乏有效治理,对生态环境造成了严重的负面影响。

目前,每年我国农村畜禽养殖产生的粪便量达 38 亿吨左右,结合《全国第一次污染源普查公报》中的数据,畜禽养殖业排放的化学需氧量为 1 268.26 万吨,在农业源排放总量中占比达到96%之多,总氮、总磷的排放量分别达到102.48 万吨、16.04 万吨,在农业源排放总量中分别占38%、56%左右,农村地区的畜禽规模化养殖对大气环境的破坏不容小视。

1. 对大气环境的污染防治需求

畜禽养殖产生的粪污常散发恶臭而污染空气,同时引起温室气体排放增加,也对大气环境造成了污染。畜禽养殖场粪污的恶臭来自排泄物腐败分解而产生的各类有毒有害物质，数量超过 100 种，包括粪臭素、硫化氢、挥发性有机酸、乙醇、胺、乙酸、吲哚、苯酚、硫醇等。畜牧养殖排放的 CO_2、CH_4 和 N_2O 等温室气体，在各个阶段均可能直接或间接产生，包括畜禽饲养阶段、后续的加工零售阶段、粪便管理阶段和运输阶段等。其中，畜禽饲养与粪便管理体系排放的 CH_4 和 N_2O 以及由反刍类动物经胃肠发酵作用形成的 CH_4 排放占主导作用。畜牧业已成为我国农业领域最大的 CH_4 排放源。畜禽养殖过程中产生大量有害气体对大气环境造成极大的威胁。

2. 对土壤的污染防治需求

若畜禽养殖场为传统分散的养殖模式，则产生的粪便量相对较少，经过堆沤处理后可作为当地农田的有机肥料进行利用。现如今规模化、集约化养殖场因产生的粪便、尿和污水数量巨大，又因含水量高、运输成本高等诸多因素，养殖场常常就近在农田利用。因为畜禽粪污处理不合理，会导致土壤过量累积重金属或者养分过剩，还容易造成土壤结构失衡、土壤板结，这将严重影响农作物的生长，导致农作物的产量和质量下降。

3. 对水资源的污染防治需求

一个饲养规模数百到数万头的养猪场，每天产生的畜禽废水量巨大，给储存和处理带来巨大挑战。据资料报道，一头猪平均每天产生约 3 kg 的废水，尿液和冲洗废水通常收集在储存池中，处置前会在一定程度上分解。养殖场废水直接排放到环境中可能成为重要的环境污染源，会对地下水和地表水造成严重的污染，因为废水中含有大量的有机质、氮、钾、硫及致病菌等污染物，排入水体会导致水体富营养化，从而严重地影响水环境安全。废水直接还田还会导致地下水 $NO_3\text{-}N$ 浓度上升，造成水体硝酸盐污染，严重危及地下水水体的质量，容易被动物或人误饮而威胁居民的健康。

对畜禽养殖环境的排放物、废弃物处理，加强粪污处理设施及工艺的研发和推广，势在必行。

6.2 工厂化养殖控制技术与装备

6.2.1 工厂化养殖与环境

工厂化养殖是指具有一定的规模，在相对可控环境下，采用现代工业技术进行农业养殖的方式。具体来讲是利用一定的设施、设备和综合性工程技术手段，提供可控制的、具有自然环境条件的设施内部环境，使畜禽在最适宜的环境（如温度、湿度、光照、空气成分、营养等）条件下生长、成熟、繁育，以最少资源投入实现产量最大化、品质最优化和生产的连续稳定。

工厂化畜禽养殖密度高、全舍饲，气温、气湿、气流、光照及有害气体含量均会对畜禽有较大影响，应达到一定的卫生标准。

1. 环境标准和畜禽环境标准

环境标准是环境评价工作的主要基础和依据。

畜禽环境评价有两个方面的目的：一是要保证畜禽适宜的生产、生活环境；二是要保护人类身体健康，不应影响人类正常的工作和生活环境。因此畜禽环境评价所依据的环境标准包括一般意义上的环境标准和畜禽环境标准两大类。

（1）环境标准。

根据《中华人民共和国国家环境保护标准》，环境保护标准是指："为了保护人群健康、社会物质财富和维持生态平衡，对大气、水、土壤等环境质量，对污染源、监测方法以及其他需要所制定的标准。"环境保护标准也被简称为环境标准。

（2）畜禽环境标准。

依据 GB/T 19525.1—2004《畜禽环境术语》的定义，畜禽环境标准是指在综合考虑自然环境特征、科学技术水平、经济条件以及畜禽生理和生产要求的基础上，国家有关部门在一定时期对畜禽环境各项指标所做的具体规定。

（3）环境标准的分类和等级。

目前，我国的环境标准大致可分成四类和四个等级。四类分别为环境质量标准、污染物排放标准、环保方法标准和环境保护基础标准；四个等级依次为国家标准、行业标准、地方标准及企业标准。

环境质量标准：是为了保障人群健康和社会物质财富，维护生态平衡而对环境中有害物质和因素所做的限制性规定，它往往是对污染物质的最高允许含量的要求。

污染物排放标准：是为了实现环境质量要求，结合技术经济条件和环境特点，对污染源排入环境的污染物浓度或数量所做的限量规定。

环保方法标准：是指对环境保护领域内以采样、分析、测定、试验、统计等方法为对象所制定的统一技术规定。

环境保护基础标准：是指对环境标准中具有指导意义的有关词汇、术语、图式、原则、导则、量纲单位所做的统一技术规定。

在标准应用过程中，国家标准是指导标准，地方标准是直接执法标准。凡颁布了地方标准的地区执行地方标准，地方标准未做规定的应执行国家标准，地方污染物排放标准一般严于国家排放标准。行业标准是对没有国家标准而又需要在全国范围内的某个行业中统一技术要求所制定的标准。相应的国家标准颁布实施后，该行业标准自行废止。

2. 环境监测

环境监测是人们对影响人类和生物生存发展的环境质量状况进行监视性测定的活动。其目的是通过了解污染物在环境介质中的浓度水平，为环境管理、环境科学研究等提供基础数据。

3. 环境影响报告书

环境影响报告书是环境影响评价程序和内容的书面表现形式之一，是环境影响评价制度的重要组成部分。由环境影响评价单位编写，由建设或开发单位提交给环境保护主管部门进行审查，并作为批准或否决建设项目的重要依据。

环境影响评价报告表是建设单位就拟建项目的环境影响以表格形式向环境保护部门提交的书面文件。适用于单项环境影响评价的工作等级均低于第三级的建设项目，按国家颁发的《建设项目环境保护管理办法》填写《建设项目环境影响报告表》。

6.2.2　工厂化畜禽养殖内环境控制与装备

1. 畜禽舍内环境控制的作用

（1）通过环境控制，提高畜禽的生产性能。

目前，规模化养殖环境控制的目标大多是从提高畜禽生产性能的角度出发，从小气候环境条件与畜禽生产性能的相互关系来确定较适宜的环境设计参数。生产车间的温度控制主要是以畜禽代谢的热中性范围或避免热应激为控制范围来设计配置通风、降温与供暖系统的设备容量的。鸡舍的光照控制是以保持鸡群的高产为目标进行设计与运行管理的。有害气体及湿度控制等也是以不影响畜禽的生产性能来制定设计和运行标准的。这种环境控制设计目标可保持畜禽较高的生产性能、降低饲料消耗，达到较高产出的目的。

（2）通过环境控制，保障畜禽健康和公共卫生安全。

近年来，随着疫病的不断增多、控制难度的增大以及对环境污染控制的重视，公共卫生安全和环境保护问题已被逐步提到重要议事日程上来。世界各国都在加强对畜禽生产车间空气质量、减少粉尘和有害气体排放、加大粪污处理与利用力度等环节的研究与应用。规模化养殖场在对温湿度、光照和噪声进行环境控制的基础上，加强了对有害气体的控制要求。出于对防疫安全和减少交叉感染的考虑，不少大型养殖场又提出了对鸡舍图像的采集、传输与控制要求。通过营养调控技术，提高饲料利用率、减少废弃物排放量也成为研究应用的焦点。

（3）通过环境控制，提高企业的综合效益。

在畜禽产品价格波动以及生产成本的结构和价格不断变化的情况下，追求经济效益最大化不再是唯一目标，而更主要地是看投入产出比的效果。追求节能型环境控制技术，确保畜禽健康和较高的生产性能，综合考虑投入与产出关系，调节环境控制参数，实现提高经济效益的目标。这也是现代养殖企业借助于信息技术、生物技术、环境工程技术和经济管理技术等多学科综合才可能实现的环境控制目标。

（4）影响畜舍内环境的要素。

影响畜舍内环境的要素，除受自然气候影响外，主要由畜舍结构、畜禽种类、生产条件和饲养密度等因素决定。畜舍小气候环境是由畜舍内的空气温度、湿度、通风、光照以及空气成分的浓度等环境因素决定的。由于畜舍的作用而使畜舍内环境条件与舍外有很大区别，通常人们把畜舍内环境因素所决定的气候条件称为"小气候"。环境气候因素如光照、温度、湿度等对畜禽的影响无时不在、无处不在，其可对畜禽代谢、生长发育、繁殖免疫等多方面产生全面、深刻、持久的影响。养殖场地形地势选择、畜舍的设计及其朝向、生产设备设计选择、饲养管理等多个环节均是以环境生理为理论基础，最大程度地营造适合畜禽生活生长的小气候环境，以利于动物福利，减少环境应激，提高生产效益。

影响畜舍小气候的因素很多，但对家畜影响最大的是温度、湿度、气流和光照以及某些有害气体。

2. 畜禽舍采光控制与装备

光是畜禽赖以生存的重要环境因素，其对畜禽的影响深刻而广泛。衡量光照的物理量是照度，其单位为勒（lx）。

照度：物体表面所得到的光通量与被照射面积之比，即到达物体表面的光通量密度，单位为勒（lx）。

勒（lx）：勒（勒克斯）为照度单位，1 流明光通量平均分布于 1 平方米表面积上的照度为 1 勒。

光对畜禽的影响体现在多个方面：生理代谢、生长发育、繁殖和免疫机能。自然光通过光周期影响畜禽生物节律而广泛影响机体代谢，在生产实践中可通过人工光照调整光周期，从而对畜禽生理代谢进行有效的调控。

光照射到哺乳动物眼睛上可引起视网膜兴奋，兴奋通过视神经上传到大脑皮层视觉中枢，视觉中枢通过兴奋下丘脑，直接促进下丘脑分泌促释放激素，同时光线可通过视神经作用于松果体，减少松果体中褪黑激素的释放，转而间接影响下丘脑促释放激素的释放。对于家禽，光照穿过头盖骨通过刺激脑神经（视网膜外或脑感受器）引起下丘脑兴奋，从而引起下丘脑分泌促释放激素。下丘脑分泌的促释放激素直接调节腺垂体分泌与代谢、生长和繁殖相关的激素，如下丘脑分泌的激素主要有：甲状腺激素释放激素（TRH）、促性腺激素释放激素（GnRH）、生长激素释放抑制激素（GHIH）、促肾上腺皮质激素释放激素等，这些激素直接调节腺垂体分泌生长素（GH）、催乳素（PRL）、促黑素（MSH）、促甲状腺激素（TSH）、促肾上腺皮质激素（ACTH）、促卵泡激素（FSH）和促黄体素（LH）。TSH 作用在甲状腺，ACTH 作用在肾上腺皮质，FSH 和 LH 作用于卵巢和睾丸，产生相应的激素如甲状腺激素、肾上腺皮质激素、性激素等，对代谢、生长发育、繁殖和免疫进行广泛的调节。

在建筑设计时，通过窗户设计、建筑朝向设计或人工光照来满足畜禽对光照的需要。开放式或有窗式畜禽车间的光照主要来自太阳光，也有部分来自荧光灯或白炽灯等人工照明光源。无窗式生产车间的光照则全部来自人工光源。太阳光中可见光约占 50%，其余 50% 中大部分为红外线，少量为紫外线。人工照明光源的光谱中红外线占 60%～90%，可见光占 10%～40%，无紫外线。太阳光中的红外线和可见光具有光热效应；紫外线具有较强的生物学效应，即具有杀死细菌、病毒，预防佝偻病的作用，还能增强肌体的免疫力和抗病力，但过量照射紫外线会造成皮炎、角膜炎和结膜炎等。

为使舍内得到适当的光照，畜禽舍必须进行采光控制。

（1）自然采光的控制。

自然采光取决于通过畜禽舍开露部分或窗户透入的太阳直射光和散射光的量，而进入畜禽舍内的光量与窗户面积、入射角、透光角等因素有关。采光设计的任务就是通过合理设计采光窗的位置、形状和面积，保证畜禽舍的自然光照要求，并尽量使照度分布均匀。

① 窗户面积：窗户面积越大，进入舍内的光线就越多。窗户面积的大小，常用采光系数来表示。所谓采光系数，就是指窗户的有效面积（即窗玻璃的总面积，不包括窗框）同舍内地面面积之比（以窗户的有效采光面积为 1 表示），用 $1:X$ 表示，X 为整数。各种畜禽舍的采光系数如表 6-1 所示。

表 6-1　各种畜禽舍采光系数

畜禽舍类型	采光系数	畜禽舍类型	采光系数
乳牛舍	1：12	种猪舍	1：12～1：10
肉牛舍	1：1	肥育猪舍	1：15～1：12
犊牛舍	1：14～1：10	成年羊舍	1：25～1：15

畜禽舍类型	采光系数	畜禽舍类型	采光系数
种公马舍	1:12~1:10	羔羊舍	1:20~1:15
役马舍	1:15	成禽舍	1:12~1:10
母马及幼驹舍	1:10	雏禽舍	1:9~1:7

缩小窗间壁的宽度（即缩小窗户与窗户之间的距离），不仅可以增大窗户的面积，而且可以使舍内的光照比较均匀。将窗户两侧的墙棱修成斜角，使窗洞呈喇叭形，能显著扩大采光面积。

②窗户入射角：即窗户上缘外侧（或屋檐）一点到畜舍地面纵中线所引直线与地面之间的夹角（见图 6-1）。入射角越大，越有利于采光。为了保证舍内得到适宜的光照，入射角一般不应小于 25°。

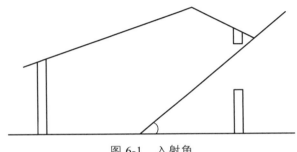

图 6-1　入射角

从防暑和防寒方面考虑，我国大多数地区夏季都不应有直射阳光进入舍内，冬季则希望能照射到畜床上。可以通过合理的畜舍设计来达到上述要求，即当窗户上缘外侧（或屋檐）与窗台内侧所引直线同地面之间的夹角小于当地夏至日的太阳高度角时，就可以防止夏至前后太阳直射光进入舍内；当畜床后缘与窗户上缘（或屋檐）所引直线同地面之间的夹角大于当地冬至日的太阳高度角时，就可使冬至前后太阳光直射在畜床上（见图 6-2）。

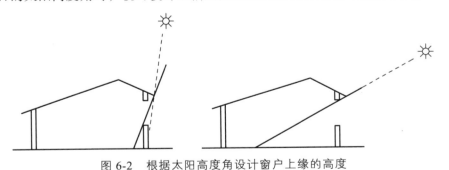

图 6-2　根据太阳高度角设计窗户上缘的高度

太阳高度角：

$$h_。=90°-\varPhi+\delta \tag{6-1}$$

式中，$\varPhi$——当地纬度；

δ——太阳赤纬，赤纬在夏至时为 23°27′，冬至时为 -23°27′。

③窗户透光角：又叫开角，即窗户上缘（或屋檐）外侧和下缘内侧一点向畜舍地面纵中

线所引直线形成的夹角（见图 6-3）。

如果窗外有树或其他建筑物，引向窗户下缘的直线应改为引向大树或建筑物的最高点。透光角越大，越有利于采光。为保证舍内适宜的照度，透光角一般不应小于 5°。因此，从采光效果来看，立式窗户比卧式窗户更有利于采光。但立式窗户散热较多，不利于冬季保温，所以寒冷地区常在畜禽舍南墙上设立式窗户，北墙上设卧式窗户。为了增大透光角，除提高屋檐和窗户上缘高度外，可适当降低窗台高度，并将窗台修成向内倾斜状。但如果窗台过低，又会使阳光直射在家畜头部，对家畜健康不利，特别是马属动物。所以，马舍窗台高度以 1.6 ~ 2.0 m 为宜，其他畜禽舍窗台高度可为 1.2 m 左右。

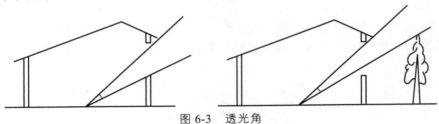

图 6-3　透光角

（2）人工照明控制技术。

人工照明即利用人工光源发出的可见光进行照明，多用于家禽，其他家畜使用较少。要求照射时间和强度足够，且畜禽舍内各处照度均匀。人工照明灯具安装可按下列步骤进行。

① 选择光源。

家畜一般可以看见波长为 400 ~ 700 nm 的光线，所以用白炽灯和荧光灯皆可。荧光灯耗电量比白炽灯少，光线比较柔和，而且在一定温度下（21.0 ~ 26.7 ℃）光照效率较高，不刺激眼睛，但设备投资较高，而且温度太低时不易启亮，因而畜禽舍一般使用白炽灯作光源。鸡舍内安装白炽灯时以 40 ~ 60 W 为宜，不可过大，否则造成能源浪费。

② 计算光源总瓦数。

根据畜禽舍光照标准和 1m² 地面设 1W 光源提供的照度，计算畜禽舍所需光源总瓦数。表 6-2、表 6-3 数据可供参考。

表 6-2　各种畜禽舍人工照明标准

畜　舍	光照时间/h	照度/lx	
		荧光灯	白炽灯
牛舍			
乳牛舍、公牛舍	16 ~ 18		
饲喂处		75	30
休息处或单栏内		50	20
产房			
卫生工作间		75	30
产间		150	
犊牛预防间			100
犊牛间		100	50
犊牛舍		100	50

畜 舍	光照时间/h	照度/lx	
		荧光灯	白炽灯
带犊母牛或保姆牛的单栏		75	30
青年牛舍（单间或群饲栏）	14 ~ 18	50	20
肥育牛舍（单间或群饲栏）	6 ~ 8	50	20
饲喂场或运动场		5	5
挤奶厅、乳品间、洗涤间、化验室		1 500	100
猪舍			
公猪舍、母猪舍、仔猪舍、青年猪舍	14 ~ 18	75	30
瘦肉型肥猪舍	8 ~ 12	50	20
脂用型猪舍	5 ~ 6	50	20
羊舍			
公羊舍、母羊舍、断奶羔羊舍	8 ~ 10	75	30
育肥舍	16 ~ 18	50	20
产房及暖圈		100	50
剪毛站、公羊舍内调教场		200	150
马舍			
种马舍、幼驹舍		75	30
役用马舍		50	20
鸡舍			
育雏舍：0 ~ 3 日龄	23	50	20 ~ 25
4 日龄 ~ 19 周龄	23 渐减至 8 ~ 9		5
成鸡舍	14 ~ 17		10
肉用仔鸡舍	23 或 3 明 1 暗		0 ~ 3 日龄 25，以后为 5 ~ 10
兔舍及皮毛兽舍			
封闭式兔舍、各种皮毛兽笼棚	16 ~ 18	75	50
幼兽棚	16 ~ 18	10	10

表 6-3　每平方米舍内面积设 1W 光源可提供的照度

光源种类	白炽灯	荧光灯	卤钨灯	自镇流高压水银灯
每平方米舍内面积设 1 W 光源可提供的照度（lx）	3.5 ~ 5.0	12.0 ~ 17.0	5.0 ~ 7.0	8.0 ~ 10.0

光源总瓦数＝畜禽舍总面积×畜禽舍适宜照度/1 m² 地面设 1 W 光源提供的照度

③ 确定灯具数量。

灯具理论数量 L_n 为光源总瓦数 W_T 与所选单个灯具瓦数 W_S 之比。

$$L_n = W_T/W_S \qquad (6-2)$$

灯具的行距一般按 3 m 左右布置，或按工作的照明要求布置；各排灯具平行或交叉排列，若交叉排列，灯具数量并非理论值，根据需要设计布置方案后可算出灯具盏数。

④ 安装灯具。

A. 灯的高度：灯的高度直接影响地面的光照度。灯越高，地面所接受的照度就越小，一般灯具的高度为 2.0 ~ 2.4 m。若安装灯罩可适当降低灯的高度，因为灯罩可使光照强度增加 30% ~ 50%，建议有条件的畜禽舍最好安装灯罩。灯罩一般采用伞形或平形，避免使用上部开敞的圆锥形的灯罩，因其反光效果较差。

B. 灯的布置：灯泡与灯泡之间的距离，应为灯高的 1.5 倍。为使舍内照度均匀，应适当降低灯的瓦数，增加灯的盏数；舍内如装设两排以上灯泡，最好交错排列。靠墙的灯泡，同墙的距离应为灯泡间距的一半。灯泡不能用软线吊，以防夜间被风吹动使畜禽受到惊吓。如为笼养，灯泡的布置应使灯光照射到料槽，特别注意最下层笼的光照强度，笼养舍灯泡一般设在两列笼间的过道上方。

为加强人工照明效果，建舍时最好将墙、顶棚等反光面涂成浅颜色；饲养管理过程中要经常擦拭灯泡，避免灰尘减弱光照。

⑤ 灯光控制器。

现代集约化的生产中，灯光控制可节省大部分人力和物力，下面以鸡舍为例介绍灯光控制。灯光控制是养鸡生产中的重要环节，因鸡舍结构、饲养方式不同，其控制方法也不相同，灯光控制器的控制原理、适用范围也不相同。只有根据各场的具体情况合理选用适合本场的灯光控制器，才能在生产中充分发挥它的作用，既科学地补充光照，又减少人工控光的麻烦。现将市场上常见的各类灯光控制器的性能、特点进行分析对比，便于各养鸡场（户）合理选用。

A. 常用的灯光控制器类型。

可编程序定时控制器、微电脑时控开关、全自动渐开渐灭型灯光控制器、全自动速开速灭型灯光控制器。各养鸡场要根据鸡舍的结构与数量、采用的灯具类型和用电功率、饲养方式不同进行合理选用。

B. 灯光控制器的安装。

控制器要安装在干燥、清洁、无腐蚀性气体和无强烈振动的室内，阳光不要直射灯光控制器，以延长其使用寿命。灯光控制器最好不要安装在鸡舍内，实在因条件限制必须安装在鸡舍内，经调试好后在仪器外面套上透明塑料袋，以防潮气和粉尘进入仪器内。有光敏探头的控制器，要将光敏探头安放在窗外或屋檐下固定，感受室外自然光。但光敏探头不能晃动、不能受潮。

C. 灯光控制器的使用。

用户首先仔细阅读使用说明书，调整时钟到北京时间（注意分清 12 h 和 24 h 制）。然后设定定时开灯和关灯时间程序（可设一组或多组），计算机芯片控制的时间，当天可能不开灯（可用手动控制），需第二天开始正常工作。

各养鸡场（户）要由专人来调试，以免多人调试把程序弄乱或光敏调试不当而影响鸡舍的正常光照。在雷雨天最好将电闸拉下，以免发生雷击现象，使灯光控制器被雷击损坏。

D. 灯光控制器的维护。

控制器使用一段时间（2 ~ 3 月）后，要检查电源线的接线情况、时钟显示的时间、定时的程序、光敏的灵敏度、电池的好坏、手动开关的好坏等情况，光敏探头的灰尘一定要擦掉。实际使用中鸡舍灯的总功率最好小于控制器所标定功率的 70%，用铜塑线接线，这样才能有效延长其使用寿命。目前，许多畜牧机械企业研制开发了畜禽舍环境综合控制器，如图 6-4 和图 6-5 所示。

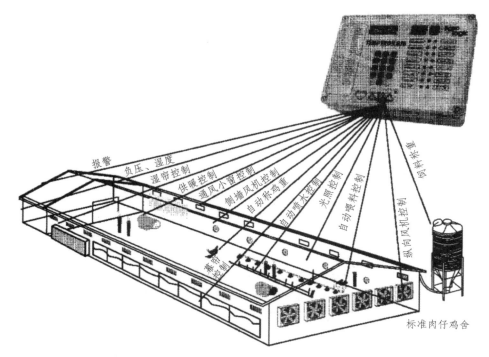

图 6-4　肉仔鸡舍环境综合控制器

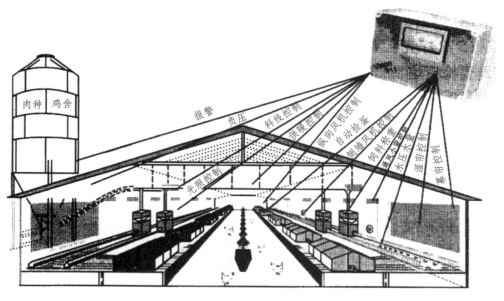

图 6-5　肉种鸡舍环境综合控制器

3. 畜禽舍温度控制

气温是影响畜禽健康和生产力的主要因素，它通常与湿度、气流、辐射等因素共同对畜禽产生综合作用。

畜禽均为恒温动物，维持体温相对稳定是机体维持正常机能活动的必要条件，畜禽通过维持机体产热和散热相对平衡来达到体温相对稳定。环境温度是影响机体产热和散热的重要因素。当环境温度在一定范围内变化时，畜禽依靠物理和行为调节就可以维持体温相对稳定，该温度范围就是等热区。等热区的下限温度称为下限临界温度，当气温低于下限临界温度时，动物的散热增加，物理和行为调节无法使动物保持体温正常，机体必须提高代谢率，增加体内物质分解来提高产热量；等热区的上限温度称为上限临界温度，又称为过高温度，当环境温度高于上限临界温度时，机体通过增加散热来维持体温恒定。当环境温度偏离等热区时，机体必须通过增加产热或增加散热来维持体温恒定，这时候畜禽为了维持体温恒定需要消耗额外的能源，因此，在等热范围内从事畜禽生产是最经济的，等热范围也就是保证畜禽健康和生产效益最大化的环境温度。调整小气候温度、防暑降温就是为了使环境温度尽量控制在等热区范围内。畜舍所在地区、朝向和地形地势等因素都是在畜禽生产车间内环境控制设计时必须要考虑到的。不同类型畜禽舍舍内温度分布特点和要求也各不相同。

（1）封闭式畜禽舍。

封闭式畜禽舍空气中的热量，一部分由舍外空气带来，大部分则产自舍内畜禽体表散发的体热。这些热量使舍内温度大幅度上升。白天家畜多处于活动状态，生产过程也较集中，产生的热量也较多；夜晚则相反，产生的热量就相对较少。冬季，封闭舍内的实际温度状况，主要取决于外围护结构及其保温能力。越接近顶棚空气温度越高，而家畜躺卧的地方，近于地面而温度最低。在没有天棚的情况下，通过屋面散失的热量就更多。夏季，封闭舍内的实际温度状况，主要取决于外围护结构的隔热能力和通风情况。如果外围护结构隔热不良，就会使强烈的太阳辐射直接影响到舍内；如果通风不良，就会使舍内蓄积的热量散不出去，致使舍内温度急剧上升。在同一畜舍内，空气温度分布并不均匀。垂直方向上，一般是天棚和屋顶附近较高，地面附近较低。如果天棚和屋顶保温能力强，通过它们散失的热量就少，舍内空气的垂直温差就小。如果天棚和屋顶保温能力很差，热量很快向上散失，就有可能出现相反的情况，即天棚和屋顶附近温度较低，而地面附近较高。所以，在寒冷的冬季，要求天棚和屋顶与地面附近的温差不应超过 2.5 ~ 3.0 ℃；或每升高 1 m，温差不应超过 0.5 ~ 1.0 ℃。水平方向上，舍温从中部向四周方向递减，中部温度较高，靠墙的地方，特别是墙角一带温度最低。畜禽舍的跨度越大，这种差异越显著。实际差异的大小，取决于墙壁、门、窗的保温能力。保温能力强则差异小；保温能力弱，则差异大。所以，在寒冷的冬季，要求舍内平均气温与墙壁内表面温度的差不超过 3 ℃；当舍内空气潮湿时，此温差不宜超过 1.5 ~ 2.0 ℃。了解舍内空气温度的分布，对于设置通风管、安置家畜等具有重要意义。

（2）敞棚式畜禽舍。

棚舍可隔绝太阳的直接照射，白天气温低于露天，夜晚与露天相同。这表明，敞棚在减弱太阳辐射的影响方面有着显著效果，在炎热季节和炎热地区具有良好的防暑作用。而冬季只能遮挡雨雪，棚内得不到太阳辐射热，四周又完全敞开，防寒能力极低，会使畜禽受冻。

（3）开放式和半开放式畜禽舍。

舍内空气的流动性仍然很大，气温随舍外气温的升降而变化，同舍外没有多大差异，冬季饲养家畜的效果很差，与敞棚舍相比，冬季可以减弱寒流的侵袭，防寒能力强些。各种畜禽舍标准温度可参考表 6-4。

表 6-4 各种畜禽舍的标准温度

畜禽舍	温度/℃	畜禽舍	温度/℃
成年乳牛舍,1岁以上青年牛舍		空怀妊娠前期母猪舍	15 (14~16)
拴系或散放饲养	10 (8~10)	公猪舍	15 (14~16)
散放厚垫料饲养	6 (5~8)	妊娠后期母猪舍	18 (16~20)
牛产间	16 (14~18)	哺乳母猪舍	18 (16~18)
		哺乳仔猪舍	30~32
犊牛舍		后备猪舍	16 (15~18)
20~60日龄	17 (16~18)	育肥猪舍	
60~120日龄	15 (12~18)	断奶仔猪	22 (20~24)
4~12月龄牛舍	12 (8~16)	165日龄前	16 (12~18)
1岁以上小公牛及小母牛舍	12 (8~16)	165日龄后	16 (12~18)
公羊舍,母羊舍,断奶后及去势后的小羊舍	5 (3~6)	成年禽舍:	
羊产间	15 (12~15)	鸡舍:笼养	18~20
		地面平养	12~16
公羊舍内的采精间	15 (13~17)	火鸡舍	2~16
兔舍	14~20	鸭舍	7~14
马舍	7~20	鹅舍	10~15
马驹舍	24~27	鹌鹑舍	20~22
		雏鸡舍:	20~31
		1~30日龄:笼养	24~31
		地面平养	(伞下22~35)
雏火鸡舍		31~60日龄:笼养	18~20
1~20日龄:笼养	35~37	地面平养	16~18
地面平养	22~27(伞下22~35)	61~70日龄:笼养	16~18
		地面平养	14~16
		71~150日龄	14~16
			14~16
雏鸭舍	温度/℃	雏鹅舍:	
1~10日龄:笼养	22~31	1~30日龄:笼养	20
地面平养	20~22(伞下26~35)	地面平养	20~22
11~30日龄	18~20(伞下22~26)	31~65日龄	(伞下30)
31~55日龄	14~16	66~240日龄	18~20

4. 畜禽舍湿度控制

湿度是空气中水汽含量与该温度下饱和水汽量之比,表示空气中水蒸气的饱和程度,即干燥程度。湿度过高或过低对畜禽的生长发育及生产性能均有较大影响。同样环境温度下，湿度不同，体感温度也不一样。在等热区范围内湿度对畜禽的影响是不明显的，但是湿度与极端温度组合在一起形成高温高湿或低温高湿，则会对畜禽养殖的影响很大，这种危害表现出叠加效应。在极端温度下，湿度对机体的影响随着湿度的增加，损伤的叠加效应也相应增加。高温高湿或低温高湿对机体的影响表现在直接效应或间接效应上，其中，高温高湿相对于低温高湿危害更大，其不仅直接影响机体体温调节代谢，而且通过加剧病原微生物繁衍和饲料霉变等间接影响畜禽健康。

畜禽舍的相对湿度是由舍内的水汽量决定的，舍内水汽的来源主要是家畜本身，畜体呼吸过程中排出大量水汽，约占畜舍水汽量的 75%；其次是潮湿的地面、垫料和墙壁所蒸发的水分约占 20% ~ 25%；再者是舍外进入舍内的大气本身含有的水汽，约占 10% ~ 15%。封闭式畜禽舍中空气水汽含量常比大气高出很多，而敞棚式、开放式和半开式畜禽舍因空气流通量大，舍内空气湿度与舍外没有显著差异。

畜禽舍内空气的湿度范围和空气温度一样要按各地区条件及家畜种类、品种、年龄等来确定，目前尚无统一标准。一般按动物的生理机能来说，50% ~ 70% 的相对湿度是比较适宜的，最高不超过 75%。奶牛舍因用水量大，标准可放宽些，但不应超过 85%。各种畜禽舍的最高限度：成年牛舍、育成牛舍为 85%；犊牛舍、分娩室、公牛舍为 75%；马厩为 80%；成年猪舍、后备猪舍为 65% ~ 70%；肥猪舍、混合猪舍为 75% ~ 80%；绵羊圈为 80%；产羔间为 75%；鸡舍为 70%。畜舍空气湿度大，无论是在气温高或气温低的情况下，对畜体都有不良影响。生产中应特别注意对畜禽舍高湿度采取控制措施。

5. 畜禽舍内气流控制

（1）舍内气流对畜禽养殖的影响。

畜舍内气流称为风，风是流动的空气。气流对畜禽的影响主要是体现在机体体温调节影响方面。在夏季，气流有利于蒸发散热和对流散热，因而对畜禽的健康与生产力具有良好的作用。而在冬季，气流增大能显著提高散热量，加剧寒冷对畜禽有机体的不良作用，同时气流能使家畜能量消耗增加，生产力下降。

对畜禽有利的风称为和风或善风。致病的是反常的邪风、贼风、恶风，被中兽医称为"六邪之首"。风邪侵袭畜体引起病症，多见于冬、春季节。大风天气会使畜禽的抵抗力下降，而使其容易发生呼吸道疾病，大风天气过后，畜禽呼吸道疾病增多。此外，某些病毒和细菌是靠空气的流动而传播的，如口蹄疫病毒、禽流感病毒等，空气的流动可将病毒从一个地区传播到另一个地区，从而导致该地区的畜禽发病。

一般来说，冬季畜体周围气流速度以 0.1 ~ 0.2 m/s 为宜，最高不超过 0.25 m/s，以有利于污浊空气排出。要求引入舍内的空气均匀地散布到畜舍的各个部位，防止强弱不均和出现死角；同时还要避免直接吹向畜栏，使畜体受冷，发生感冒、肺炎等疾病；夏季应尽量提高舍内空气流动速度，加大通风量，必要时辅以机械通风。

（2）畜禽舍通风设计。

通风是调节畜舍环境条件的有效手段，通过畜舍设计和安装设施人为影响畜舍气流大小和方向。畜舍通风的作用主要表现在三个方面，即输入新鲜空气、移除畜舍内有害气体与水蒸气、调节畜舍内温度和湿度。

通风不良，尤其在冬季全封闭式的畜舍，氨气等大量有害气体蓄积，会诱发呼吸道疾病，降低食欲，影响生产性能。但是，通风速度太快，会迅速带走大量热气，使畜舍内温度急剧下降，造成很大的应激，也不利于畜禽健康。因此，应注意调节风速，以改善畜舍空气品质。猪舍理想的通风量见表6-5。蛋鸡每千克体重的通风量如表6-6所示。

表6-5　猪舍理想通风量　[m³/（h·只）]

	体重/kg	冬季（<10 ℃）	春秋季（10～25 ℃）	夏季（>25 ℃）
离乳猪	5～14	3.4	17	43
保育猪	14～34	5	51	60
生长猪	34～68	12	41	128
肥育猪	68～100	17	60	204
怀孕母猪	>100	20	68	255
泌乳母猪	180	34	136	850
种公猪	180	24	85	510

表6-6　不同温度蛋鸡每千克体重的通风量

温度/℃	5	10	15	20	25	30	35
通风量[m³/（h·只）]	1.8	2.3	2.7	3.1	3.5	3.9	4.3

① 机械通风。

机械通风分为正压通风、负压通风和混合式通风（见图 6-6）。正压通风一般用离心式风机通过管道将空气压入舍内，造成舍内气压高于舍外，舍内空气则由排风口自然流出。正压通风可对空气进行加热、降温或净化处理，但不易消灭通风死角，设备投资也较大。负压通风一般用轴流式风机将舍内空气排出舍外，造成舍内气压低于舍外，舍外空气由进风口自然流入。负压通风投资少，效率高，但要求畜舍封闭程度好，否则气流难以分布均匀，易造成贼风。混合式通风则是进风和排风均使用风机，一般用于跨度很大的畜舍。

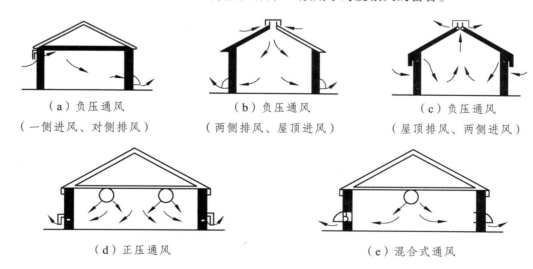

（a）负压通风
（一侧进风、对侧排风）

（b）负压通风
（两侧排风、屋顶进风）

（c）负压通风
（屋顶排风、两侧进风）

（d）正压通风

（e）混合式通风

图6-6　机械通风的主要形式

② 自然通风。

畜禽舍的自然通风是指不需要机械设备，而借助于自然界的风压或热压，产生空气流动。风压指大气流动时，作用于建筑物表面的压力，迎风面形成正压，背风面形成负压，气流由正压区的开口进入，由负压区的开口排出；热压是指当舍内不同部位的空气因温热不均时，受热变轻的热空气上浮，浮至顶棚或屋顶处形成高压区，而畜舍下部空气由于不断变热上升，空气稀薄，形成低压区，此时，如果畜舍上部有空隙，热空气就会由此逸出舍外，而冷空气自下部进入舍内。如果不能满足夏季通风要求，则需增设地窗、天窗、通风屋脊、屋顶风管等（见图 6-7），以加大夏季通风量。在靠近地面设置地窗作为进风口，可使畜舍热压中性面下移，从而增大排风口（采光窗）的面积，有利于增加热压通风量；此外，舍外有风时，还可形成靠近地面的"穿堂风"和"扫地风"，对夏季防暑降温更为有利。地窗一般设置在南北墙采光窗下，按采光窗面积的 70%设计。如果设置地窗后仍不能满足夏季通风要求，则应在屋顶设置天窗、通风屋脊。天窗可通长或间断设置，通风屋脊一般沿屋脊通长设置，宽度 0.3 ~ 0.5 m。

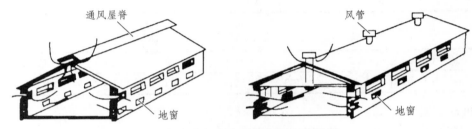

图 6-7 地窗、通风屋脊和屋顶风管

6.2.3 畜禽养殖业的环境污染及防治

随着畜禽养殖业的不断发展，特别是畜禽养殖业的集约化程度越来越高，由于畜禽粪便及其他废弃物对环境造成的污染越来越严重，从而威胁到人类的健康，对畜禽业本身的发展也起一定的制约作用，严重影响了畜禽业的可持续发展。

1. 畜禽养殖业的环境污染

（1）畜禽粪尿污染。

畜禽粪便中的污染物中含有大量的病原微生物、寄生虫卵以及滋生的蚊蝇，畜禽的大量粪尿排泄物，会使环境中病原种类增多、菌量增大，出现病原菌和寄生虫的大量繁殖，给环境卫生带来了很大的威胁。据分析，畜牧场所在地排放的每毫升污水中平均含33万个大肠杆菌和69万个肠球菌。在这样的环境中仔猪（鸡）成活率低、育肥猪增重慢、蛋鸡产蛋少、料肉（蛋）比增高，阻碍了畜牧养殖业的发展。尤其是人畜共患病时，会发生疫情，给人畜带来灾难性危害。畜禽粪便污染的地下水也会对人类健康造成危害。畜禽粪便使得饮用水源（无论是地表水还是地下水）状况恶化，特别是硝酸盐的增加，而硝酸盐能被转化成致癌物。

（2）畜禽场的废弃物。

来自畜禽场的废弃物包括洗刷用具，场地消毒、饮用后的污水，死亡畜禽的尸体，孵化场的废弃物，畜产品加工的污水及废弃物。

（3）臭气。

由于对粪便没有进行有效处理，相当部分养殖场散发出非常难闻的气味。畜禽场产生的臭气中含有大量的氨、硫化物以及甲烷等有毒、有害成分，会严重影响周围的空气质量。据研究，奶牛、猪和鸡饲料中70%左右的氨被排泄出来，肉鸡饲料中50%的氨变成了粪便。在高温下，这些粪便发酵以及含硫蛋白分解会产生大量氨气和 H_2S 等臭味气体；另外，畜禽粪便中含有的 H_2S、氨等有害气体，若未及时清除或处理，会产生氨、甲基硫醇以及硫化氧等恶臭气体，造成空气中含氧量相对下降，污浊度升高，降低空气质量。若有大量且长期高浓度臭气存在，就会严重地污染周围居民的生活环境，影响人类身体健康。

（4）水质污染。

畜牧场和加工厂的污水中含有大量的污染物质，其污水的生化指标极高。高浓度的畜禽有机污水排入江河湖泊中，将会造成水质不断恶化，而畜禽污水中的高浓度氮、磷是造成水体富营养化的重要原因。畜禽粪便污染物不仅污染了地表水，其有毒、有害成分还易进入到地下水中，严重污染地下水，使地下水溶解氧含量减少，水质中有毒成分增多，严重时使水体发黑、变臭，失去使用价值。畜禽粪便一旦污染了地下水，极难治理恢复，将造成较持久性的污染，同时，也影响了畜禽养殖业的可持续发展。

2. 环境污染给养殖业带来的负面影响

（1）引起畜禽发病。

一方面畜禽通过饮水，将有细菌、病毒、寄生虫的污染水质吸收到体内，可能引起畜禽发病；另一方面畜禽通过采食残留有农药的饲料，也可能引起畜禽发病。近年来，禽流感在世界各地频繁发生，先后袭击了印度尼西亚、韩国、中国等亚洲数个国家和地区。为了尽快有效控制疫情扩大，几乎在所有发现疫情的国家和地区，比较普遍采用的方法就是从切断传染源着手，进行大面积捕杀及对病禽进行焚烧处理，但最终疫情控制的效果并不理想，给整个畜禽养殖业造成巨大经济损失。

（2）影响畜禽产品质量及人类健康。

① 疫病问题。

动物疫病可以使畜禽产品携带可感染人的细菌、病毒或寄生虫，这些都能引起人的发病。

② 药物残留问题。

如果养殖场长期或超标使用兽药，都有可能导致兽药残留在畜禽产品中，如果进入流通系统，会严重影响人体健康。

③ 人畜共患病问题。

由于禽流感病毒变异性很强，如果经过变异，出现跨物种传播，成为人类易感病毒，并在人相互间可以传播，则将使人类健康面临严重挑战。还有口蹄疫、新城疫、马立克氏病、鸡痘、传染性支气管炎、传染性喉气管炎、疯牛病、炭疽病、狂犬病以及 SARS（重症急性呼吸综合征）等，严重威胁人类的健康和生命安全。

3. 畜禽养殖业环境污染的防治

（1）合理规划畜禽养殖场地。

一是要考虑到场地不要污染周围环境；另一方面也要考虑环境对畜禽场地的污染。场址的选择应与当地自然资源条件、气象因素、农田基本建设、交通规划、社会环境等相结合。

　　畜禽场地建在地势平坦干燥、背风向阳、排水良好、场地水源充足、水质良好、环境幽静、人口稀少的地方，可保证畜禽健康，利于畜禽生产性能的正常发挥。场地附近不应有有毒、有污染危险的工厂，因为这些工厂排放的污水污物中，含有大量有毒物质。在农、林、牧结合的情况下要考虑畜禽养殖场的规模数量、粪尿及污水排放和良性循环的利用情况。畜禽场要建在没有发生过任何传染病和便于防疫的地方，防止隐患发生，并远离学校、公共场所、居民住宅区，以防污物对周围人群造成危害。

　　（2）加强畜禽排泄物污染的控制。

　　① 生物和生态净化技术。

　　通过生物手段净化粪便及污水，主要是利用厌氧发酵原理，将污物处理为沼气和有机肥。常规的污水处理方法是沉淀、过滤和消毒。

　　② 粪便的再利用技术。

　　粪便的再利用，减少了粪便污染，收到废物资源化的效果。如目前研究的生物有机肥项目，利用养殖场的畜禽粪便生产有机肥，不仅解决了养殖场污染及养殖安全问题，极大地改善了广大从业者的生活及工作环境，也成为养殖场一个新的经济增长点。

　　③ 大力发展生态型畜牧养殖业。

　　"种、养、加、能源一体化"的产业模式，形成一种生态良性循环。以引导有机、绿色农副产品消费为手段，推进郊区种植业和养殖业合理布局，逐步建立和完善农业产业结构的可持续循环生态链。以建设有机肥加工中心为纽带，带动养殖业粪便综合治理和耕地土壤肥力的提高；按照"治理专业化、服务物业化、运作产业化、管理法制化"的原则，探索产业化治污、资源化利用的新技术，改善环境质量。

　　（3）合理调整畜禽养殖布局、控制畜禽养殖规模。

　　畜禽养殖业合理的空间布局、科学的种类结构、稳定的生产能力、与环境和谐的生态关系，是现代化农业发展循环经济、实现可持续发展的客观要求。

　　① 宏观调控畜禽养殖区域与养殖规模。

　　工业发展速度快、人口密度高、可耕地面积少的沿海经济发达地区，其土地对畜禽粪尿的环境承载力已达到过饱和状态，因此，从国家的战略上合理调控这些地区的畜禽养殖规模与企业数量是当务之急。将一部分规模化畜禽养殖场向中、西部转移，不仅可以促进中、西部地区的经济发展，也是充分利用畜禽粪便资源的有效途径。

　　② 合理调整畜禽养殖布局。

　　在重点城市郊区畜禽养殖划分禁止养殖区、控制养殖区和适度养殖区。并通过关闭和搬迁，逐步调整不合理的布局，建立与重点城市环境相协调的生态畜禽养殖格局。

6.3　塑料暖棚饲养畜禽控制技术与装备

6.3.1　塑料暖棚饲养畜禽概述

　　我国寒冷季节特别不适应畜禽的生长，尤其是北方地区寒冷季节可长达 5~6 个月，最低气温可达-40 ℃。就饲养畜禽来说，绝大多数农民还是利用敞圈，生产管理差，养猪增重慢，蛋鸡停止产蛋，牛、羊掉膘，母畜繁殖率和仔畜成活率都很低，仅少数畜牧场、专业大户具备封闭式舍。辽宁省从 1980 年在少数地区试验塑膜棚饲养家禽获得成功后，扩大推广区，1987年正式立项向全省推广。经过多年努力，塑膜暖棚饲养畜禽经历了由少到多、由少数品种到多个品种，并已向标准化、规范化方向发展，成为辽宁省尤其是铁岭市冬季养殖畜禽的重要方式，收到了极大的社会与经济效益。

6.3.2 塑料暖棚饲养畜禽内环境控制与装备

塑膜暖棚饲养畜禽技术的核心是：用相对较少的投入，按照科学方法兴建塑膜暖棚，将温度、光照、湿度和有害气体等因素控制在适当的范围内，为畜禽的生长、发育和繁殖创造一个适宜的环境条件，为其他各项技术的应用和使畜禽发挥出较高的生产性能奠定基础。塑膜暖棚利用了以下基本原理：

（1）充分利用太阳能为畜禽舍提供光源和重要热源。

塑料薄膜对各种太阳光的透光率都比较高。50%的紫外线、70%～85%的可见光和40%的红外线，均可穿过塑膜进入畜禽舍内。这部分光完全可以满足家畜禽生长对光照条件的需求，但在特殊时期繁殖畜禽（如产蛋高峰期的蛋鸡）还需人工补充光照。冬季每平方厘米的地表面每天可获得的太阳能为 1 356 J，100 m² 的地表面每天可获得的太阳能数量为 1.356×10^9 J。聚乙烯和聚氯乙烯等薄膜对太阳辐射热的透光率可达到 70%～80%。透过塑膜进入暖棚的太阳能，是塑膜暖棚畜禽舍的主要热能来源。

（2）限制长波红外线辐射，保存棚舍内的热能。

畜禽舍的地面及外围护结构吸收太阳能后，要以长波红外线的形式向周围散发。畜禽舍内的畜禽也以长波红外线的形式向外散发热能。体重 100 kg 的肥育猪每小时可产生可感热 967 kJ，体重为 600 kg 的肥育牛每小时可产生可感热 3 759 kJ，体重为 60 kg 的空怀母羊每小时可产生可感热 561 千焦，体重为 1.5～1.7 kg 的蛋鸡每小时可产生可感热 28.5 kJ，体重为 1.8 kg 的肉仔鸡每小时可产生可感热 28 kJ。如果饲养畜禽数量较多，密度适宜，这部分热能是非常可观的。塑料薄膜对畜禽舍地面、外围护结构和畜禽等这类低温物体散发出的长波红外线的透过率很低。如聚氯乙烯薄膜对长波红外线的透过率只有 10%，这是塑膜暖棚畜禽舍温度明显高于敞圈的重要原因之一。在一昼夜当中，塑膜暖棚畜禽舍的热能收支情况是不断变化的。白天，太阳能对暖棚舍的温度变化起主导作用；夜晚，畜禽舍地面、外围护结构散热和畜禽自身散热对舍内温度变化起主导作用。与建筑面积相同、畜舍结构和采光面积都相同的敞圈相比较，塑膜暖棚白天获得的热能少于敞圈，同时散失热量少得多；塑膜暖棚夜晚的温度呈逐渐下降趋势，而敞圈温度则急剧下降。

（3）利用塑料膜封闭性好，可以减缓舍内寒冷气流对畜禽的影响。

塑料膜透气性差，封闭性能好，利用塑料棚饲养畜禽可减少舍风速。据沈阳农业大学测试，塑料棚猪舍内的旬平均风速为 0.16 m/s，达到了猪舍卫生标准（0.1～0.2 m/s）的要求，而在同一时间敞圈内的旬平均风速为 2.2 m/s，可见在塑料棚内，畜禽的对流散热量减少，控制或减缓了寒冷气流对家畜的不良影响，降低了畜禽的维持需要。

（4）能控制塑膜暖棚畜禽舍内水汽和有害气体。

在塑膜暖棚畜禽舍中最难控制的就是室内的湿度和有害气体：水汽主要来源于畜禽呼吸

过程中产生的水汽、排出粪尿蒸发而产生的水汽和饮水方式及料型不当而产生的水汽；有害气体主要来源于畜禽呼吸和粪尿。控制塑膜暖棚畜禽舍内水汽和有害气体应从两方面入手：一方面是减少产生有害气体和水汽的原因，如改粥样料为生干料或生湿料型、改水槽给水为饮水器供水、及时清理畜禽粪尿，等等；另一方面是用通风换气消除暖棚内多余的水汽及有害气体。通风换气主要分为机械通风和自然通风。饲养规模较大的集约化养殖场可采用机械通风；饲养规模较小的农户或专业户，可根据热压通风或风压通风原理进行自然通风。热压换气原理就是指塑料棚舍内温度高，与棚外温差又较大，使变轻的热空气聚集在棚顶附近，当把设在棚顶部的排气口和设在圈门处的进气口打开时，热空气（污染空气）由排气口排出，新鲜空气由进气口进入。这样不仅可以达到通风换气的目的，还可有效地调节舍内温度，降低舍内有害气体的含量。

思考题

（1）何谓畜禽环境？包括哪些因素？

（2）畜禽舍内环境控制应从哪些方面着手？

（3）如何控制畜禽舍内采光？

（4）如何控制封闭式畜禽舍内温度？

（5）畜禽舍湿度控制的作用是什么？

（6）如何进行畜禽舍内气流控制？

（7）如何减小畜禽养殖业环境污染？

（8）应从哪些方面控制塑料暖棚饲养畜禽内环境？

智慧渔业控制技术与装备

渔业是指捕捞与养殖鱼类和其他水生动物及海藻类等水生植物以取得水产品的社会生产部门。智慧渔业是 20 世纪中期发展起来的集约化高密度养殖业，它集现代工程、机电、生物、环保、饲料科学等多学科为一体，运用各种最新科技手段，在陆上或海上营造出适合鱼类生长繁育的良好水体与环境条件，把养鱼置于人工控制状态，以科学的精养技术实现鱼类全年的稳产、高产。

渔业装备与工程技术是渔业实现高效生产的重要保障。我国渔业发展要实现增长方式的转变，实现高效生产的目标，不仅要依靠生物生产技术，还必须有控制与装备技术。控制与装备工程技术是现代渔业科技不可或缺的重要组成部分，从某种意义上讲，渔业科技的进步就是渔业生产实现机械化、自动化的过程。

智慧渔业的产业形式主要有池塘、网箱及工厂化循环水养殖等，其研究对象是指在现代渔业生产发展中起着重要作用的渔业机械、仪器、渔船、渔业设施，以及以这些装备为主要内容的渔业工程。近年来随着养殖环境的恶化和适养区域的减少，传统养殖方式如池塘养殖和近岸网箱养殖，存在着占地面积大、适合养殖的地域有限、污染环境、易受地理气候条件影响、容易因自然灾害造成减产等劣势，其越来越严重的环境问题和产品安全性问题，难以实现可持续性发展。而养殖环境好的深水网箱及养殖环境可控、排污少的工厂化循环水养殖将成为未来养殖业的发展趋势。

7.1 水产养殖调控需求

7.1.1 水环境调控需求

随着我国水产养殖业的迅猛发展，养殖方式由粗养转变为集约化高密度养殖。随着产量的增加，经济效益不断增加，同时也带来了一定的负面影响，如水质污染、水体富营养化频频发生，从而导致鱼类病害不断发生。因此，水质调控作为水产养殖的常规技术也越来越引起人们的重视。水环境控制不好，极易造成有机物、有毒有害物质的大量富集，最终导致养殖动物的质量和产量下降。要做好水质调控，必须了解水环境参数，主要有 pH、溶解氧、氨氮、亚硝酸盐等，调控好这些参数是获得较大经济利益的关键。

在水产养殖，水质调控是不可缺少的环节，其对于促进水体的优质性有巨大帮助。水质的优劣直接关系到水生动物的生长状态，为水产养殖提供了环境依据，能消耗水产对象的排泄物。在进行水质调控中，需要做好三项因素的调控，即化学因子、物理因子和生物因子。

水质化学因子的调控方式要根据水产养殖的生物种类来决定，不同生物种类的调控方式有所不同。在水质化学检测中，主要化学因子是 pH，偏酸或偏碱都会影响水产养殖的效果，严重时会导致生物死亡。此外，氧气溶解量和盐类溶解量也是重要的影响因素。物理因子是水温、透明度、水体颜色等。调控物理因子时，要根据水产养殖水质的表现状态进行，以提升水质和提高水产生物的生存力为目标。生物因子是指与水产养殖生物相关的因素，如排泄物、鱼卵等，可以通过调控生物因子来影响水质，并降低死亡率。

7.1.2 喂饲调控需求

由于水产养殖自身的生态结构和养殖方式的缺陷使得大部分养殖存在着许多环境问题，特别是很多商业化水产养殖的发展会涉及扩大养殖区域、使用更高密度的水产养殖装置和使用来自临近区域之外的饲料等问题。随着更高集约化生产方式的发展，还出现了引进外来物种、使用廉价的低值饲料原料以及在一些系统内使用违禁化学品控制或处理病害等问题，这些都可能导致生态环境的恶化、对水域生物多样性的破坏和引起水域生态系统结构的变化等一系列问题。

精确投喂技术可以有效地提高饲料利用效率，降低废物排放。投喂系统参数通常包括投喂量、投喂时间、投喂节律与投喂频率等，还包括饲料种类、投喂地点与投饵机分布等。通过合理投喂，生产 1 t 异育银鲫可减少 0.86 t 饲料投入，降低 31 kg 氨氮排放。养殖 1 t 长吻鮠可节约 0.27 t 饲料，可以节约饲料成本 2 160 元，提高饲料转化效率 27.6%，同时可以减少 21.7 kg 氨氮排放和 7 kg 磷排放。

7.2 工厂化养殖控制技术与装备

7.2.1 概 述

工厂化循环水养殖又被称为：陆基工厂化养殖、工厂化养殖、工业化养鱼等。一般是指集中了相当多的设施、设备，拥有多种技术手段，使水产品处于一个相对被控制的生活环境中，处在较高强度的生产状态下，具有生产效率高、占地面积少的特点。而国外一般称为循环水养殖（Recirculating Aquaculture），其主要特征是水体的循环利用，它不同于普通的工厂化养殖，其综合运用机械、电子、化学、自动化信息技术等先进技术和工业化手段，控制养殖生物的生活环境，进行科学管理，从而摆脱土地和水等自然资源条件限制，是一种高密度、高单产、高投入、高效益的养殖方式。

工厂化循环水养殖的实质是养殖生产的工业化，生产过程可控，可以跨季节养殖，产品像工业品一样可以有计划地均衡上市。其特点：一是用水量少，可利用较低质水源，对水资源要求较低；二是占地少，对土地资源的要求低；三是养殖密度高，单位耗水产量大；四是易于控制生长环境，鱼类（以及其他养殖种类）生长速度快，生长周期短；五是饲料利用率高；六是水循环使用，利用系数高；七是排放的废水废物少，能集中处理，对环境无压力或很小；八是不受外界气候的影响，可实现常年生产。

工厂化循环水养殖方式正以其环境友好、节能节水等优势，逐步被人们所接受和越来越多地被应用到生产实践中去。工厂化循环水养殖系统可以提供可控的环境，系统的大小不受环境条件限制，可以控制养殖水产品的生长速度，甚至可以预计产量。与传统养殖方式相比，循环水养殖生产方式每单位产量可以节约 90%～99% 的水消耗和 99% 的土地占用，并几乎不污染环境。因此，工厂化循环水养殖是未来养殖生产方式的一个主要发展方向。

7.2.2　工厂化循环水养殖系统模式

工厂化循环水养殖系统模式是通过使用各种各样的水处理设备来获得良好的水质，通过各种自动化设施来减少人员劳动强度，通过高精度的水质监控系统来实时反馈系统运行状态。它集现代装备技术、水处理技术、水质调节与控制技术和水产养殖技术于一体，将水产养殖变成标准的工业化流程。其典型工艺和装备是以物理过滤结合生物过滤为主体，对养殖水体进行深度净化，并集成了水质自动监控系统，实时监测并调控养殖水体质量且可追溯。图 7-1 是一套简洁有效的工厂化循环水养殖系统工艺流程：鱼池出水自流进入微滤机池，去除残饵和鱼粪等颗粒直径大于 60 μm 的固体悬浮物质，经水泵提升进入生物滤器，一方面截流微小的颗粒悬浮物，另一方面对水体中的氨氮进行降解，净化后的水流回鱼池。并联旁路是在水体需要杀菌、调温或水体有混浊趋势的情况下启动，对水体进行杀菌和调温。

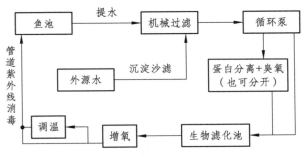

图 7-1　工厂化循环水养殖系统工艺流程

在欧洲，当前绝大多数养殖企业的苗种孵化和育成均采用循环水工艺，高密度封闭循环水养殖被列入一个新型的、发展迅速的、技术复杂的行业，通过采用先进的水处理技术与生物工程，其最高单产可达 100 kg/m³，封闭循环水养殖已普及到鱼、虾、贝、藻、软体动物的养殖。例如，鱼类苗种的孵化、幼苗培育和商品鱼养成多在不同的循环水系统中进行。

图 7-2 是法国国家海洋开发研究院鱼类养殖研究中心的封闭循环水系统的主要组成部分，它也代表了欧洲经典的封闭循环水处理工艺。整个系统的主要特点如下：

1. 采用降低水处理系统水力负荷的快速排污技术

为了防止生物滤器堵塞及大颗粒悬浮物破碎成超细悬浮物，系统采用养殖池自动排污装置、残饵捕集器及机械过滤器三个水处理装置，使养殖废水一流出养殖池，就将悬浮颗粒物通过沉淀、过滤等方式得以去除，降低其他水处理设备的负荷。

2. 普遍采用提高单位产量和改善水质的纯氧增氧技术

近年来，法国、西班牙、丹麦、德国等一些国家成功设计和建造了使用液氧向养殖池和生物过滤器增氧的养殖设备，大大提高了单位水面的鱼产量。研制了制氧装置，可在鱼类养殖场直接生产纯度为 85%～95% 的富氧。

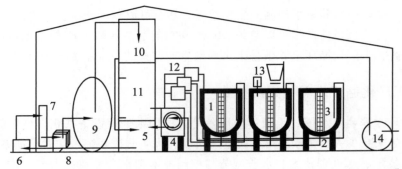

1—养殖池；2—自动排污装置；3—残饵粪便捕集器；4—机械过滤器；5—蓄水池；6—水泵；7—紫外线消毒器；
8—热交换器；9—生物滤器；10—CO$_2$去除装置；11—高位水池；12—液态氧投加装置；
13—自动投饵机；14—新鲜海水过滤器。

图 7-2　封闭循环水养殖系统的主要组成结构

3. 采用日趋先进的养殖环境监控技术

目前较先进的封闭循环水养殖场均采用了自动化监控装备，通过收集和分析有关养殖水质和环境参数数据，如溶解氧（DO）、pH、温度（T）、总氨氮（TAN）、水位、流速、光照周期等，结合相应的报警和应急处理系统，对水质和养殖环境进行有效的实时监控，使封闭循环水养殖水质和环境稳定可靠。有的养殖场还采用计算机图像处理系统监控养殖生物，通过获取鱼的进食、游速、体色等情况，利用专家系统自动调整最佳饲料投放量，以获得最佳转化率。

4. 生物滤器的稳定运行管理技术

生物滤器主要用于去除养殖水中的水溶性有害物（有机物和氨氮），它是所有（海水、淡水）封闭循环水处理系统成功运行的关键，同时生物滤器也是封闭循环水处理系统投资和能耗最大的水处理单元。

5. 养殖废水的资源化利用与无公害排放技术

养殖污水处理是封闭循环水养殖技术发展中的一个重要课题。法国科学家设计了利用大型藻类净化养殖废水的系统，经净化后的养殖废水再回用至养殖池。丹麦采用在养殖池之间设生物净化器的方式，将养殖污水进行处理后再排放，同时，封闭循环水养殖技术先进的发达国家也根据各自的水处理技术特点开发出一些体积小、成本低、处理污水能力强的新型养殖污水处理设备。

7.2.3　工厂化养殖的基础设施

1. 养殖车间

工厂化养鱼车间多为双跨、多跨单层结构，跨距一般为 9～15 m，砖混墙体，屋顶断面为三角形或拱形。屋顶为钢架、木架或钢木混合架，顶面多采用避光材料，如深色玻璃钢瓦、石棉瓦或木板等，设采光透明带或窗户采光，室内照明度以晴天中午不超过 1 000 lx 为宜。

2. 养殖池

养殖池多为混凝土、砖混或玻璃钢结构。底面积一般为 30～100 m^2。如养殖池面积过大，水体不容易均匀交换，投撒的饵料不能均匀分布水面，容易造成池鱼摄食不均。同时，大池周转不便，灵活性较小。如韩国虾蝶类养殖池多为 8 m×8 m，中国多为 6 m×6 m，鱼池水深一般不超过 1 m。若养殖游动性较强的鱼类，如黑裙、美国红鱼等，可适当增加鱼池高度（大于 1.5 m），以免使鱼跃出池外。鱼池的形状有长方形、正方形、圆形、八角形、长椭圆形等。长方形池具有地面利用率高、结构简单、施工方便等优点，以前多被国内外厂家采用；圆形池用水量少、中央积污、排污、无死角，鱼和饵料在池内分布均匀，生产效益较长方形池好，但是对地面利用率不高；目前较为流行的为八角形池，它兼有长方形池和圆形池的优点，结构合理，池底呈锅底形，由池边向池中央逐渐倾斜，坡度为 3%～10%，鱼池中央为排水口，其上安装多孔排水管，利用池外溢流管控制水位高度，进水管 2～4 条，沿池周切向进水，使池水产生切向流动而旋转起来，将残饵、粪便等污物旋至中央排水管排出，各池污水通过排水沟流出养鱼车间。

鱼池形状和水质处理是工业化养殖系统中最重要的两个因素。由于工厂化养殖过程中 91% 的粪便和 98% 的未食饲料会集中于池底部，不同的鱼饲料产生的固体颗粒其沉降速度不同，细小和松散的微粒只能以 0.01 cm/s 的速度沉降，使得固体颗粒不能有效地集中在池底排污口位置。而应用当前国外最常用的双通道排水排污设计，可大大增加从底部排出污物的速度，黏稠的和未受扰动的粪便能很好地沉淀，速度为 2～5 cm/s，这就很好地解决了养殖池中固体颗粒沉积的问题。

3. 双通道排水排污装置

采用双通道排水排污装置的圆形养殖池在美国已被广泛使用。它有 2 个排水孔，一个设在鱼池的侧壁，池水的 90%～95% 从侧孔排出至微滤机，经过处理后返回鱼池；一个设在养殖池的底部，从该孔排出的水量占池水的 5%～10%，由阀门控制，使排出水中携带的粪便颗粒或污泥沉淀物浓度较高。

图 7-3 为常见的双通道排水排污装置，当可沉淀颗粒通道的流速比较高时（20%～50% 总量时），通过通道 2，沉淀固体流经涡流分离器、沉淀盆、微滤机；当流速比较低时，悬浮颗粒从通道 1 中流出，沉淀效果较差。

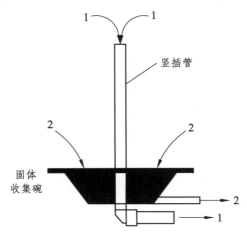

1—悬浮颗粒通道；2—可沉淀颗粒通道。

图 7-3 双通道排水排污装置 1

图 7-4 所示的双通道排水排污装置在国外使用较多,可沉淀颗粒通道设置在鱼池底部平板下面，悬浮固体流经装置上的圆柱形滤网从主通道流出，在此通道中只有 5%~10% 的水流从沉淀颗粒通道被带走，90%~95% 的水流在悬浮颗粒通道中流走。

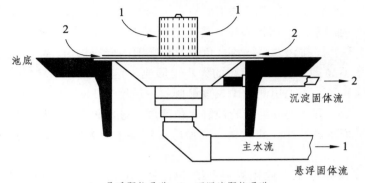

1—悬浮颗粒通道；2—可沉淀颗粒通道。

图 7-4　双通道排水排污装置 2

图 7-5 所示为进水都是来自图 7-4 中双通道排水排污装置中可沉淀颗粒通道的 2 种排污装置，即涡流分离器和径向流沉淀器。这 2 种装置大体相同，池底锥体母线与水平方向夹角均为 60°，固体颗粒的排污口在装置的最底部，排水口在装置的上部；人工操作排污，1 小时排污 1 次或 2 次，装置的冲洗为每周 1 次。

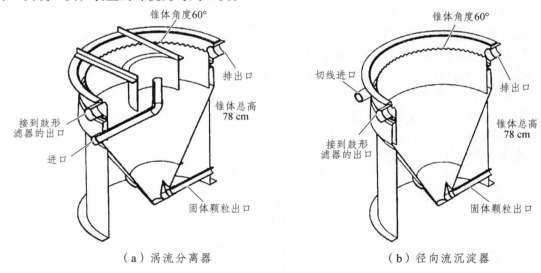

（a）涡流分离器　　　　　　　　　（b）径向流沉淀器

图 7-5

图 7-5（a）所示装置为涡流分离器，其进水口方向为圆周切向，目的是产生比较明显的漩涡水流，加速颗粒的沉降。图 7-5（b）所示装置为径向流沉淀器，其进水口方向为圆心径向，目的是让固体颗粒尽可能沉降在离池底中心不远处，便于把沉降颗粒集中在池底。试验证明，此两种装置悬浮固体的去除效率均可达到 70% 左右。

国外的排污装置都是基于双通道排水养殖池系统而设计的，其优点是排污过程中的耗水率比较低（5% 左右），但养殖池及排污设备造价比较高，施工相对复杂。我国的工厂化循环水养殖池底排污、排水系统的研究尚处于起步阶段，尚未有适合我国国情的自动排污设施设备。

7.2.4　工厂化养殖系统的水处理装备及控制

工厂化养殖的装备技术主要围绕养殖水质的调控展开，工厂化养殖用水一般在系统中以循环的方式重复使用，它的污染主要来源于水中生物（养殖对象、藻类、细菌等）的代谢、残饵及其他杂质，并以固体颗粒和溶解性物质形式存在于水体中，必须清除。工厂化养殖用水的处理既不同于工业和环保上的高浓度水处理，也有别于自来水厂和饮用水的深度处理，它是介于上述二者之间的低浓度处理类型，其处理技术和装备有自身的特殊性，除处理氨氮、亚硝酸盐、硝酸盐外，对鱼类所需的水中溶解氧、适宜温度、病害防治等都有特殊的解决要求，而且由于受投入产出比的限制，对装备的体积、使用可靠性和经济性都有不同于其他行业的特殊要求。

根据海、淡水不同的养殖对象和水质的要求，目前应用的工厂化养殖工艺技术线路各异，涉及的装备繁多，各具特点。但对其关键装备的研究、设计基本上按照工厂化养殖系统主要工艺环节：① 去除固体废弃物；② 去除水溶性有害物质；③ 杀菌消毒；④ 增氧；⑤ 调温；⑥ 水质测控六个方面进行。

1. 固体废弃物去除装置

工厂化高密度养鱼的单位生物量多，产生的固体废弃物量大。其中包括鱼粪、残饵及其他杂物（纤维、颗粒、片块状），其颗粒大小分布范围较广，大部分颗径在 0.02 ~ 1 mm，比重小于 1.1 g/cm³，有机物含量占 80% 左右，是养殖水体污染的主要来源，工厂化养殖的水循环系统中首先要将其及时清除，这样才能减轻后道工艺环节的负荷和防止堵塞。一般采用固体颗粒和悬浮溶质两步法去除，相应的装置是筛滤和泡沫分离。

（1）筛滤。

较之砂滤器而言，筛滤在体积、安装和反冲洗操作方面更具优越性。

① 固定筛过滤器。

固定筛过滤器即快开式除污器，外形呈圆桶状，内安置网篮，篮内设有筛网，水体流经筛网，大于网眼的固物被滤截，累积后由人工定时取篮排除。桶顶设计有压盖和卡紧装置，可方便地快速开启。筛网材质为不锈钢、尼龙和锦纶等，网孔根据养殖需求不同，配备 60 ~ 200 目/寸不等的规格。桶体选用碳钢（内衬防腐材料）、不锈钢、玻璃钢等不同材料，玻璃钢材质为食品级树脂，以适合养殖生物要求。压盖为透明亚克力玻璃，便于观察过滤效果。特点是安装方便、操作简单，在海水循环处理系统中较多用于泵前过滤颗粒大于 0.5 mm 的固物，单元过滤能力 10 ~ 100 m³/h。

② 旋转筛过滤器。

圆状旋转的筛网一部分浸没于水中，水流经旋转的筛网内面而滤杂，在水面以上部分的筛网内侧安置排污槽，筛网外侧对应处设喷嘴组，自动反冲洗时，喷嘴高压水将网内滤出的固体物冲入下方的排污槽并裹带排出。旋转筛分为轴流式和径流式，旋转轴大多为机械传动，机体有不锈钢和 PVC（聚氯乙烯）类型，筛网材料为不锈钢、锦纶绢等，海水类型的网孔为 80 ~ 150 目/寸，反冲洗水压 0.2 ~ 0.6 MPa，单元过滤能力 14 ~ 400 m³/h，功耗小于 1.5 kW/h。此外，还有链式移动筛、振动筛等。旋转筛过滤在海水养殖工厂中有较佳的应用效果，特点是可连续工作，防堵性能好。

③ 自动清洗过滤器。

一种综合了固定筛结构操作特点和旋转筛性能优点的新型全自动过滤器。外壳机构形似快开式除污器，中央设计了由 1.1 kW 电机带动的不锈钢刷，其绕滤网内壁旋转，刷除附着在网表面的滤出物，然后由排污阀受控排放。针对过滤微细颗粒的要求，另有一种以吸吮扫描器代替不锈钢刷的机构，扫描器的吸口在旋转中吸吮微粒杂质，通过排污泵排除。特点是反冲洗时不断流，排污量极少。可根据压差或定时控制进行清洗排放，清洗循环采用配计算芯片的电子监控。滤网材质分为不锈钢 316（孔径 0.2 ~ 3.5 mm）和编织滤网（孔径 0.025 ~ 0.5 mm）类型。适用于大流量（Q_{max}=1 000 m³）、大过滤面积（10 000 cm²）的过滤系统，是目前养殖工厂较为先进的筛网过滤器。

（2）泡沫分离器。

泡沫分离器又称蛋白分离器，其作用原理是利用微小气泡的表面张力来吸附水中的微细颗粒和黏性物质，结合臭氧使用还可以起到固化可溶性蛋白、去除氨氮、增加溶氧和消毒杀菌的作用。

泡沫分离器是处理筛滤后海水的关键技术之一，目标是去除水体中呈悬浮状的溶质物。泡沫分离器为圆筒状，气体由底部注入，形成大量气泡，与流经分离器内的养鱼水接触，并在上升过程中产生表面张力，吸附集聚水体中的有机溶质（包括母体蛋白质物质），最后形成泡沫状态将携带的溶质举出水面，自动流入顶部收集器而排放，经应用试验表明，聚集污物的含固率可达 3.9%。对低浓度范畴的养殖水体特别有效，既排除产生氨氮的源头又增氧，注入臭氧效果更佳。

充气方式除扩散器外，还有文丘里管充气及气水混合液充入形式。臭氧加注主要采用后二者，较好的设计是两次循环，既重复利用、提高效率，又减少了残余臭氧的外溢量。由于海、淡水存在浓度和比重等差异，前者的泡沫分离效果更优于后者。

2. 水溶性有害物质去除装置

排除固相物后，循环系统中的水溶性物质主要以"三氮"形式存在，即氨态氮（NH_3-N）、硝酸盐氮（NO_3-N）、亚硝酸盐氮（NO_2-N），这"三氮"对养殖体的生长影响极大，需要采用生物膜技术处理的装备对其进行及时去除。对应的装置主要有浸没式生物过滤罐、滴流滤槽、水净化机。

（1）浸没式生物过滤罐。

罐体为衬胶碳钢或缠绕式玻璃钢，罐内布置空气扩散器（氨的硝化量与耗氧量之比为 1：4.57）和生物填料，组成生物包（处理氨的能力为 114 ~ 200 g/m³·d），生物填料是硝化细菌的载体，分硬性和软性，均要求无毒性。硬性填料由塑料压制成生物球或蜂窝填料，材料大多为聚乙烯和聚丙烯，养殖试验表明聚丙烯效果较好。还有由氧化硅等材料烧结而成的微孔陶瓷环、生物石。软性填料又称人造水藻，由直径为 7 m 的维尼纶纤维制成，在水中能自由散开，比表面积达 2 000 m²/m³，氨氮去除率强，缺点是易受水中其他因子干扰而结球，影响使用效果。

（2）滴流滤槽。

滴流滤槽结构类似于浸没式滤罐，两者体积比为 1：2，以滴洒的形式承接浸没式滤罐的滤后水。上进下出，水位受控，使滤料（生物滤球、弹性填料等）处于气水交替附着的潮湿状态，水中气态废物（N_2、CO_2、CO）在滴滤中溢出。结构除罐式外，还有一种由多个塑料箱（底部有漏孔）层叠而成的滴滤池形式，经济、合理、实用。

（3）水净化机。

水净化机包括生物转盘、生物转球和生物转筒。其原理是利用微生物吸附，形成生物膜，通过在空气和水中交替转动，既起到增氧作用，又可对有害的氨氮、亚硝酸盐进行吸收硝化，部分有机物在酶的作用下，直接合成为微生物体内的有机物，从而净化了水体。

3. 杀菌消毒装置

养鱼系统中经过过滤的水还含有细菌、病毒等致病微生物，因此有必要进行消毒处理。目前常用的消毒方法有氯消毒、紫外线消毒和臭氧消毒。

（1）氯消毒。

氯消毒是 1908 年问世的，之后被广泛应用在水消毒方面。但自 70 年代起氯的消毒副产物不断被发现，并且大多被证明是有毒的。

（2）紫外线消毒。

紫外线消毒器有紫外线灯、悬挂式和浸入式紫外线消毒器等。紫外线消毒具有灭菌效果好、水中无有毒残留物、设备简单、安装操作方便等诸多优点，目前已得到广泛应用。我国使用的紫外线消毒灯的种类有普通热阴极低压汞紫外线消毒灯、高强度紫外线消毒灯、低臭氧紫外线消毒灯、高臭氧紫外线消毒灯。

紫外线灯使用过程中其辐射强度逐渐降低，故应经常测定消毒紫外线的强度，一旦降到要求的强度以下时，应及时更换。紫外光与臭氧的杀菌原理相同：两者都使水中产生过氧化物及自由基，进而发挥杀菌效果。紫外光的效力常受清澈度及悬浮物的影响，因此紫外光杀菌器都放在过滤器后面。

（3）臭氧消毒。

臭氧能氧化水中有机物，而还原为氧气，消毒能力比氯高。因为它具有强氧化性，所以极不稳定，极易分解。它在水中的溶解度低，极易从水中逸出，散发于空气中。它要达到消毒水的目的，一定要在水中保持一个稳定的浓度，消毒一段时间。臭氧发生设备结构复杂，运行、维护的费用高，而且用于水消毒极不方便，只能在密闭空间进行，所以在国内外极少用作水处理。还有臭氧处理水后会产生二次污染，即残留于水中的臭氧及副产物。

4. 增氧和调温装置

（1）增氧设备。

海水工厂化养殖系统中，鱼池、泡沫分离、生物过滤均需要大量氧气（每天每吨鱼约耗氧 7.57 kg 左右）。向水中增氧的方式分为化学方法和物理方法，化学方法是通过投入药剂与水反应增加氧气含量，物理方法是直接向水中通入氧气或采用机械方式增加溶氧量，目前最常用的是机械增氧的方式。机械增氧主要是用增氧机，增氧机的类型很多，有水车式、叶轮式、射流式、气石式等。但较多采用罗茨风机和旋涡式充气机，其中三叶式罗茨风机有较好的平稳性和低噪声效果。叶轮式增氧机由于增氧效率强、结构简单、使用方便，在水质调节池和养鱼工厂的二级池中有较好的用途。机械增氧投资少，效果好，它利用机械装置使水体与空气接触面积增大，使氧气充分融入水中，结构简单，易于控制，适用于养殖密度不大的场地中。

如果养殖密度较大，则增氧机就不适用了，要采用纯氧增氧，通过水与纯氧的充分混合进行增氧，效果明显。另外，因高溶氧养殖的良好效果，纯氧、液态氧和分子筛富氧装置（纯度达到 90% 以上）也逐渐得到推广应用，用途之一是为臭氧发生器提供气源，增加臭氧量（空气中氧的利用率只有 20% 左右）。为提高氧气的利用率，使水体溶氧达到饱和与超饱和，可采用高效气水混合装置，其采用射流、螺旋、网孔扩散等气水混合技术，并串联内磁站构，通过罗仑磁力作用，使水气分子变小，更易混合，同时有杀菌、防腐作用，工况条件为水流速度大于 1.5 m/s，磁场密度大于 4 000 Gs。该装置也可用于臭氧的气水混合。

（2）加温设备。

工厂化养鱼为了能够可持续生产，需要通过供热加温来维持适宜于鱼类生长的水温。

温流水养鱼厂可利用工厂、电厂余热以及采用地热等作热源，而封闭式循环流水养鱼必须设置加温设备。加温方式包括水体加温和空气加温。

① 水体加温。

加温设备有电热器、锅炉和太阳能集热装置。电热器加温使用方便，容易控制，但耗电量大，成本高。电热器主要有电热板、电热棒和电热泵等。锅炉是使用较早、目前仍普遍采用的一种加温设备。现在常用燃煤型锅炉，由锅炉产生蒸汽或热水，通过铺设于池底的热水管在管内进行封闭循环来间接加热池水。太阳能加热成本低、无污染，它由屋面安装的可移动的太阳能集热装置提供热量，是一种节能型理想的加温设备。

调温除锅炉管道加热（使用热水锅炉为主）、电加热（棒、管、线形式）外，装备中还有采用组合式热泵冷热水机组，即多个独立回路的单元机组的一种类型，每个单元机组有 1 台压缩机、带空气和水的侧换热器各 1 台，几个单元组合起来由水管连接成 1 台独立机组，如 LSQFR 系列，每个单元用 1 台全封闭往复压缩机，功率 18 kW，制冷、热量分别达到 64.5 kW 和 65.6 kW。

② 空气加温。

常使用空调器或锅炉暖气给养鱼车间内的空气加温以保持室温和水温的恒定。空调器有闭式、半闭式和全开式 3 种，可使室内外空气进行交换的同时保持室内温度。

5. 水质测控装置

工厂化养殖系统整体功能发挥和效果体现有赖于水质的监测和调控。但由于养殖的品种和规格不一，水体和循环系统较多独立，受测工位也多。另外，鱼池（槽）一般连片布局，各检测点分散。再者，养殖水质参数变化是一个渐进的过程，检测时间限度较宽。

（1）pH 值的控制。

鱼类安全生长的 pH 值范围为 6~9，最适宜的 pH 值为 7~8.5，如果在养殖过程中 pH 值超过安全范围就要采取措施进行人工干预。然而，虽然工业和生活污水的处理中已经广泛采用了 pH 值自动调控系统，大部分采用了单片机或 PLC 控制电磁阀加碱液和酸液的方法，这种方法设备简单，调控精度高，在工业方面应用普遍。但在水产养殖方面却鲜见有 pH 值控制系统问世，国内建成的养殖水质监测系统几乎都是对多个目标参数进行监测，很少有控制措施。

近几年，国外对于 pH 值的控制方式研究有很多新的进展，日本已经开发出成熟的用于工业 pH 值控制的设备，其基本原理是利用 PLC 控制酸阀和碱阀的开关，以对 pH 值进行调整。

调节 pH 值的中和剂一般采用工业上的 NaOH 和 NaHCO₃，但在养殖业中此种中和剂价格偏高，可以考虑用价格较低的石灰水（主要是 Ca(OH)₂ 的水溶液），以节约开支；由于石灰水不仅具有强腐蚀性，而且存放期间易与空气中的二氧化碳接触产生碳酸钙固体，此种固体严重时会对阀门的灵敏性产生影响，所以控制设备需要做相应的改进。

（2）溶解氧的控制方式。

在工业污水处理中已经广泛进行了溶解氧的在线控制，由于污水处理中大多采用曝气生物滤池进行过滤，增氧是通过风机和砂滤器组成的系统完成，所以其控制方式也是通过控制鼓风机的转速来调节池中溶氧含量的，由于曝气生物滤池的生态系统复杂，加上在反应时影响因素很多，大部分都是非线性因素，所以很少有准确的数学模型能够精确描述反应过程；在控制中若没有准确数学模型，只能考虑非常规的控制方式，其中最常用的是采用模糊 PID控制，根据工况调节 PID 的参数，使溶解氧的含量尽量保持在一个相对恒定的范围内。

在水产养殖中很少有类似的溶解氧控制系统，采用模糊 PID 控制溶氧的方式也可应用到养殖水体中。除了控制充气泵或者鼓风机之外，还可以通过变频器控制增氧机电动机的转速来控制其增氧的时间，这种控制方式也是通过模糊 PID 来实现的。

（3）臭氧控制装备技术。

与日常饮水的消毒工艺不同，在循环水养殖中的臭氧消毒要严格控制臭氧的浓度，因为臭氧的浓度过低，达不到杀菌的效果，如果浓度过高，不仅对养殖鱼类有毒害作用，而且残余臭氧随循环水流入生物滤器或滤池，其强氧化特性会杀死生物滤器或滤池中的硝化细菌等微生物，造成生物膜的破坏，所以要控制臭氧的产生量，使残余臭氧保持在对微生物无害的含量范围之内。

针对残余臭氧的危害提出两种解决方法：一种是在臭氧消毒设施的出水口处设计一个消除残余臭氧的装置，可以采用活性炭吸附或曝气的方式；由于臭氧发生器是采用气泵向发生器中泵入空气，再经过高压放电产生臭氧，所以另一种方法是利用 PLC（可编程逻辑控制器）和变频器的组合控制臭氧发生器的气泵转速，通过调节泵入空气的量改变发生器产生臭氧的量，实现对臭氧含量的精确控制。

目前，工业中控制臭氧含量的设备是变频式臭氧发生器，它通过改变发生器中电流的大小来控制产生臭氧的含量，这种设备也能使产生的臭氧含量保持恒定的值。有资料表明，国外已经采用紫外线照射的方法消除水中的剩余臭氧，当温度在 13～15 ℃，水中臭氧浓度小于 0.3 mg/L 时，紫外线强度 80.4（±2.6）mWs/cm² 到 153.3（±2.1）mWs/cm²，即可消除水中全部剩余臭氧。其余的去除剩余臭氧的方法还有用喷淋塔洗涤尾气的洗涤法，通过加热去除的热分解法，通过装有活性炭滤层的过滤器去除臭氧的吸附法等，其中洗涤法和吸附法可以应用于循环水养殖的处理中。

7.3 深海网箱控制技术与装备

7.3.1 海水网箱概述

网箱养鱼是在天然水域条件下，利用合成纤维或金属网片等材料装配成一定形状的箱体，设置在水中，把鱼类高密度养在箱中，借助箱内外不断的水体交换，维持箱内鱼类的生长环境，利用天然饵料或人工投饵培育鱼种或饲养商品鱼。海水网箱是指设置在近岸港湾或开放水域的网箱。浅海、滩涂是发展海水养殖业的首选水域，而发展海水网箱养鱼是开发利用浅海、发展海水鱼类养殖业的重要手段。海水网箱养殖可有效拓展海水养殖空间，有效补充海水鱼类的捕捞产量，是促使渔民转产转业和增产增收的有效途径。

国际上自 20 世纪 70 年代以来对网箱养鱼的研究日益深入，并吸收了机电、工程、生物、自动控制、海洋环境、声光、新能源等众多学科知识，有力促进了深海网箱的发展。我国于 1973 年引进网箱养殖技术，首先在淡水养殖上得到推广，以后扩大到海水养殖。随着多种海水养殖鱼类人工繁殖、苗种培育以及养成技术的日臻成熟，网箱养殖快速发展，目前已有网箱超过 100 万只，主要在南方诸省。养殖形式主要以近岸的小型网箱和开放水域的深水网箱为主，主要应用在育苗、暂养、开发休闲渔业和成鱼养殖。

网箱养殖具有集约化、高密度、高效益等特点，是我国渔业新兴产业的生力军。而饲料的选择，在我国海水鱼网箱养殖主要以投喂鲜杂鱼为主。其主要特点：

① 不占土地，可以最大限度利用水体；

② 在一个水体内可结合进行几种养殖类型，而管理和鱼产品仍然是分开的；

③ 高密度养殖，产量高；

④ 溶解氧高、天然水域的饵料利用高，生长快；

⑤ 管理简便，操作机动、灵活；

⑥ 鱼病治理简便；

⑦ 捕捞收获方便；

⑧ 投资相对较少，收效快，经济效益和社会效益高。

7.3.2　网箱的结构和种类

1. 网箱的组成结构

网箱的结构与装置形式很多，可以因地制宜的建造，实际选用时要以不逃鱼、经久耐用、省工省料、便于水体交换、管理方便等为原则。网箱的主要结构部分包括浮架、箱体（网衣）、浮力装置、沉子及附属装置等。

（1）浮架。

浮架由框架和浮子两部分构成。内湾型的网箱多采用东南亚的平面木结构组合式，如我国的福建、广东、海南等地流行这种框架。这种网箱常常 6 个、9 个、12 个组合在一起，每个网箱为 3 m×3 m 的框架。框架以木板连接，接合处以铁板和大螺丝钉固定。框架的外边，每个网箱加两个 50 cm×90 cm 的圆柱形泡沫塑料浮子，网箱内边每边加一个浮子。架上缘高出水面 20 cm 左右（见图 7-6）。

近海型的网箱由于海区比内湾风浪大，框架结构采用三角台形钢结构。框架每边为 3 根镀锌管构成，其横截面为三角形，四个边相连，使整体为正方形。框架每边均匀放置两个浮子。

（2）箱体。

箱体又称作网衣。箱体材料有尼龙、聚乙烯或金属（铁、锌等合金）等，国内多采用聚乙烯网线（14 股左右）编结。其水平缩结系数要求为 0.707，以保证网具在水中张开。网衣的形状随框架而异，大小应与框架相一致。网高随低潮时水深而异，一般网高为 3 ~ 5 m。网衣网目应根据养殖对象的大小而定，尽量节省材料并达到网箱水体最高交换率为原则，最好以破一目而不能逃鱼为度。

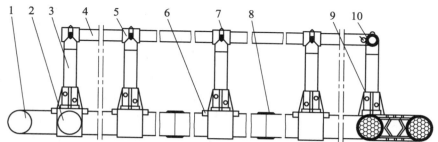

1—外圈主浮管；2—内圈主浮管；3—护栏立柱管；4—护栏管；5—护栏管三通；6—定位块；
7—销钉；8—热箍套；9—主浮管三通；10—网衣挂钩。

图 7-6　网箱框架结构

（3）沉子。

网衣的底部四周要绑上铅质或石头沉子，以防止网箱变形。海水鱼网箱的沉子，一般是在网的底面四周，装上一个比上部框架每边小 5 cm 的底框。底框可由镀锌管焊接而成，也可以在底框的四角各缚几块砖头或石块，以调节重力。

（4）固定装置。

网箱用桩或锚固定。锚的大小依水域的风浪、流速和鱼排的大小而定。海水网箱常用重 50 ~ 70 kg 的铁锚；深水网箱锚还可用重几吨的混凝土块，如美国大豆协会推荐的单只深水网箱泊锚系统，一个水泥锚墩重 5 t。

锚泊系统是网箱在海中的根基，一旦锚泊固定系统在风浪天气出现问题，轻则将导致网箱整体受力不均而破损，造成逃鱼；重则导致走锚及整个网箱全军覆没的严重损失。由此可见，网箱锚泊系统是网箱设计中首先要解决的问题。网箱锚泊系统主要由锚、锚链、缆绳和浮标等组成，另外还有一些用来加固的套环、卸扣、连接环等。在海底，锚通过锚链连接到缆绳上，缆绳向上与固定框架相连，如图 7-7 所示。每个网箱配置 4 个锚来进行设计，每个锚重 2.5 kN，每个锚链重为 1.5 kN，缆绳为直径 3 cm 的聚乙烯绳。

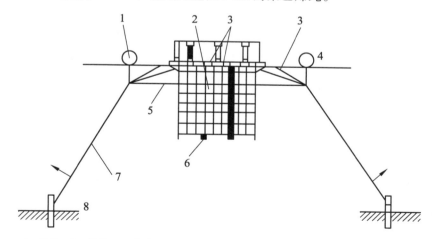

1—浮子；2—网箱；3—阀门；4—水面；5—浮绳框；6—沉石；7—缆绳；8—海底。

图 7-7　网箱锚泊侧视图

（5）升降系统。

无论碟形网箱、方形升降式网箱，还是高密度聚乙烯（HDPE）框架升降式网箱，其升降原理都是相同的，即靠浮体进水，使沉力大于浮力而下沉。网箱的浮体即充气结构系统，主要包括：进水浮体、输气管道、控制阀门和充气装置等。要使网箱下沉时，必须先打开阀门。这时进水浮体、输气管道和阀门直通大气，水从浮体上的进水孔注入，随着浮体中的水慢慢充满，整个网箱就逐渐下沉到预定深度。但控制阀门必须与浮子系在一起，以便上浮时能与充气装置相连，才能充入压缩空气将浮体中水排出，使网箱上浮。充气装置包括空气压缩机和柴油机，必须根据网箱上升情况所需气量计算。整个气路循环系统应设置安全阀、单向阀、调压阀、放气阀、储气阀、压力表、高压软管等元件，以确保充气系统安全可靠地工作。

图 7-8 描述了一高密度聚乙烯可升降的大型深海网箱的整体结构，它由可潜入水中的深海网箱框架构件及其进排气控制系统、圆柱形管材、中间连接件、装有加强绳索的网具以及垂直取向的配重块和进排气管路系统组成，形成圆环形，能承受一定强度风浪流的冲击，该网箱的特点是可以在强台风来临前，下潜至水面一定深度以下，从而避开风浪的冲击。

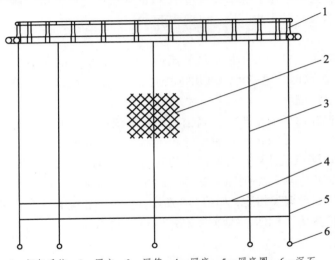

1—框架系统；2—网衣；3—网筋；4—网底；5—网底圈；6—沉石。

图 7-8　网箱的整体结构

网箱沉降深度一般为 5 m，网箱的俯视图如图 7-9 所示。

网箱沉降前，网箱浮管漂浮在水面上，系框绳处于张紧状态（见图 7-10）。开始沉降时打开进水阀门和排气阀门，水由水阀均匀流向 EH 和 FG 两腔，而腔内的空气由气阀向外排出，即在示意图中，从 K 点进水，从 L 点排出空气。当框架进水时，网箱框架的重心逐渐向 L 方向移动，而网箱的浮心保持不变。网箱的浮力和重力产生一力矩，称之为浮力重力偶合力矩。网箱平面 EFGH 在力矩的作用下在 K 点开始下沉。此时 OK 端的系框绳的作用力消失，网箱在系框绳 PL 的作用下将会向浮绳框 CD 边移动，直至系框绳 PL 的作用力消失。随着进水量的增多，重心逐渐向 L 点移动。当网箱平面下降到一定水深时，OK 端的 2 条系框绳将产生向上的拉力，而 PL 端 2 条系框绳则产生向下的拉力，从而产生一回复力矩（见图 7-11），其作用方向与浮力重力力矩相反，使得网箱平面的 L 端开始下沉、K 端的下降速度逐渐减小。随着 K 端的沉降速度增加，当 L 端的沉降速度与 K 端的沉降速度一致时，此时网箱平面的倾角达到最大（最大沉降倾角为 31.29°）。L 点下降速度逐渐超过 K 点速度，最终两端在系框绳的作用下速度逐渐减小，当框架到达设计的沉降水深，在系框绳的作用下网箱下沉速度降到零，网箱处于新的平衡位置（见图 7-12）。整个网箱下沉到预定深度后，控制阀门必须与浮子系在一起，以便上浮时能与充气装置相连，才能充入压缩空气将浮体中的水体排出，使网箱上浮。当需要网箱上浮时，利用空压机向浮管内充气，将浮管内的海水逐步排出，网箱则逐步浮出水面。充气装备包括空气压缩机和柴油机，整个气路循环系统应设置安全阀、单向阀、调压阀、放气阀、储气筒、压力表、高压管等元件，以确保充气系统安全可靠地工作。

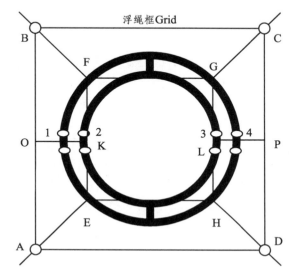

1，2—进、排水阀门；3，4—进、排气阀门；A，B，C，D—浮绳框；
E，F，G，H—网箱；AE，BF，CG，GH—系框绳。

图 7-9　网箱俯视图

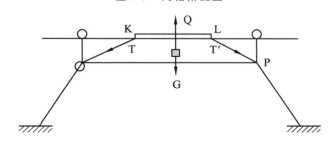

图 7-10　网箱在平衡状态的受力

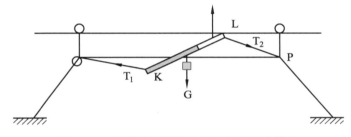

图 7-11　网箱开始沉降时的受力及运动状况

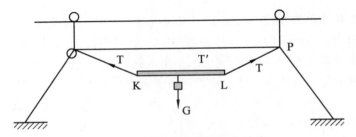

图 7-12 网箱处于新的平衡状态

2. 网箱系统结构的主要技术特征

（1）主浮管对接焊缝热箍套加固工艺。

热箍套由 HDPE 管接和缠绕在管接内孔的热熔电阻丝组成。当各段主浮管对接熔焊后，将热箍套对接焊缝处，并通过电极接头使热熔电阻丝通电，即可将 HDPE 管接熔焊在焊缝处，形成热箍套。其作用是加固焊缝和对接处的强度，避免焊缝开裂和渗水。

（2）网衣箱体加固与网形固定。

网衣箱体沿纵向设置若干条力纲（网筋），周长 40 m 网箱的网筋数量取 10 根。网筋与网衣之间采用特殊固定方式扎制，使网筋与网衣之间无论在任何海况条件下都不会产生松动，以始终保持网筋受力，并可避免网筋与网衣之间相互摩擦而造成网衣破损。网筋与网底圈和沉石相连，以保持网衣箱体的水下形状，减少网衣箱体在水流和波浪作用下的容积损失。

（3）网底圈设计。

网底圈是由底圈 HDPE 管和封闭在管内的环形链或其他比重较大的填充材料构成。由于 PE 管材的比重小于水，因此，管内必须添加重物，才能使其下沉做网底圈使用。网底圈是通过网筋和辅助绳索与网衣箱体连接，其作用是将网衣底部撑开成一定形状，避免由于水流和波浪作用使网衣箱体变形，保持网衣箱体的容积。由于网底圈的外部为一 HDPE 管，而内设的环形链被封闭在管内，因此，与其他钢质底圈相比，具有耐海水腐蚀、刚性和柔韧性兼备和使用寿命长等特点。

（4）沉石的形状设计。

沉石是将沉石绳环浇注在混凝土内而成。沉石通过系缚绳索与网底圈和网筋相连，其作用是保持网衣箱体的形状。沉石形状设计为球形，由于球体的形状均一，当水流和波浪力作用于网衣箱体和沉石时，无论沉石处于何种倾斜角度，其产生的恢复平衡力矩是不变的，因此在网衣箱体产生一定倾斜时，有利于恢复平衡位置，从而可减少网衣变形和箱体的容积损失。

（5）附属连接件材料的均一性。

销钉和网衣挂钩均采用 PE（聚乙烯）材料一次性注塑成型，使网箱框架材料具有均一性，不仅提高了网箱框架的耐腐蚀性和耐候性，且具有结构简单、安装方便的特点。

3. 网箱的分类

目前，世界上深海养殖网箱的种类和结构型式多种多样。从网箱的形状看，有正方形、长方形、多边形、船行、碟行、圆形和球形等。网箱框架的材质，从早期的竹材、木料等天然材料，至目前使用较多的塑胶制品、金属合金、复合纤维等。网衣材料，由初期采用的藤条、棉、麻等材料，到目前的聚乙烯、尼龙和金属网衣等。按作业方式一般将网箱分为 4 个基本类型，即固定式、浮式、升降式或浮沉式和沉式，可按照框架型式、框架材质、网衣材料和工作方式等详细分类（见图7-13）。

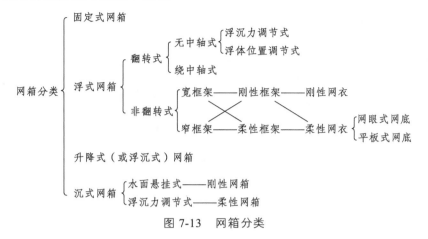

图7-13　网箱分类

国内最早从挪威引进的是重力式全浮网箱，如图7-14所示，其以高密度聚乙烯（HDPE）为材料，采用2~3管道250 mm直径管为低圈，使网箱成形且产生浮力，利于人员直接在上面操作。重力式网箱是依靠浮力和重力的作用张紧网衣，并保持一定形状和容积。在水流和波浪的作用下，它的网衣能随波起伏，具有极好的柔顺性，也极容易变形。其性能可达抗风能力12级，抗浪能力5 m，使用寿命在10年以上。其优点为操作管理方便，观察容易，但是不能下潜，且此类网箱抗流能力较差，海区流速不宜超过1 m/s，流速较大时会损失较大的容积。

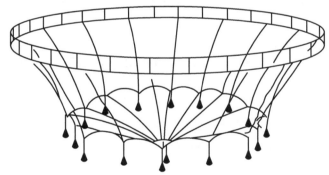

图7-14　重力式全浮网箱

网箱结构型式的确定要从网箱的安全性、实用性和经济性三方面综合考虑。因此，在确定网箱结构型式时，既要考虑到网箱的抗风浪和耐流性能，又要考虑到网箱的成本造价。从水体交换和鱼类行为分析，圆形网箱适合大多数鱼类游动。鱼类的圆周性游动使网箱内产生逆向涡流，水面中央部分降低、边缘部分升高，形成次涡流，有利于网箱内水体的交换。

当前，我国沿海使用最多的深海网箱类型是重力式HPDE圆形全浮网箱和HPDE圆形升降式网箱。

4. 网箱系统主要技术参数

（1）网箱框架系统。

① 网箱框架材料。

网箱框架材料是利用国产HDPE（高密度聚乙烯）原料改性，开发的抗风浪网箱专用管材。

其拉伸屈服强度最高可达到 26 MPa，断裂伸长率为 70.2%，纵向回缩率为 0.63%，主要性能指标已达到或超过进口网箱框架管材水平。经过 1 000 h 老化试验和 10 万次弯曲疲劳试验证明，该管材的户外使用寿命可达 10 年以上。

② 主浮框架尺寸。

网箱周长（内圈管中心线）40 m，底圈用 2 道直径 250 mm、壁厚 15 mm 管组成，内圈直径为 12.7 m，外圈直径为 13.8 m。内外浮管采用注塑三通连接件连接。

③ 护栏尺寸。

护栏管直径 110 mm，壁厚 8 mm；护栏立柱管直径 125 mm，壁厚 10 mm；护栏高度（护栏管中心至主浮管中心）1 m。

（2）网衣系统。

① 网衣材料。

采用国产 PA（尼龙）六边形网目无结节网衣，210D/90 股和 210D/75 股，网目尺寸 25 ~ 30 mm。为防止网衣的生物附着，网衣涂有防护涂料，有效时间在半年以上。防护涂料是通过 N-（4-羟基-3-甲氧基-苄基）丙烯酰胺单体与其他含不饱和双键的单体进行共聚得到生态友好型丙烯酰胺衍生物聚合物，并以此聚合物作为成膜材料开发出来的。

② 网具主尺度。

网具呈圆柱形，直径 13 m，标准网高 7 m+1 m（网衣水下深度+护栏网高度）。

（3）网筋（力纲）。

网筋材料为 20 mm PP/HDPE 绳索（俗称朝鲜麻）。

（4）网底圈及配重。

网底圈净沉力（水中重量）：300 kg，底圈配重（水中重量）：10×20 kg=200 kg（沉石 20 kg/个，10 个均布）。以上为设计的标准配重，实际使用中可依据网箱敷设海域的流速情况，适当增加或减少配重。

网箱的主要技术性能：

① 网箱周长 40 m，容积（标准网高）890 m³；

② 抗风浪能力：风力 12 级，波高 5 m 以上；

③ 耐流能力：流速< 1 m/s；

④ 安全使用寿命：网箱框架主体使用寿命 10 年以上，网衣寿命 4 年。

7.3.3　抗风浪方法与装置

网箱设施在海洋中既要受水流的作用，又要受波浪的影响，特别是在我国东南沿海一带，风多浪大流急，生产中常遭遇设施损害、功能不全和渔业歉收，甚至遭到毁灭性的灾难，其实质就是海洋环境条件对渔业设施产生了难以承受的强水动力，对设施造成了很大的破坏。网箱设施在波浪中的损坏一般是由于"开花"浪引起的，即波峰破碎的波浪对设施的破坏作用比较大。同时，在海面附近水域产生了海水的不规则运动和巨大声响，对养殖鱼类产生了较大的惊吓，容易使鱼体相互碰撞摩擦引起受伤，这也是台风过后养殖鱼类容易集中发病的主要原因之一。

目前抗风浪一般主要有三种方式：第一种是增加设施主体结构的强度，第二种是采用沉降方法，第三种是采用减浪装置。

1. 增加设施主体结构的强度

（1）材料选用。

为增强强度，框架应用高密度聚乙烯；网衣选用 PA（锦纶），股数多，并有力纲支助；绳索用夹棕绳或钢丝绳；系泊方案采用直交辐射法（或浮绳框）；锚或桩采用强力附着。

（2）网箱结构改进。

由传统的近海网箱向深海网箱发展：重力式、浮绳式、全框架式及金属框架网箱。

（3）海区选择。

避风条件好、水流速度小的港湾或浅海水域。

（4）其他方法。

如风浪来临之际实施搬运和拖曳等。本方法的缺陷：成本上升、敷设困难、条件受限，因此选择时最好是综合考虑。

2. 沉降方法

沉降方法，指在日常的生产和管理期间网箱浮于水面，而当风浪来临之际网箱可沉降到一定的水层（鱼类的生长环境不能有太大的变化）避开风浪袭击，当风浪过后网箱又能浮上水面的技术。

（1）充气排水法。

利用浮力与沉力的关系：当浮力大于沉力时，网箱浮于水面，当浮力小于沉力时，网箱沉降。框架采用空心的 HDPE，有足够的储备浮力。当风浪来临时，采用放水使空心的管材充满海水，浮力减小至小于沉力，网箱以一定的方法沉降至一定的水层（有缆绳牵连，能保持一定的速度沉降，并降到一定的水层）。当风浪过后，通过遥控技术，向空心的管材内充气排开海水，浮力大于沉力后开始以一定的形式上浮。

（2）利用水动力沉降原理。

利用缆绳的承受力大小变化，促使向海底的分力增大或减少，从而使网箱的净浮力与沉力关系发生变化（减少或增大），网箱开始沉降和浮升。采用该原理的主要有两种方法：采用水动力浮子或缆绳的长度来控制，但这两种方法技术要求高，有时达不到要求（或向相反方向变化）。

通过试验和理论计算发现，网箱敷设海域的水深变化对网箱的波浪力基本上无影响，但水深不能太浅。另外更为重要的是，当网箱下降水深相对网箱高度为 20%～40%时，波浪力峰值下降率为 68.03%～88.20%，可以较大幅度减少网箱的波浪力，因此网箱的沉降是避免风浪的最佳方法之一。

3. 防波堤（breakwaters）和分流设施

以上抗风浪技术均是从如何避开风浪袭击的角度来进行设计，而做到正面直接如何抗风浪，这是一个海洋工程攻坚任务。

由于设施投放海域常年有较大风浪，夏秋季节还要受到台风的威胁，考虑到鱼类安全和日常的管理及养殖操作，单纯地采用第一种和第二种方式都难以满足要求。而第三种方式大多数是把港口防波堤或者天然岛屿作为免费减浪装置，个别不具备天然避浪条件的，则采用人工浮式防波堤作为减浪装置。同样，网箱在水流中也遭受类似的损害，轻则如网箱容积有较大损失造成鱼类生存空间拥挤等，重则如网箱系泊缆绳断裂和丢失等灾难性事故。

7.3.4 海水网箱养殖配套装备

1. 监控系统

监测系统用来了解养殖鱼群的生长情况、生存条件、海域环境等，它包括网衣安全监测系统，了解网箱中鱼体大小、数量的声学监测系统，网箱喂养过程监测系统，鱼类生态观察系统，水质监测及报警系统等。系统的显示和控制部分安装在工作平台上，传感器和信号发射器安装在网箱适当位置。鱼类生态监视采用水下摄像机，将鱼群的活动情况通过电缆传给PC（个人计算机），工作人员在平台上可随时观察水下鱼群的生长、死亡情况以及网衣的破损情况等。使用网箱监测系统有利于测量海水的各主要参数，可为养殖科研试验提供服务，有利于找出养殖鱼群的最佳生长条件、特性，以便合理喂料、降低饲料系数等。

图 7-15 为一典型的深水网箱监测系统布置示意图。系统在岸上设一与互联网相连的主机，做检测用。从机由太阳能电池、蓄电池、数据采集卡、通信模块、变送器、换能器等组成，它安装在网箱上做现场检测。从机通过 CDMA（码分多址）无线通信与互联网相连。主机通过互联网向从机发送指令，并接收从机采集来的数据，主机将接收来的数据处理后显示。采用无线通信和互联网技术可以很轻松地实现远程监测。

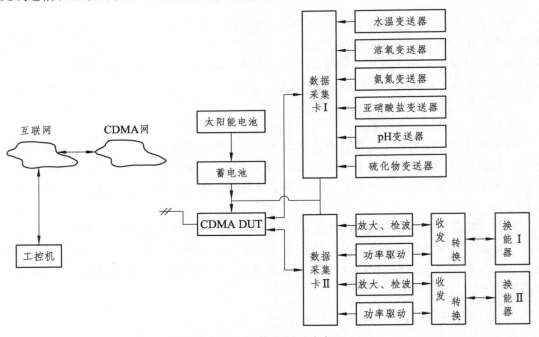

图 7-15　网箱监测系统布置

2. 投饵系统

投饵系统装置是深水网箱必不可少的配套设备。有的投饵装置放置在渔船上，需要投喂饲料时，使渔船靠近网箱，给一个或多个网箱投喂（如 HDPE 网箱中使用的饲喂装置）；有的饲喂装置则放置在网箱的工作平台上（如 Farm Ocean 网箱上使用的定时饲喂装置）；还有的放置在网箱的浮管中，饲料从浮管的上口进入，从浮管的一侧喷出（如海洋站网箱中使用的饲喂装置）。根据原理来分，网箱自动饲喂装置主要有两种形式，即定时投喂饲料和需求式投喂饲料。定时投饵机是根据人工投喂饲料的经验，每天定时给鱼群投饲，投饲操作通过一定的控制电路来实现；需求式投饲机的底部呈漏斗状，用圆锥形活塞实现松动或关闭，活塞连接一根延伸到水表面以下的杠杆，当鱼在水中游动碰撞杠杆时开启活塞，从漏斗口投出颗粒饲料。

（1）定时投饵系统。

定时投饵系统的主要任务是定时、定量且均匀地抛洒各种养殖饲料，其工作原理是根据鱼的种类、生长期、养殖密度以及水温、气候、时期等不同的养殖条件，设计自动投饵控制系统精确控制送料、抛料的时间与数量。它包括以下几项功能：

①适合抛洒膨化料、硬颗粒料及软颗粒料等，抛料面积大且均匀，可喂养不同种类的鱼。

②定时开机，能够方便工作人员在半夜或在天气较冷的晚上实现定时喂养，既做到科学喂鱼，又节省了劳动力。

③投饵（工作）和间歇（暂停）时间的长短可调，投一阵，停一阵，给鱼吃完每一次抛出的饲料提供充足的时间，减少饲料沉底溶化而造成的浪费和水质污染。

④定时停机与无料停机，既可以通过控制工作时间来控制投饵量，也可以直接放置一定量的饲料，通过无料停机达到定量控制的目的，减少人工干预，实现定量喂养。

⑤单次投饵量多少可调，可根据鱼的不同种类和不同生长期来调节单次抛投饲料的量。

一个基于单片机的程控定时自动投饵机由机箱、盛料装置、送料装置、抛料装置、控制盒和电流检测装置等机构组成，其基本结构如图 7-16 所示。其中，盛料装置包括盛料器与漏料斗；送料装置包括送料管与震动器；抛料装置包括电动机与转盘；控制盒包括单片机、实时时钟、模数转换器（A/D）、按键、LED（发光二极管）、继电器及电流检测装置的印刷电路板。

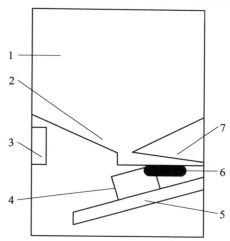

1—盛料器；2—漏料斗；3—控制盒；4—电动机；5—转盘；6—震动器；7—送料管。

图 7-16　程控定时自动投饵机基本结构

控制系统主要控制定时开机、关机和间隔下料。控制器有机械定时控制器、电子定时控制器、单片机控制器三类。机械定时控制器现在使用得很少，有使用的也是和电子控制相结合。电子定时控制器是目前普遍使用的一种控制器，技术比较成熟，它结构简单、造价低、可靠性较稳定。单片机控制器定时准确，投喂时间和间隔时间可随时根据需要调整，以适应摄食鱼的数量及规格变化的需要，减少饵料沉底过多的损失。单片机可设置每天所有的投喂程序，包括自动完成每天所需要的开机、关机，投喂时间、间隔下料时间等设置；当料斗中没有饲料时能够自动停止投饵。它是控制器的发展方向。

图 7-17 是某一基于单片机的程控投饵机控制系统框图。其中，3 个按键用于设定定时开机、工作挡位、投饵机工作时长等 3 个参数；定时开机是指投饵机的自动启动工作的时间；工作挡位是指投饵过程中投一阵与停一阵的时间组合，即供饵时间值与间歇时间值；投饵机工作时长是指投饵机进行一次喂养过程总的工作时间。电流检测装置是为系统提供电动机工作状态分析的重要部件，它为实现定量投饵（饵料定量、投饵机工作不定时、无料自动停机）提供正确的判断，同时又能合理地保护电动机，防止因短路和温升过高等损坏电动机；看门狗等保护电路是为了增强系统抗干扰的能力。

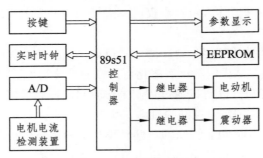

图 7-17　控制系统

（2）需求式投饵系统。

深水网箱投饵机主要由引射器、吸饵管、锥形喷头、冲饵装置、饵料箱、水泵等部分组成，如图 7-18 所示。

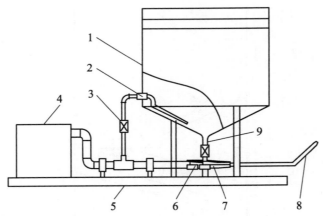

1—饵料箱；2—冲饵装置；3—阀门；4—汽油机水泵；5—底座；
6—锥形喷头；7—引射器；8—管道；9—吸饵管。

图 7-18　投饵机

需求式自动投饵系统（见图 7-19）由风箱、输料管、螺旋输送机、软管、饲料仓、控制电路系统、网箱平台、调节螺母、接近开关、金属管及筛绢组成。金属管以平台某处为支点摆动，筛绢放在适宜水深处与金属管下端连接。养殖鱼群经过适当驯化，很快就会形成生理上的条件反射，当需要食物时，就会去碰触筛绢，鱼产生的动能就会使金属管摆动。当摆动角度达到某一个设定值时，调节螺母的边缘就会接触接近开关，这就完成了信号的采集。接近开关闭合，将信号传输至喂料控制电路和计算机系统，并通过计算机系统分析处理后，经控制电路控制料仓开启阀门、气力输送风机及螺旋输送机，将饲料仓内的饲料喷出，实现自动投饵。在喂料出口处设有扩散器，以确保饲料呈分散状投向网箱。当鱼群吃饱离开后，金属管的摆动小于设定值时，调节螺母便离开接近开关，这时又将一个信号传给计算机，计算机经控制电路关闭料仓阀门、输送风机和螺旋输送机。调节螺母用来调节螺母与接近开关间的间距，当网箱置于风浪较大的海区时，金属管受风浪影响摆动较大，可将间距调大，即设定一个较大的摆动角，反之，则调小间距。该投饵系统具有以下特点：

① 机构简单，操作方便；

② 可减轻工作人员的劳动强度，提高劳动生产率；

③ 喂料扩散器可以更有效地分散饲料；

④ 实现自动喂料，鱼群有需求时自动饲喂比定时投饵更合理、科学，有效地降低了饲料系数；

⑤ 适应性强，在一定的风浪范围内，可根据风浪的大小调节金属杆的设定摆动角度；

⑥ 可实现需求式、定时和手动投饵三种喂料方式。

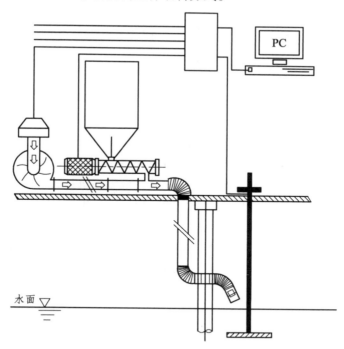

图 7-19　　需求式自动投饵装置

（3）远程气力输送自动投饵系统。

远程气力输送自动投饵技术是一种高效养殖配套技术。采用低压压送式气力输送技术将饲料输送并抛撒到养殖水面，可以实现全天候全自动高效精确投饵，从而达到节约劳力、提高饲料利用率和养殖效率的目的。远程气力输送自动投饵系统方案尤其充分考虑深海网箱养殖生产现场远离海岸且自然条件复杂多变的特点，力求实现设备自身提供动力，封闭式自动控制，且性能稳定的技术目标。在同一养殖对象的不同养殖阶段，投饵次数和投饵量等养殖工艺参数通常会有比较大的变化，采用 PLC（可编程逻辑控制器）控制技术可以提高投饵参数修改的便利性并简化设备的调试过程，提高自动投饵的效率和可靠性，方便操作和使用。

图 7-20 描述了一远程气力输送投饵系统，它由送料、供气、传输、动力、控制和撒料等 6 套子系统构成。其工作原理为：起动电机驱动柴油机，柴油机带动风机使管道中形成高速低压空气流，旋转供料器和加速器向管道中添加饲料，饲料颗粒在高速气流驱动下经过分配器沿指定管道向不同目标养殖水域输送，在管道末端由撒料器将饲料均匀抛洒到养殖水面。分配器可将饲料的输送途径在通向不同养殖水域的管道间切换，实现一投饵系统对多目标养殖水域投饵。

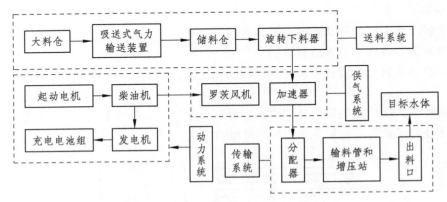

图 7-20　远程气力输送自动投饵系统流程

此系统选用 PLC 作为控制核心，使投饵系统可以按照每日的投饵要求自动启动并全自动地对多个目标水域进行定时、定量投饵，保证投饵行为准时且精确。控制柜内的 PLC 控制起动电机、油门控制器、排空阀、旋转供料器、分配器和吸料机的运行（见图 7-21）。PLC 使各被控制部件实现如下基本功能：起动电机定时自动运行；油门控制器配合起动电机完成柴油机的起动动作，并通过控制油门使系统变换输出功率或者停机；排空阀使风机在无负载条件下起动或停止，以及在特定时间点实现自动启闭，保证输送管道压力维持在安全范围；旋转供料器将储料仓内的饲料添加到管道内，且能在各规定的时间点自动运行与停止；吸料机自动向储料仓补充饲料，维持储料仓内饲料量处于适当水平；分配器滑动接头在接近开关的配合下自动在不同管道之间切换，使饲料通过不同的管道到达指定的投饵水域。

3. 吸鱼泵

吸鱼泵最初是用于拖网和围网渔业中的，其利用网箱泵体内叶片的高速转动，将鱼水压提上来，鱼水受到的是正压力，由于鱼要经过叶片的作用，鱼体受损伤较大，死亡率较高。这与现在的吸鱼机有较大的区别。真空吸鱼泵是利用真空负压原理，将鱼水吸上来，鱼水受到的是负压力作用，鱼体极少受到损伤甚至无损伤。

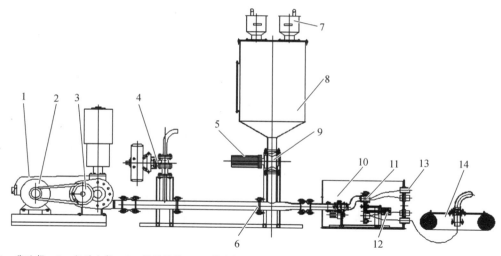

1—柴油机；2—起动电机；3—罗茨风机；4—排空阀门控制装置；5—旋转供料器电机和减速器；6—加速器；
7—吸料机；8—储料仓；9—旋转供料器；10—分配器；11—分配器滑动头；
12—分配器电机和减速器；13—分支管道接头；14—撒料器。

图 7-21　远程气力输送自动投饵系统结构

国外的吸鱼泵研制工作在二十世纪五六十年代就开始进行了，而且普遍使用真空技术来卸载鱼货（部分国家还应用于分级、计数和称重等环节中）。国外将吸鱼泵安装在一只工作船上，起捕时工作船靠近网箱，将吸管放入网箱中，启动吸鱼泵即可将网箱中的鱼吸上来并进行后续处理工作，整个过程时间短、速度快、劳动强度少、操作安全。这就是为什么大家都致力于发展该项技术。

荷兰 KUBBE 公司试制的真空吸气卸鱼装置的抽吸鱼货量达 20～80 t/h，而当时的苏联海洋与渔业研究所研制成功的真空泵水力压气输鱼装置的吸鱼量达 60 t/h。挪威作为最早开发该项技术的国家，该国 TENDOS 和 CFLOW 公司生产的真空吸鱼泵都有较高的知名度。近年来随着国内深水网箱的大力发展，国内的吸鱼机技术也在不断地进步，如浙江海洋水产研究所和舟山禾丰机械厂、舟山海洋科技有限公司协作研制的 HYS-60 型真空吸鱼泵；中国水科院黄海水产研究所开发的真空活鱼起捕机；黑龙江水产研究所研制的真空双筒活鱼提升机等。近两年，国内新近研发网箱真空活鱼起捕机和真空吸鱼机，主要利用水环式真空泵作为形成负压的主要设备，再加上一些控制转换阀门来完成活鱼起捕，该设计具有设计原理合理、自动化程度高、起捕量大、对鱼体无损伤等优点，广大网箱养殖用户皆瞩目于它。

真空吸鱼机的结构如图 7-22 所示，由钢制真空集鱼罐、水环式真空泵、浮球式水位限位开关、全自动电路控制箱、进出气电磁阀和电动球阀、出鱼水密封口门、特制耐压吸鱼橡胶管等主要部分组成。集鱼桶和支架为不锈钢制造，不易被腐蚀；吸、排鱼管道用快速接头连接；真空泵组和电器控制箱安装在同一底座上，结构较为紧凑。

间歇式真空吸鱼泵的工作原理如下：将吸鱼橡胶管放入达到一定鱼、水比例的网箱中去（用起网机将鱼集聚到一定鱼、水比例，达到需要的密度），启动自动控制电路开关，真空泵开始工作。此时真空集鱼罐的抽气电磁阀打开，而吸鱼进口处电动球阀和进气电磁阀处于关闭状态，且出鱼水口的密封门自动吸合（因罐体内外的气压差），真空罐整个系统内部抽气形成负压。当罐内负压达到设定的数值时，吸鱼口电动球阀自动打开，鱼和水通过吸鱼胶管被吸入到集鱼罐内。当罐内水位达到设定的水位时，高位浮球式水位限位开关动作，进气电磁阀打开进气，罐内负压消除，出鱼、水的密封门因内外气压差消失而打开，完成出鱼出水工作。当罐内水位降至排净时，低位浮球式水位限位开关动作，自动控制系统重复以上的工作程序和步骤。这样就能间歇式地达到真空吸鱼的目的。抽吸上的鱼可以通过分级机进行分级，也可以送入另一网箱进行换箱操作。其工艺流程如图 7-23 所示。

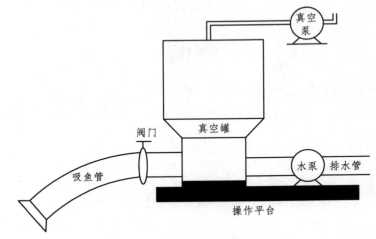

图 7-22　真空活鱼吸鱼机的基本结构

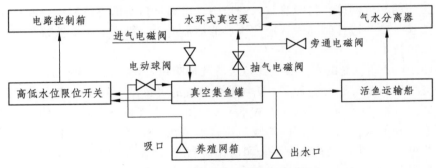

图 7-23　真空活鱼吸鱼机工艺流程

该机的主要技术性能为：最大真空吸程（即真空罐体吸口工作平台上安装高度至海面的高度差）6 m，起捕效率可达 20 t/h（鱼水密度达到 1：1 时），起捕活鱼规格≤1.5 kg，真空泵的功率为 22 kW。

真空吸鱼机工作必须具备以下三种阀件：

（1）自动吸鱼单向阀。

由于真空泵对集鱼桶内进行抽真空，集鱼桶内的压力低于集鱼桶外的标准大气压，大气压的压力把吸鱼单向阀的挡板打开进行吸鱼动作；当排鱼时该阀自动关闭，防止吸鱼管管道的海水倒流。

（2）自动排鱼单向阀。

当水位达到最高点时，真空泵由对集鱼桶内抽气转换为对集鱼桶内吹气，由于集鱼桶内的压力大于集鱼桶外的标准大气压，集鱼桶内气压的压力把排鱼单向阀的挡板打开进行排鱼动作；当水位达到最低点时，真空泵由对集鱼桶内吹气转换为对集鱼桶内抽气，该阀自动关闭，防止排鱼管管道中空气的进入，如图 7-24 所示。

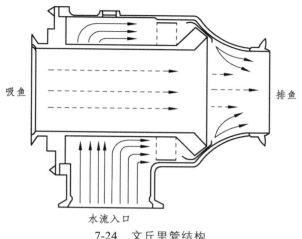

吸鱼　　　　　　　　　　　　　　　　　排鱼

水流入口

7-24　文丘里管结构

（3）正负气流换向阀。

正负气流换向阀能改变集鱼桶内压力状态，同时控制吸鱼与排鱼阀件的开与闭。

吸、排鱼阀件必须要具备较好的密封性能，否则会影响吸、排鱼的作业。考虑泵的结构会关系到鱼吸入、排出时受伤，所以尽量减少阶梯，用锥形代替。

除了真空吸鱼外，目前的网箱捕鱼方法还有射流式吸鱼、气力吸鱼、离心式潜水吸鱼等。其中射流式吸鱼泵是利用流体力学的基本原理设计的，输送的鱼不易损伤。最具有代表性的是美国 ETI 公司 1988 年研发的 SILKSTREAM 射流式吸鱼泵，全球范围内有 200 多台在使用中，该泵可用于输送活的鱼货。气力吸鱼泵利用罗茨风机抽风使管道形成一定的风速，所以有噪声大、功耗大、机件气蚀严重、不能输送活鱼等缺点。在国内，20 世纪 60 年代上海渔业机械仪器研究所、浙江省海洋水产研究所研制的气力吸鱼泵虽然效率高，但不能抽吸活鱼，只能起"海上过鲜"作用。离心式潜水鱼泵，其叶轮构造特别是传动部件，使鱼体可能损伤，另外，其采用液压马达驱动叶轮，系统管道如果安装不好会造成漏油，污染鱼货、影响质量等。20 世纪 50 年代，美国马可公司成功研制的离心式潜水吸鱼泵用于围网渔业中，效率高、速度快；在 1975 年，我国上海渔业机械仪器研究所也成功研制了该类吸鱼泵，损耗率仅 1%。

4．水力洗网机

放置深海网箱的养殖海域海水里的浮游生物较多，由于网衣材料本身无毒而且表面积大，有利于污损生物的生长；网箱网衣的结构阻碍附着的海洋生物组织被清洗；在养殖鱼类的喂食过程中，养殖品种未曾消化的营养物质会加速污染生物的生长；鱼类的排泄物和残渣的存在，也会引起附着在网箱网衣上的海藻快速生长。这些因素都会导致网箱内部水流不畅，引起网箱内水体溶氧量和水质下降，影响了养殖鱼体的生长率和成活率。此外，大量的生物附着还会增加网具的重量和迎流面积，加大网衣受力载荷，甚至导致网衣破损。因此，对网箱的污损生物应及时清除。

目前，清除网箱附着的方法有人工清洗、阳光暴晒、机械清洗、沉箱法、生物清除、药物清除和物理清除等。此处主要介绍高压洗网机。高压洗网机能有效清洗深海网箱网衣附生物，这套机械采用物理清洗的方法，用高压水流的能量对网衣附着物进行清洗，对鱼类基本上没有伤害，而且使用方便。

高压洗网机由高压泵、高压软管与清洗头等部件组成，如图 7-25 所示。高压泵通过柴油机驱动后产生高压水，高压水流经高压导管内部水流通道，进入高压仓，并自高压仓上的高压喷嘴喷出。

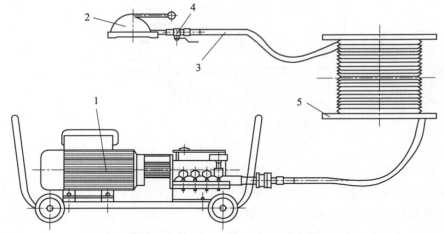

1—高压泵；2—清洗头；3—高压软管；4—水阀；5—软管浇盘。

图 7-25　高压洗网机

高压洗网机工作时，高压泵通常放在工作船上，独立驱动的柴油机能够四处移动。清洗人员手持连接清洗头的操纵杆站在网箱边上进行清洗工作，高压泵产生的高压水经喷嘴喷射出很细的高压水射流，同时由于高压水射流在水里产生的反作用力，推动清洗盘转动，从而产生一个高压水射流圈，把网衣上的附生物冲洗掉。操纵杆长度可调，一般最长不超过 8 m，人在水面上清理网衣的深度一般不超过 7 m。高压洗网机的清洗盘采用高强度的碳纤维材料，质量轻，结构强度好。高压泵的额定工作压力为 20 MPa，从实际使用效果看，如高压泵的工作压力低于 18 MPa 时，清洗效果较差。使用高压洗网机时，应该是清洗头在网内，水射流射向网外，这样才不会对鱼体产生伤害。为了取得较好的冲洗效果，清洗头在水下的移动速度应该保持在 0.5 m/s。清洗头清洗方法如图 7-26 所示。

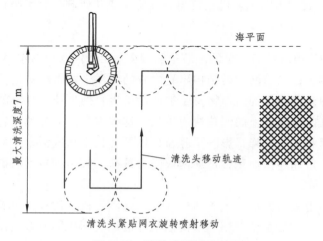

图 7-26　清洗头清洗方法

高压射流清洗系统一般由柴油机、高压水泵、软管与硬管、清洗机等部件组成。柴油机将化学能转化为机械能，带动高压泵产生高压水，通过管道将高压水接入高压密封螺帽的中心通孔后，流经高压导管轴内部水流通道，进入高压舱，并自高压舱上的高压喷嘴喷出，利用高压水流喷射的反冲力实现对网衣的旋转式清洗。在高压舱前盖上斜向设置的高压喷嘴使得高压水流在冲击网衣的同时又能随高压舱一起转动，增大了网衣清洗的面积，提高了清洗效率。

高压射流清洗的效果集中体现在清洗作用力上，包括射流水本身具有的清洗作用和通过喷嘴获得的速度经动能转换对清洗对象的冲击力。喷嘴是水射流设备的重要元件，它最终形成了水射流工况，同时又制约着系统的各个部件，它不但把高压泵提供的静压转化成水的动力，而且必须让射流具有优良的流动特性和运动特性。同时，喷嘴又是高压水射流清洗机的执行元件。研究和工程实践表明，喷嘴的几何形状、结构参数等对射流的性能具有重要的影响。不同的喷嘴形状会得到不同的射流效果。对于不同的喷嘴形式，按形状分有圆柱形喷嘴、扇形喷嘴、异形喷嘴等。在喷嘴直径、压力、喷嘴到作用面的距离和作用时间相同的条件下，圆柱形喷嘴的射流效果好，可获得聚集能量较好的集束射流，以得到较大的射流冲击力。扇形喷嘴直接由喷嘴形状产生均匀的扁平射流，扩散角也可在较大范围内变化。但扇形喷嘴射流效率低，其主要原因是射流被扩散时，大部分喷射能量被喷嘴自身损耗。因此，在实际工程设计中，通常会选择圆柱形喷嘴。同时，圆柱形喷嘴加工简单，使用范围非常广泛。

5. 起网机

无论深海网箱养殖是采用防污处理还是采用洗网机，网箱网衣系统经过一段时间的养殖后，都必须进行换网操作。起网机的组件有电动机、减速器、卷筒以及支架等部分，如图 7-27 所示。

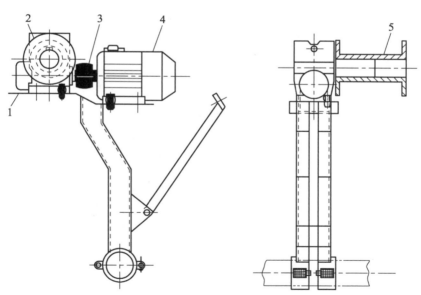

1—减速器；2—支架；3—联轴器；4—电动机；5—卷筒。

图 7-27　起网机的结构

其工作原理是采用电动机经过减速器减速后，带动卷筒，卷起网绳进行起网。设计的关键是选用合适的电动机和减速器配合，能够实现起网时自锁、起网下网（卷筒的正转反转）等功能。起网机的简单传动系统图，如图 7-28 所示。

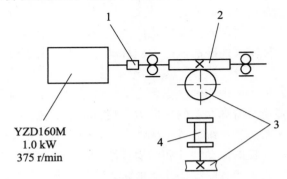

1—联轴器；2—减速器蜗杆；3—减速器涡轮；4—卷筒。

图 7-28　起网机的传动系统

起网机安装在 HDPE 网箱浮管上的扶手架上，并且有辅助支撑，如图 7-29 所示。

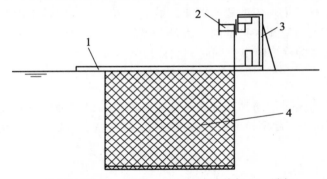

1—HDPE 浮管；2—起网机；3—起网机支撑架；4—网衣。

图 7-29　起网机的使用

起网时，起网机的总体布局如图 7-30 所示。

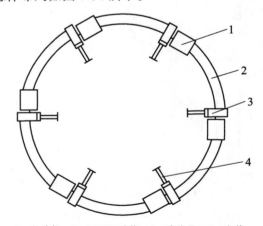

1—电动机；2—HDPE 浮管；3—减速器；4—卷筒。

图 7-30　起网机的总体布局

为了让起网时，网衣能平稳上升，可采用多台起网机（如 6 台）均匀分布在浮管系统的圆周上。

6. 其他附属设备的设计

（1）海上工作平台。

工作平台是深海网箱养殖管理人员工作及休息的地方，也是小型仓库，其兼具管理、监控、记录、喷料、储藏、休息等功能。建立海上工作平台有利于生产管理，对养殖环境条件、营养饲料、病害防治进行有效的控制。养殖自污染状况、养殖环境因子和产品质量安全的监测，海上设施的观察和监控、维修，工作人员海上工作、生活等建设在平台上，并配置相应的分析测试仪器、设备和交通工具。对于陆上远程控制中心，需在平台上建立相应的中继站，以便建立正常联系。工作平台上配备小型风力发电机组，用来提供工作人员的日常生活用电。配套设备由柴油发电机组供电，恶劣天气还备用了 24 h 直流电源。

（2）陆上远程控制室。

远程控制室建立在远离深海的陆上，但离网箱的距离最大受限制，目前一般不超过 10 km，要保证信号的准确接收。其作用是 24 h 监测网箱养殖的各种情况，分析养殖环境指标，使用的是计算机控制技术。

（3）运输工作船。

运输工作船系深海网箱养殖必不可少的交通与运输工具，承担人员与饵料、器材的运输以及网箱养殖情况的巡视。

思考题

（1）工厂化养殖的水质净化系统主要装备是什么？

（2）一个典型的封闭式循环水工厂化养殖系统需要配置哪些装备？

（3）网箱的主要组成部分是什么？其主要的性能要求有哪些？

（4）如何提高网箱的抗风浪性能？

智慧农业控制技术与装备案例

8.1 寿光智慧蔬菜生产控制技术与装备

8.1.1 概 况

寿光市位于山东省潍坊市西北部，寿光市根据本市农业资源分布的特点和农民传统的种植习惯，把发展蔬菜产业作为本市农业的一个重要方面，突出抓好大棚菜、大田菜和出口创汇蔬菜生产，形成了成方连片的大规模蔬菜生产基地。寿光智慧农业发达，是冬暖式大棚蔬菜的发祥地，著名的中国蔬菜之乡，如图 8-1 所示。

图 8-1　山东寿光温室大棚群鸟瞰

8.1.2 智慧蔬菜生产的基本形式和技术路线

寿光市的蔬菜生产主要包括大田蔬菜生产（如白菜、大葱、萝卜等）和智慧蔬菜生产，智慧蔬菜生产可分为塑料大棚拱、一般塑膜温室、冬暖式日光温室和连栋温室四种模式的蔬菜生产。

智慧蔬菜生产的品种不同,所采用的具体技术路线有所不同,但大体技术路线相同。通常的技术路线为:

日光温室标准化建造 ——→ 机械化整平地面,拌合、深施有机肥料 ——→ 选择丰产、抗病优良品种及嫁接技术 ——→ 合理施肥、浇水、控制温湿度 ——→ 无公害综合防治病虫害技术 ——→ 克服土壤连作障碍技术。

8.1.3 智慧蔬菜生产控制技术与装备

智慧蔬菜生产配套装备可分为植物保护地设施装备,机械化设施装备,节水灌溉(无土栽培)装备,声、光、电装备等。

1. 保护地设施装备

寿光Ⅰ、Ⅱ、Ⅲ、Ⅳ、Ⅴ型冬暖式大棚由塑膜、竹竿、水泥立柱、桁架、墙体、钢丝等构成。目前,寿光主要推广的是Ⅳ、Ⅴ型冬暖式大棚,其特点是墙壁厚重、坚固、保温蓄热效果好;前坡面拱圆形,采光合理,光线分布均匀;棚内空间大,改善了昼夜温差过大的缺点。在蔬菜种植区内取消了立柱,便于机械化作业,并有利于安装电动卷帘机。这种冬暖式温室适合种植各种蔬菜,已被广大菜农选用。

连栋温室一般是采用钢结构复合材料,配有加温通风设施和由计算机控制的浇水温度、湿度调控设施。该形式一次性投资太大,一般农民无力承受,在寿光的二十多处连栋温室都是各地的示范园,主要用于蔬菜育苗,如图 8-2 所示。

(a)塑料大棚

(b)连栋温室

(c)玻璃温室

(d)无土栽培温室

图 8-2 保护地设施装备

2. 卷帘机械

目前，寿光以撑杆式卷帘机应用最多。其特点是利用一根钢管作为芯轴，驱动机构安装在芯轴中间位置，由中间向两侧传递动力，可折式铰链撑杆一端与驱动机构连接，一端与大棚前地面固定端铰链，由于撑杆的导向和力臂作用，驱动机构随芯轴和草帘卷一起卷升。放帘时，扳动双向开关，节省了后墙的固定架和牵引轴，由于不需要安装牵引架，对墙体结构没有特殊要求。这是目前和今后一段时间的重点推广机构。

3. 微耕机

温室大棚的耕作机械一般称微耕机，与大田的耕作机结构原理是基本一样的，只是受大棚的空间所限，其结构尺寸较小。大棚的耕作机械配套动力一般在 $3 \sim 6$ W 左右，根据需要在动力机械上配套不同的作业机械，完成耕地（包括犁耕和旋耕）、中耕培土等作业。配以播种机、施肥机、收割机、药泵和水泵等还可以进行相应的作业，实现一机多用。温室中常用的微耕机主要是标准型微耕机和无轮型微耕机。

4. 臭氧发生器

把臭氧排放在蔬菜大棚里，达到一定浓度后，即可在瞬间杀死细菌、病毒和昆虫，同时对农药和有机毒物还有很强的降解作用。臭氧发生器是用于生产臭氧的设备，主要由臭氧发生系统、送风系统、定时系统和控制系统组成。其工作过程是：接通臭氧发生器电源，臭氧发生器即可开始产生臭氧，通过风机和气泵、输送管送到温室空间，到达指定时间后，定时器断开电源，臭氧发生器停止工作。

5. 植物声频发生器

植物声频控制技术是利用声频发生器对植物施加特定频率的声波，与植物发生共振，促进各种营养元素的吸收、运输和转化，从而增强植物的光合作用和吸收能力，促进生长发育，达到增产、增收、优质、抗病的目的。植物声频发生器看起来像音箱，四面各有一个扬声器，可支放在田间向四周发射声波。其作用主要是：增加作物产量，提高营养品质，增强抗病性，促进生长发育、提早成熟，加快后熟程度，提高种子发芽率，等。

6. 二氧化碳施肥设备

空气中 CO_2 浓度一般为 300 mg/L 左右，虽然可基本满足作物光合作用的需要，但明显低于作物所需的最佳浓度。特别是在温室大棚内相对密闭的特殊条件下，如出现作物进行旺盛的光合作用，会使 CO_2 浓度急剧降低，造成 CO_2 亏缺。因而，在温室大棚内增施 CO_2，使其保持较高的浓度，是强化作物光合作用、促进作物生长发育达到高产优质的有效技术措施，又称气肥增施技术。生产 CO_2 的主要方法有化学反应法、燃煤法、燃油法等。其中，化学反应法投资小、见效快，被广泛应用。

7. 温室加温设备

温室加温方式有热水加温、蒸汽加温、热风加温、电热加温和辐射加温等，所用设备主要是锅炉、热风机、电加热器、辐射灯等。在连栋温室中常用的加温方法主要是利用散热器，采用热水和蒸汽（锅炉、暖气）加温。

8.2 淮阳县智慧畜牧业养殖控制技术与装备

8.2.1 概　况

河南省周口市淮阳县，地处黄河冲积扇东南缘，属暖温带季风气候。该县种养业历史悠久，是我国农牧业文化的发祥地。其主要养殖畜禽有生猪、黄牛、山绵羊、鸡、鸭、鹅等，是我国重要的农牧业优势产区。20 世纪 90 年代，该县实施了以养殖高产蛋鸡、瘦肉型猪、速长肉鸡为主的畜牧业设施生产建设，成为农村经济新的增长点。

8.2.2 智慧畜牧业养殖控制技术与装备

1. 高产蛋鸡设施

（1）可封闭式禽舍。分育雏舍，产蛋鸡舍。鸡舍为砖瓦、砖混结构，地面硬化。育雏舍侧重保温设计，产蛋鸡舍偏重于防暑降温设计。

（2）育雏网架（育雏笼），产蛋鸡笼。

（3）增温设施。火龙、火坑、火炉等，主要用于育雏增温。

（4）降温通风设施。电扇、排气扇，还有喷水降温设施等。

（5）配套设施。育雏用料槽、饮水器，产蛋鸡料槽、饮水器具（水槽、乳头饮水器），照明设施，温度监测检测仪器，湿度监测仪器，消毒防疫设施设备，污物处理设施（沼气池）。

2. 瘦肉型猪设施

（1）可封闭式圈舍。分产房，仔猪保育舍，空怀母猪、妊娠母猪舍，公猪舍，肥育猪舍。猪舍为砖瓦、砖混结构，地面硬化。产房、仔猪保育舍偏重保温设计。基础母猪舍、公猪舍、肥育猪舍侧重防暑降温设计。

（2）产床、保育栏、限位栏（基础母猪用）。

（3）增温设施。红外保温伞、电热增温垫、火炉等，主要用于产房、育仔增温。

（4）降温通风设施。电扇、排气扇，还有喷水降温设施等。

（5）配套设施。料槽、饮水器、照明设施、温度计、湿度计、消毒防疫设施设备、污物处理设施（沼气池）。

3. 其他配套装备与技术

其他配套装备主要包括：供水系统、排水系统、供料系统、消毒防疫设施设备和供电系统等。配套技术主要包括：良种配套生产技术、动物疫病综合防控技术、饲料配合调制技术和污物无害处理技术等。

8.3 海南高位池对虾养殖控制技术与装备

8.3.1 概　况

海南四周环海，有长达 1 528 km 的海岸线，且近海水质良好，为各类海洋水产品养殖提供了绝佳环境。

海南从1992年初引进高位池养殖技术以来,得到了迅速发展。高位池养殖模式又称提水式高密度养殖模式,是海南省对虾养殖中最常用的养殖模式,是一种集约式的养殖模式。该模式的特点是投资大、产量高、病害少、养成率高,基本上可抑制或切断病原体的传播途径,保持虾体健康快速成长。

海南省高位池养殖业的快速发展,对加快农业经济发展,特别是沿海市、县的经济发展起到了重要的促进作用。同时,高位池养殖带动了种苗、饲料、渔药、运销、加工、电力等相关产业的发展,为沿海地区农民创造了新的就业机会。

8.3.2 高位池养殖工艺流程

高位池养殖工艺流程如图8-3所示。

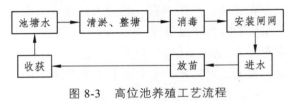

图8-3 高位池养殖工艺流程

8.3.3 高位池养殖控制技术与装备

1. 高密度养殖技术

(1)苗种放养前的准备工作。

对虾全部收获之后,应将养殖池及蓄水池、沟渠等积水排净,封闸晒池,维修堤坝、闸门,并清除池底的污染杂物。然后全池泼洒生石灰消毒对虾敌害生物、致病生物及携带病原的中间宿主。消毒结束1~2 d后,开始纳水,培养基础生物饵料。

(2)放苗。

养成池水深应达1 m以上,透明度在40 cm左右。水温控制在22 ℃以上,盐度为0.32%以下,养殖池水 pH 为7.8~8.6,放苗密度以(25~50)×10^4尾/hm^{2}为宜。

(3)养成管理。

放苗后,养成用水要经过蓄水池沉淀、净化处理。养殖初期,对虾活动范围小,应全池投喂。随着对虾的生长,可选择虾经常聚集处、无污物区投喂。常规配合饲料日投喂率为3%~5%。养成期间保持水位,保持水质的稳定性及生态平衡。每日对水温、盐度及 pH 等进行测定。每5~10 d测量一次对虾生长情况,每次测量不少于50尾。

(4)收获。

常用带脉冲电的推网或拉网收虾,亦可用虾笼收虾、锥形网排水收虾。

2. 高密度养殖配套装备

(1)进、排水渠道。

为保护水源,保证养殖用水质量,预防病原传播,在集中的对虾养殖区,需要建设进、排水渠道,协调各养殖场和养殖池的进、排水。进水口与排水口应尽量远离,而且排水渠的宽度应大于进水渠，其渠底一定要低于各相应虾池排水闸闸底 30 cm 以上。

（2）蓄水池。

蓄水池主要是为了存储养殖用水，经沉淀、净化、降低病原微生物及病原体数量，改善水质的物理、化学、生物因子参数，使其达到对虾需要的养殖池用水标准。通常蓄水池水容量为总养殖水体的 1/3。

（3）提水设备及扬水站。

高位池养殖通常使用轴流泵提水。该类型水泵扬程低，抽水量大，节省电能。水泵日提水量可达到养殖池总需水量的 10% ~ 30%。

（4）增氧设备。

增氧机，可选用水车式增氧机或叶轮式增氧机，通常按每千万负荷 500 kg 对虾设置。

（5）养殖废水处理池。

养殖后的废水，应经处理池净化处理后，排入排水沟。

8.4 钟村农场智慧农业控制技术与装备

8.4.1 基地概况

钟村农场是仲恺农业工程学院的教学科研基地，坐落在广州番禺区大石镇与钟村镇的交界处，始建于 1991 年，占地面积 33.35 万 m²，建筑面积 2 658 m²。温室面积 4 164 m²。其中智能玻璃温室 100 m²，薄膜连体温控大棚 1 024 m²，荫生花卉大棚 2 100 m²，无土栽培设施 2 栋 1 000 m²；有荫生花卉 200 多种，果树 20 多种，乔、灌、草、藤等园林观赏植物近 120 种；建有无公害蔬菜种植区、果树种植区、旱作物种植区、农业设施栽培区、草坪草资源圃、家禽养殖区、观赏花卉资源等功能区。

建场 15 年来，累计投资 1 000 多万元，承担研究课题 20 多项，每年有近 20 多名教授、60 多名本科学生、10 多名硕士研究生和博士研究生到基地进行科研项目研究。目前该基地还承担"省级农业综合开发科技推广示范基地"和"广东星火技术产业带建设示范单位"的建设任务。该基地已成为集教学、科研、科普教育、科技示范及生态休闲旅游为一体的多功能教学科研中心。

8.4.2 智慧园艺控制技术与装备

钟村基地的智慧园艺主要包括：无公害蔬菜种植区、果树种植区、旱作物种植区、农业智慧栽培区、草坪草资源圃等，其配套装备可分为保护地设施装备和机械化设施装备。

1. 保护地设施装备

钟村基地保护地设施装备采用的是塑料大拱棚、薄膜连体温控大棚、智能玻璃温室、无土栽培温室和平架连栋荫棚等。塑料大拱棚利用竹木、钢材等材料，并覆盖塑料薄膜，搭成拱形棚，主要用于栽培各类蔬菜，如图 8-4 所示。

图 8-4　塑料大拱棚

　　薄膜连体温控大棚采用钢结构复合材料，并配备加温通风设施，浇水温度、湿度计算机控制设施等。主要用于蔬菜育苗等，如图 8-5 所示。

图 8-5　薄膜连体温控大棚

　　玻璃温室主要用于蔬菜育苗等，如图 8-6 所示。

图 8-6　玻璃温室

2. 机械化设施装备

温室设施内使用的机械化设施装备主要包括物理植保技术装备或其他喷雾植保机械、物理增产技术装备、耕耙与灌溉类机械装置、湿帘降温系统等。其中，物理植保技术装备包括温室电除雾防病促生系统、土壤连作障碍电处理机、臭氧病虫害防治、色光双诱电杀虫灯、防虫网；而物理增产技术装备包括利用空间电场生物效应制造的空间电场光合作用促进系统、烟气净化二氧化碳气肥机、补光灯、滴灌系统等；耕耙与灌溉类机械装置包括微耕机、微滴灌装置、抽水机、自动灌溉系统等；其他喷雾植保机械包括高压喷雾机、电动和手动施药器具。温室设施外使用的机械装备有草苫（保温被）卷帘机、卷膜器等。在生产作业中，机械耕作比较普遍，其他生产环节大多是人工作业。

3. 智慧养殖控制技术与装备

钟村基地的智慧养殖主要包括智慧养鸡、猪等，采用禽舍养殖，设施装备主要有喂料机、喷淋设备、风机、冷水帘以及粪便处理设备等，鸡饲养场还配备种鸡、蛋鸡孵化设备室等。基地主要进行健康养殖技术示范，引导广东省农业健康养殖，推动社会主义新农村的建设，同时也作为学校教师和研究生科研与技术开发所需的实验动物饲养、疫病防治和动物营养及饲料配方等生产试验场所。

8.5 广州市白云区智慧农业控制技术与装备

在 2009 年广州市农机工作会议上，广东省农业厅对广州推广智慧农业新技术提出了新要求："广州要充分发挥全省'老大哥'的带头作用，积极探索农业机械化率先发展、和谐发展的路子，突出并进一步增强广州市智慧农业装备、园艺机械、农产品加工机械广泛运用的优势，在智慧农业推广方面，要研究出新的突破点，如对温室大棚探索出可行的补贴方法，争取将其列入农机购置补贴目录。"对此，广州市白云区农机推广部门进行积极探索，结合本区实际情况，积极推广先进适用的农业机械，并取得了较好成效。下面主要概述白云区和广东省农科院白云基地智慧农业控制技术与装备。

8.5.1 白云区智慧农业控制技术与装备

白云区共有水稻面积 8.6 万亩（两造），水果 5.5 万亩，鱼塘 4.5 万亩，蔬菜 11 万亩。各个镇又都根据自己的特色有所侧重地进行种养。白云区农机部门经过深入调查了解到：广花线的江高、神山等镇农民以种植蔬菜和鱼塘养鱼为主；人和、蚌湖、白云区特种水产养殖试验场等以种植霸王花、蔬菜、养鱼等为主；广从线的钟落潭、竹料、良田、太和等镇以水果、蔬菜、花卉等为主。各具特色，主业明确。

通过对全区农业种养业调查摸底后，农机部门围绕各镇种养业的特色，因地制宜做好农机技术推广工作。在江高、神山主要推广喷灌机、鱼塘增氧机和自动投饵机等机具；在蚌湖、人和推广自动喷灌、喷淋系统，菜地整耕，潜水泵，空气压缩机，自吸混流泵等机具；在太和、钟落潭推广微耕机械、机动喷雾机、抗旱抽水泵等机具。在推广过程中，特别注重扶持农机专业村、农机专业社的发展。对在江高镇已出现农机喷灌专业村和鱼塘养殖机械专业村、专业社，注意在萌芽状态当中扶持它们发展、不断培育壮大。农业机械的推广对减轻农民劳动强度，提高生产效率，促进农业增效、农民增收起到了很好的作用，深受农民的欢迎。

8.5.2　广东省农科院白云基地智慧农业控制技术与装备

广东省农科院白云基地是国家级农业科技园区，地址位于广州市白云区钟落潭镇，占地面积 2 000 余亩，是集科研、试验、示范、推广、培训及旅游观光度假于一体的多功能农业现代化基地。2005 年被评为广州市首批农业旅游示范点；同时还是广东省农业现代化示范区，广东省农业高新技术产业示范园，全国、省、市的农业科普基地。

白云基地由科普展览厅、太空育种园、植物克隆中心和无土栽培试验区四大部分组成。其中科普展览厅主要介绍农业科普知识、国内外农业剪影、广东省现代化农业示范区情况。太空育种园是农业新品种、新技术的试验研究基地。广东省农科院专家挑选了 56 份种子、种苗经过严密的包装后送至酒泉卫星发射基地，乘坐"中国返回式科学试验卫星"升空。经过 18 天的太空漫游后，返回地面并种植在此地。在植物克隆中心的无菌车间可参加植物克隆技术的整个过程。无土栽培试验区中，智能温室大棚里面通过水培和基质培等无土栽培方式，并运用滴灌等先进的灌溉方式对南瓜、茄子、番茄、辣椒、生菜等植物进行种植栽培。各种新奇先进的栽培方式（墙体栽培、柱状栽培、管道栽培等），通过现代基质无土栽培和环境综合控制技术，结合营养与生理调控，创造了最佳的环境条件和营养条件，从而使草本的蔬果植物的体型也能长成高大木本的果树一样，并结出更多的果实，造就"树"状架势，以蔬菜树、巨型南瓜、巨型蔬菜等形式展示。

8.6　山东鲆鲽类海水鱼工厂化养殖构建技术与装备

8.6.1　概　况

鲆鲽类是海水养殖鱼类的重要代表，也是我国最早走上工厂化养殖道路的海水鱼类。据国家鲆鲽类产业体系课题组调查统计，2009 年我国鲆鲽类总产量为 7.9 万～8.9 万 t，其中山东、河北、天津、辽宁 4 个环渤海湾主产区占全国总产量的 92%，产量最大的 3 个品种依次为大菱鲆、牙鲆和半滑舌鳎，分别占到总产量的 55%、30% 和 8%，在我国海水鱼类养殖业中占有举足轻重的地位。

我国的海水鲆鲽类工厂化循环水养殖，通过 10 余年的努力，系统技术已经逐步走向成熟，国内已有超过 10 家养殖企业建成鲆鲽类循环水养殖系统。由于受系统技术成熟度和运行经济性两大因素的影响，处于正常运行状态的只有天津海发海珍品有限公司、莱州明波水产有限公司、青岛通用水产养殖有限公司、烟台开发区天源水产有限公司等几家（见表 8-1）。

表 8-1　国内典型鲆鲽类循环水养殖系统概况

单位	类型	规模/万 m²	主养品种	养殖密度/（kg/m²）	循环率/（次/d）	热源	氧源	饲料
天津海发	全循环	4.70	半滑舌鳎	20	15～17	地热/热泵	液氧	颗粒
莱州明波	全循环	0.80	半滑舌鳎	20	17	锅炉	液氧	颗粒
青岛通用	全循环	0.15	大菱鲆	50	20～24	锅炉/热泵	液氧	颗粒
烟台天源	半循环	0.20	大菱鲆	15	12	无	液氧	颗粒

其中循环系统运行较为成熟的当属天津海发公司和莱州明波公司，他们的主养品种是半滑舌鳎，养殖规模都在 5 000 ~ 50 000 m²。

8.6.2　典型系统模式简介

1. 天津海发循环水养殖系统

该公司是目前国内海水工厂化循环水养殖的最大企业，主养品种为半滑舌鳎和石斑鱼，还试养了河鲀。通过技术升级改造，养殖密度由原先的 15 kg/m² 提升到 20 kg/m² 以上，其水处理工艺流程如图 8-7 所示。

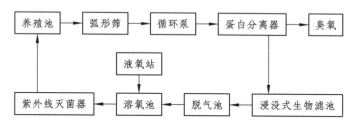

图 8-7　天津海发半滑舌鳎循环水养殖系统水处理工艺

该公司构建的工厂化循环水养殖系统有三个主要特点：一是以弧形筛和泡沫分离器取代了传统的转鼓式微滤机和砂滤罐，大幅降低了运行能耗（约 44.35%）和维护成本；二是生物净化采用了三级组合式生物滤池方式，前二级采用立体弹性填料，而第三级滤池则采用了大比表面积的塑料片滤料，以增加生物降解效果；三是使用比利时 INVA SANOLIFE 微生物制剂调节系统水体的微生态。

2. 莱州明波半滑舌鳎循环水养殖改进系统

该系统总共有效养殖水面为 1 120 m²，分为两组独立系统，每组由单池面积为 40 m² 的 14 个鱼池和相应的水处理系统组成，设计养殖密度为 25 kg/m²（半滑舌鳎），水循环率为 15 ~ 17 次/d，工艺流程如图 8-8 所示。

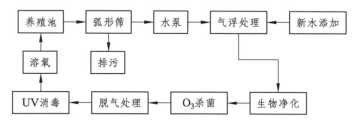

图 8-8　莱州明波半滑舌鳎循环水养殖系统水处理工艺

该系统主要有四个特点：一是取消了常规的射流式泡沫分离器，代之以气浮池工艺（类似于挪威 AKVA 脱气池技术），大幅降低泡沫分离能耗，同时兼有一定的生物净化功能；二是考虑到生物滤料的通透性和高比表面积，生物净化采用 3 级串联式浸没滤池，且每级的滤料不同，依次为立体弹性填料、BIO-BLOK 生物包和海绵型生物包；三是在生物净化结束后增设了一道采用滴滤方式的脱气工艺，即可去除脱去因鱼类呼吸和生物净化产生的二氧化碳，同时兼有一定的去除残留臭氧功能；四是增氧工艺上采用了纯氧释放器结合水泵叶轮混合增氧工艺，提高了氧的利用率，但实际会造成系统两级水泵的提升能耗。

3. 青岛通用大菱鲆循环水养殖系统

青岛通用是近年来涌现出来的一个具有较高系统技术含量和管理水平的鲆鲽类养殖公司，现拥有 6 套共 1 500 m^2 的现代化全封闭循环水养殖系统，分别应用于大菱鲆亲鱼培育、高密度养殖和鱼苗培育。成鱼系统设计养殖密度为 50 kg/m^2，水体循环率为 20 ~ 24 次/d，育苗系统循环率为 12 ~ 16 次/d。系统水处理工艺如图 8-9 所示。

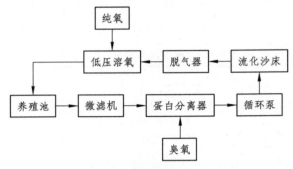

图 8-9　青岛通用大菱鲆循环水养殖系统水处理工艺

该系统核心工艺源自美国西弗吉尼亚淡水研究所的冷水性鲑鳟类（淡水）循环水养殖系统，通过企业自身的海水化技术改进，在物理过滤中增加了泡沫分离和臭氧杀菌工艺，形成了一套适合大菱鲆成鱼和苗种生产的先进技术系统。该系统最大特点是工艺环节完整，装备化程度高。先进的流化沙床、二氧化碳脱气器、低压溶氧装置等三个工艺均代表了国际先进水平，高密度（50 kg/m^2）养殖时的水处理和养殖效果也反映出系统的完整性和先进性。需要指出的是，由于系统的集成度和设备化程度高，相对建设和运行的成本要比莱州明波和天津海发两种半滑舌鳎系统更高，系统运行和管理要求也更大。

4. 烟台天源半循环大菱鲆养殖系统

该系统构建于 2009 年，系统总面积 2 000 m^2，由两组独立的养殖系统组成，主要养殖对象为大菱鲆、牙鲆、星突江鲽等，设计养殖密度 30 kg/m^2，水体循环率为 12 次/d，平均日换水率为 50%。水处理流程如图 8-10 所示。

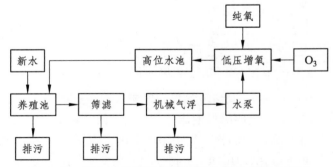

图 8-10　烟台天源鲆鲽类半循环水养殖水处理工艺

作为一套半循环水养殖系统，其最大特点是在强化物理过滤和增氧杀菌的前提下，省略占地大、维护困难的生物净化环节。在筛滤环节，采用了过滤精度为 200 目的转鼓式微滤机；

泡沫分离则是在国内首次采用了机械气浮工艺，与传统射流式泡沫分离器相比，具有成本低、综合效果好等优点，既可去除固体悬浮物和可溶性有机物，同时也有良好的脱气（二氧化碳）和增氧功能；增氧杀菌工艺则是采用国际上最新的低压增氧（LHO）技术，出水溶氧可达15 mg/L以上，氧利用率约70%，并可同步实现臭氧杀菌功能，残余臭氧则可通过下一环节（高位水池）约15 min的水力停留时间（HRT）予以分解。

8.6.3 系统存在的共性问题

1. 水处理核心部分关键难题尚待进一步突破

以大菱鲆为代表的冷水性海水鱼类与其他养殖品种相比，养殖生境和行为习性都有其特殊性，水温低和水质要求高是主要特点。低温寡营养条件下的海水生物膜快速培养和高效稳定运行是目前大菱鲆养殖系统中一个尚未完全攻克的难题。在普遍使用纯氧增氧情况下，由于鱼类呼吸和生物降解时产生的二氧化碳积累问题也日益显现，二氧化碳的有效去除技术和装备的研发，目前国内尚处于空白状态；在水体杀菌技术上，紫外线杀菌在技术和装备上已相当成熟，但作为效果更好的臭氧杀菌技术的应用，还存在杀菌浓度的确定、控制，以及残余臭氧去除等技术问题尚未得到彻底解决。

2. 装备的效率和可靠性以及全循环的标准化、系列化和规模化程度亟待提高

目前国内能生产海水养殖循环系统水处理设备的企业为数不少，但普遍规模较小，且缺乏有自主知识产权的核心技术。虽在产品品种上可基本满足现阶段鲆鲽类循环水养殖系统的构建需求，但涉及产品质量的问题颇多，这与多数企业的技术背景（环保或水族行业转行而来）有关，缺乏海水鱼类养殖知识，对鲆鲽类循环水养殖特性了解不够全面，装备产品的针对性和适用性不强，尤其在材料选择、耐久性、可靠性等方面存在不少问题。究其原因是装备生产厂家的技术实力弱和生产规模小，对制定标准的意识不强。

3. 系统稳定性和经济性尚不能完全满足产业需求

鲆鲽类循环水养殖系统要求水处理工艺的核心部分为两级物理过滤和多级生物降解，并辅以增氧、脱气、杀菌和调温等环节，将之串联成一个既衔接又稳定的流程。通过长期实践，我国鲆鲽类养殖水处理工艺除脱气（CO_2）环节还有所缺失外，其他部分均已基本成熟。但目前现有的循环水养殖系统的设施设备投入和运行能耗还处于一个较高水平状态。目前全循环养殖系统单位有效水体的投资成本约在3 000元以上，只有大型企业可以承受。鲆鲽类循环水养殖每千克鱼耗电（未包括调温耗能）普遍在8～10 kW·h，有报道称最低的也需要7.54 kW·h，所以除半滑舌鳎等少数附加值较高的养殖品种外，目前尚难承受封闭式循环水养殖的高成本。

4. 循环水养殖技术和系统管理技术滞后

目前，只有少数企业通过长期摸索和实践，逐步掌握了适应于本地区、本单位循环水装备与养殖技术相结合的运行程序，使企业管理水平走上轨道，员工素质得以明显提升。当前他们的装备和技术均居于国内领先地位，并取得了良好的经济、生态和社会效益。然而其他多数企业的循环水养殖系统，至今尚难投入整体运行，究其原因是许多厂家只把眼睛盯在水处理技术和设备性能方面，而对系统管理和人员培训等明显滞后。因此，系统运行不稳定，循环水养殖的优势得不到发挥。

8.7 福建智慧葡萄园控制技术与装备

8.7.1 概况

我国地处中低纬度地区，是一个水果产量大国，从南到北，从东到西各个地方都有地方特色水果，水果种类繁多。然而，我国水果产业相对落后，在劳动力成本、资源成本、管理成本的提高方面，传统的人工管理种植一直制约着我国产业的发展。随着智能应用的发展，物联网将把这个领域推向新的高度。

福建某物联网科技有限公司是国内数字农业整体解决方案提供商。该公司旨在利用物联网、大数据、人工智能等技术改造、创新、变革传统农业，将农业信息化与农业生产技术深度融合，为农业企业提供可定制的"物联网+"智慧农业解决方案。其位于福建德化智慧葡萄园建设方案内容如下：

① 智慧园环境监测系统：通过在葡萄园内安装农业气象监测设备，借助智慧云平台实现葡萄生长环境的实时监测，为实现科学化种植、精细化管理提供数据依据。

② 智慧园无线灌溉系统：对葡萄园内部灌溉控制系统进行自动化控制改造，使整个园区灌溉实现无人化管理，系统自动化进行精准灌溉，提高工作效率，降低人工成本。

③ 智慧园绿色虫控系统：利用物联网太阳能物理杀虫灯，根据昆虫具有趋光性的特点，利用昆虫敏感的特定光谱范围的诱虫光源，诱集昆虫并能有效杀灭昆虫，降低病虫指数，防治虫害。

④ 智慧园可视化管理平台：通过在园区部署高清智能像机、智能球机等，对园区进行360°监控，方便管理员进行远程管理，提高工作效率，同时又能起到防盗作用。

⑤ 智慧园可视化溯源平台：通过在园区制高点、加工车间部署智能直播摄像机，借助可视直播平台，可以实现将葡萄园环境及其葡萄酒加工车间同步给客户观看，看得见的好品质，提高客户信任度，树立品牌形象，促进农产品销售。

⑥ 智慧园电子商城平台：建设智慧园专属电子商城，网上销售园区产品，推广宣传园区产品，方便新老客户直接下单购买，商城另设分销商城，可一键分销，自动复制子商城，将客户变成合作伙伴，扩宽销售渠道，提高产品知名度。

⑦ 智慧园展示中心建设：通过在管理中心安装 LED 全彩屏、触控设备、计算机等设备，方便管理员实现在办公室进行远程管理控制园区。为葡萄园拍摄宣传片，有利于企业的宣传，同时拍摄 360°VR（虚拟现实）全景，方便企业宣传，有利于消费者对葡萄园全景的了解。

8.7.2 智慧园环境监测系统

通过在果园安装智能气象监测系统，利用传感器我们可以多维度对果园的空气温湿度、光照强度、二氧化碳溶度、土壤温湿度、EC 值、土壤酸碱性等果园环境实施在线监测，为科学管理提供数据依据。如图 8-11 所示为葡萄园环境在线监测系统。

图 8-11　葡萄园环境在线监测系统

该系统具备以下功能：

① 满足 GB/T 24689.1—2009 标准，满足大气环境监测及土壤监测需求。

② 可检测包括风速、风向、空气温度、空气湿度、气压、光照强度、降雨量、土壤湿度、土壤温度、土壤 pH 值、土壤导电性、日照时数等气象及土壤数据。

③ 支架主杆表面采用热镀锌、静电喷塑工艺处理，抗腐蚀、抗氧化性强，主杆高度 3.5 m，配备防风拉索。

④ 通过 4G（第四代移动通信技术）通信模块将采集的数据实时传输到智慧园区综合管理平台，进行存储、分析、预警、分发。

⑤ 支持任意时间段的各类实时数据、历史数据的查询、导出、打印功能。

⑥ 支持单要素统计功能：可按年、月、日、小时、10 分钟或任意时间段进行单要素最大值、最小值、平均值的统计。

⑦ 根据采集的数据可以形成实时曲线，并可以以柱状图、饼状图等直观的方式呈现。

8.7.3　智慧园无线灌溉系统

为实现精细灌溉、适时灌溉、解放劳动力、发展高效农业的目标，该物联公司开发了智慧农业灌溉系统，应用遥感、遥测等新技术，对土壤墒情和作物生长实时监测，对灌区灌溉用水进行监测预报，实行节水灌溉智能化、水肥一体化管理。这套系统不需要任何人去操控，系统会自己检测是否应该工作。是否开启灌溉，灌溉多久，灌溉量多大，系统都可以自己解决。这样不但节省了大量人力，而且可以有效提高作物的生长效率。

智慧农业灌溉系统由水肥一体机、水泵、过滤系统、施肥机、田间管路、电磁阀控制器、电磁阀、环境和墒情数据采集系统、物联网云平台等组成。为实现智能化施肥，达到节水、节肥，改善土壤环境，提高作物品质的目的，同时降低系统成本，该公司研发的智慧农业灌溉系统具备如下功能：

➤ 对灌溉区域进行远程压力监测，实现水泵变频控制，系统实现恒压灌溉。

➤ 水泵可远程和本地化控制，PC/App 可实时查看水泵运行状态。

➢ 水肥一体机根据监测的 EC、pH 值进行水肥配比调节。

➢ 水肥一体机可实现远程和本地化控制，运行状态信息可在 PC/App 实时查看。

➢ 灌溉区域可实现远程灌溉控制。

➢ 灌溉区域可定时/定量灌溉控制。

➢ 灌溉区域进行多处土壤水分含量测量，可实现自动灌溉控制。

➢ PC/App 物联网云平台实现系统设备的远程控制。

➢ 物联网云平台可对水泵、水肥一体机、电磁阀等设备运行状态信息实时查看。

➢ 物联网云平台可对灌溉信息进行报表导出分析。

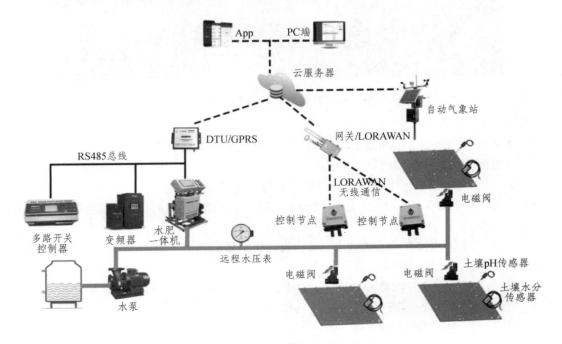

图 8-12　智慧果园无线灌溉系统

如图 8-12 所示，无线智能水肥一体化灌溉系统由前端水泵、水肥一体机控制设备以及后端灌溉控制设备组成。根据设备和场地特点，系统通过采集供水端压力，变频器通过供水压力反馈，变频速实现恒压供水；水肥一体机通过检测施肥的 EC/pH 值，调节施肥配比，前端设备采用 RS485 通信，总线实时采集变频器、水肥一体机的运行状态数据，并通过 DTU 与云服务器连接，实现前端设备的远程控制和 PC/App 端运行状态查看。

后端区域轮灌采用无线灌溉方式，系统采用先进的 LORAWAN 通信协议，可在 App/PC 端通过网关将控制信息传输给控制节点，远程控制电磁阀的开闭，并根据对灌溉区域土壤水分电导率等信息监测，通过设定阈值和控制策略，实现自动灌溉。

8.7.4　智慧园绿色虫控系统

物联网杀虫灯利用清洁能源，根据昆虫具有趋光性的特点，利用昆虫敏感的特定光谱范围的诱虫光源，诱集昆虫并能有效杀灭昆虫，降低病虫指数，防治虫害。为了降低农药的使用量，该公司在果园内安装物联网杀虫灯（见图8-13），利用灯光诱捕害虫并以电击形式进行杀害。物联网杀虫灯采用太阳能供电形式，具有温控、雨控、光控、时控等控制方式，提高了杀虫灯使用寿命。同时借助虫情测报灯，能够精准采集测定果园害虫和数量，实现精准用药，降低农药使用量。

图 8-13   物联网灭虫灯

8.7.5   智慧园可视化管理平台

利用高点视频监控，解决视频监控覆盖难题，实现园区整体情况的实时把控。结合园区智慧监控中心及用户 App 可以实时查看园区视频内容，安装高空高清监控设备，对周边 1 km 区域实施 24 h 智慧监控，提高园区的安全性，同时方便园区的管理，如图 8-14 所示。

图 8-14   果园监控摄像机

该公司利用智能球机在果园区内进行布控，实现了对果园的全方位布控，方便管理者进行远程管理，大大提高了管理者的管理效率。同时，采用太阳能供电和无线网桥传输方式，减少了果园的线路铺设，方便果园后期机械化种植管理，以及后期视频监控管理。在大数据管理中心，该公司也安装了拼接屏，将视频监控、大数据云平台投放到大屏幕中心，有利于多部门协同作业、共同决策等功能。此外有利于管理部门进行远程管理，如图8-15所示。

图 8-15　智慧园可视化管理平台

8.7.6　智慧园可视化溯源平台

通过在园区制高点、加工车间部署智能直播摄像机，借助云农可视直播平台，24 h 实时直播智慧园区农产品生长环境、生产过程、管理过程、收获包装过程，可以实现将葡萄园环境及葡萄酒加工车间同步给客户。一方面该平台可以让人们了解葡萄是怎么种出来的，葡萄酒是怎么酿出来的，吸引人们的好奇心，结合田间学校也可以作为教育孩子们的农业知识的素材，保持对园区持久的关注度和宣传热度；另一方面，该平台可以实时可视化溯源，保证食品安全，通过看得见的好品质，提高客户信任度，树立品牌形象，促进农产品销售，如图8-16 所示。

8.7.7　数字农业云平台

数字农业云平台包含 PC 端的大数据分析系统（见图 8-17）、App 和小程序移动端管理系统（见图 8-18），涵盖环境在线监测、远程灌溉控制、视频监控、虫控设备管理、溯源管理、农事作业管理等功能，方便农场管理人员进行远程管理、移动办公等，促进工作效率的提升。同时，该公司也建设了智慧园专属电子商城：一方面实现来园区的游客可直接在网上支付购买，提高了效率；另一方面可以在网上销售园区产品，推广宣传园区产品，方便新老客户直接下单购买。商城另设分销商城，可一键分销，自动复制子商城，将客户变成合作伙伴，扩宽销售渠道，增加销量，提高产品的知名度。

图 8-16　智慧果园溯源平台

图 8-17　PC 端的大数据分析系统

图 8-18　手机 App 移动管理平台

8.8　我国第一个无人农场

随着新一代信息技术的日新月异及其在农业装备领域的深度应用，智能化的农业装备成为发展热点。基于这些智能农业装备，2017 年以来，英国、日本、挪威、美国等国家先后构建了无人大田、无人温室、无人渔场等一批试验性的无人农场，我国福建、江苏、山东等地也开展了大量无人农场的试验应用。无人农场是在人不进入农场的情况下，采用物联网、大数据、人工智能、5G（第五代移动通信技术）、机器人等新一代信息技术，通过对农场设施、装备、机械等远程控制或智能装备与机器人的自主决策、自主作业，完成所有农场生产、管理任务的一种全天候、全过程、全空间的无人化生产作业模式，无人农场的本质是实现机器换人。无人农场是新一代信息技术、智能装备技术与先进种养殖工艺深度融合的产物，是对农业劳动力的彻底解放，代表着农业生产力的最先进水平。全天候、全过程、全空间的无人化作业是无人农场的基本特征。

全天候无人化是指从种植或养殖的开始到结束时间段里，农场所有业务工作都能够在不需要人参与的情况下由机器自主完成。全天候无人化需要无人农场对农业动植物的生长环境、生长状态、各种作业装备的工作状态进行全天候监测，从而根据监测到的信息开展农场作业与管理。全过程无人化是指农业生产的各个工序和环节都无须人工参与，由机器自主完成。特别是在业务对接环节，无人农场装备之间通过相互通信和识别，完成自主对接。全空间无人化是指在农场的物理空间内，无人车、无人船、无人机在不需要人的介入下自主完成移动作业，并实现固定装备与移动装备的无缝对接。无人农场在物联网、大数据、人工智能、智能装备与机器人技术的支撑下，由基础设施系统、作业装备系统、测控系统和管控云平台系统组成，如图 8-19 所示。

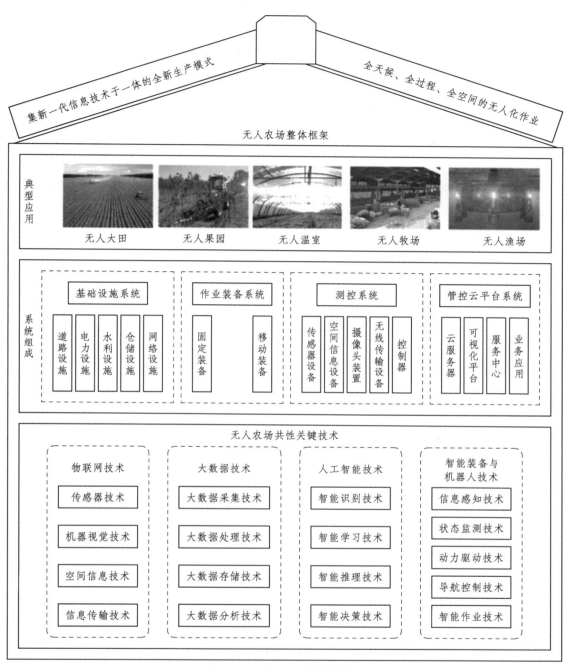

图 8-19　无人农场系统框架

8.8.1　无人农场产生的基础

（1）资源高效利用的内在要求。

我国农业资源出现了过度开发、过度利用的趋势，耕地资源逐年下降，地下水资源超采严重。同时，对农业资源的浪费和肆意开发导致我国农业生产环境日益恶化，农业资源的综合利用率不高。面对日益严峻的农业资源形势，科学利用农业资源显得尤为重要。提升土地产出率、劳动力生产率、资源利用率，必须依赖于技术进步，生态、高效、优质、高产、安全的无人农场成为最佳选择。

（2）劳动力结构变化的根本原因。

随着社会经济发展，在生育水平持续下降、人均预期寿命普遍延长的双重作用下，我国人口老龄化将持续加速，农业劳动力结构正在发生巨大变化，农村劳动力特别是青壮年劳动力将大量退出农业生产。一方面，农村空心化，农民老龄化，从事农业生产的高素质劳动力缺乏；另一方面，农民劳动价值观念转变，特别是大部分新生代人群不愿从事农业生产，由此进一步加剧了适龄农业劳动力的短缺。农业劳动力结构的恶化将引发的无人种田困局，迫切需要无人农场的出现，从根本上改变我国传统的农业作业模式。

（3）信息技术发展的必然趋势。

2019年，我国农业机械化率达到了70%，基本实现了农业机械化，特别是多数农场的装备化水平越来越高。物联网、大数据、云计算和人工智能等新一代信息技术不断向农业装备领域渗透，以自动化装备提升传统产业成为当下农业发展热点，技术红利正在取代人口红利。随着高度集成化、智能化的农业装备加快普及，"机器换人"成为必然，无人农场正从概念走向现实，未来农场将以农业机器人为作业主体。

8.8.2 无人农场的关键技术

无人农场是一个复杂的系统工程，是新一代信息技术不断发展的产物。无人农场通过对农业生产资源、环境、种养对象、装备等各要素的在线化、数据化，实现种养殖对象的精准化管理、生产过程的智能化决策和无人化作业，其中物联网技术、大数据技术、人工智能技术和智能装备与机器人技术等4大技术在无人农场中起关键性作用。

（1）物联网技术。

物联网是通过各种传感器、射频识别（RFID）视频采集终端、激光扫描仪、空间信息装备等信息感知设备及无线传感网络，进行信息的采集和传输，最终形成一个万物互联的网络。农业物联网技术的广泛应用已经实现了大田种植、果园种植、温室大棚、畜禽养殖、水产养殖等领域整个农业生产、管理过程的信息感知和可靠传输。

农场要实现无人化作业，智能装备、农业种养殖对象和云管控平台如何形成一个实时通信的实体网络是面临的首要问题。农场装备能够根据环境、动植物生长实时状态开展相应作业，物联网技术使农场装备网联化成为可能。物联网技术作为无人农场重要的支撑技术，主要体现在以下方面：物联网技术为无人农场提供以传感器为基础的环境全面感知技术，确保动植物生长在最佳环境下；物联网技术提供以机器视觉和遥感为核心的动植物表型技术和视觉导航技术，确保动植物生长状态的实时感知，为其生长调控提供关键参数；物联网技术提供装备的位置和状态感知技术，为装备导航、作业的技术参数获取提供可靠保证；物联网技术提供以5G或更高通信协议的实时通信技术，确保装备间的实时通信。

以高精度、高精准、可现场测量为主要特征的新一代农业传感器技术是推动农业物联网技术发展的底层驱动力。集无线技术、网络技术和通信技术为一体的5G，以及未来的6G等新一代无线传输技术为农业物联网技术的发展提供了一条"高速公路"。无人农场环境、装备、动植物信息的全面感知技术和信息可靠传输技术是物联网应用于无人农场的两大关键支撑技术，是实现农场无人化作业的基础。

（2）大数据技术。

无人农场通过智能装备完成精准作业，而装备是依靠农场海量实时数据的分析开展精准作业的。无人农场时刻产生大量高维、异构、多源数据，因此如何获取、处理、存储、应用这些数据，并从中挖掘出有用的信息，是必须要解决的问题。大数据应用于无人农场体现在4个方面：大数据为无人农场提供多源异构数据的处理技术，进行数据去粗存精、去伪存真、分类等处理方法；大数据能在众多数据中挖掘分析，形成规律性的农场管理知识库；大数据能对各类数据进行有效的存储，形成历史数据，以备农场管控平台进行学习与调用；大数据与云计算和边缘计算技术结合，形成高效的计算能力，确保装备作业的迅速反应，实现精准自主作业。

（3）人工智能技术。

无人农场的本质是实现机器对人的替换，因此机器必须具有生产者的判断力、决策力和操作技能。人工智能技术的支撑给无人农场装上了"智能大脑"，让无人农场具备了"思考能力"。一方面人工智能技术给农场装备端以识别、学习、导航和作业的能力。人工智能技术首先体现在装备端的智能感知技术，包括农业动植物生长环境、生长状态和装备本身工作状态的智能识别技术；其次是装备端的智能学习与推理技术，实现对农场各种作业的历史数据、经验与知识的学习，基于案例、规则与知识的推理，机器智能决策与精准作业控制等。另一方面，人工智能技术为农场云管控平台提供基于大数据的搜索、学习、挖掘、推理与决策技术。无人农场中复杂的计算与推理都交由云平台解决，给装备提供了智能的大脑。

（4）机器人与智能装备技术。

无人农场智能装备与机器人是指农业生产、管理及产后环节等整个过程中所用到设备的统称。无人农场智能装备由移动装备和固定装备组成。移动装备主要包括无人车、无人机、无人船和移动作业机器人等，固定装备主要包括智能饲喂机、分类分级机、自动增氧机和水肥一体机等。无人农场机器人分为采摘机器人、自动巡航管理机器人、除草机器人、种植机器人、水产养殖水下机器人等。智能装备与机器人是人工智能与装备技术的深度融合，结合现代信息化技术，智能装备与机器人将逐渐满足农场的无人化生产、信息化监测、最优化控制、精准化作业和智能化管理等需求。

智能装备与机器人能够完成传统农场人工应完成的工作，是无人农场实现机器完全替换人工劳动的关键。智能装备与机器人依靠状态智能识别、故障智能诊断以及健康管理等技术实现无人农场装备与机器人状态的数字化监测；智能装备与机器人依靠智能计算、机器视觉、导航定位、路径规划以及传感器、遥感等技术的支撑，实现智能装备与机器人的自动导航及控制和农场信息的智能感知；高效发动机/电动机智能控制、智能液压动力换挡和多动力智能匹配等动力驱动智能化技术的应用，为农场装备与机器人提供动力来源，保障机器智能作业在最佳状态下；针对农业生产场景的各种作业的运动空间、时间、能耗、作业强度，智能装备与机器人通过智能控制系统，实现精准控制和智能作业。此外，在农场数据上传至云端之前，无人农场智能装备与机器人能够进行源数据的边缘计算，并将结果发送至云端，提升了整个无人农场系统的智能化和计算能力。无人农场中固定装备与移动装备的协同作业，完成了无人农场的精准自主作业任务，无人车、无人船、无人机在移动装备中发挥了重要作用。

8.8.3　我国首个无人农场

2018 年，我国首轮农业全过程无人作业试验在国家粮食生产功能示范区江苏省兴化市举行，标志着我国首个无人农场开始启动建设，同时意味着无人农机即可完成田间耕作已成为现实。

该试验融合了北斗导航系统、智能汽车、车联网和无人战术平台等领域的先进技术，对标国际先进作业模式和技术趋势，以智能感知、决策、执行为基本技术方案，将上述设备按照平原地区、黏土壤土、稻麦两熟等代表性农业要求，首次全过程、成体系地运用于实际生产。这是我国现阶段投入智能农机种类最齐、数量最多、专业最全、参与最过程全覆盖、工农协同、军民融合的创新尝试。

在试验田中，10 余台车上没有驾驶员的农机完成了耕整、打浆、插秧、施肥施药、收割等农业生产环节的无人作业。在试验过程中，这些无人农机都安装了智能感知设备，它们的行动路线是按计算机设定好的程序进行的。据了解，此次试验有 14 支以农机企业为主，兵器、汽车、电子信息等单位协作的无人设备团队参与作业。下午的时间，所有的无人农机系统都按照作业要求完成了作业演示，并完成了 500 亩的无人作业、机械化作业和人工作业任务。此次参与演示的无人农机主要有两大技术创新：一是可以精准作业，均采用双天线卫星导航系统，实现了厘米级的定位精度；另一个是已开发相关控制协议，研发团队可针对不同农业机具，进行无人化技术的改造和推广应用。随着融合传感、精密导航、人工智能、云计算、大数据等技术的普及，传统农业作业领域的数字化、自动化、网联化正在加速推进。美国、以色列等农业技术先进国家已经应用了自动驾驶、智能滴灌、变量施药等智能化新技术，我国虽然多年保持粮食产量世界第一，但也面临着劳动人口老龄化、生产效率低、污染排放率高、农产品附加值低等问题。试验将循序渐进通过耕、种、管收、储、运等环节的数字化、智能化和网联化，实现农业生产的精准化、集约化和规模化，促进农业生产提质、增效、降本，推出具有中国特色和市场竞争力的无人农机、农具等产品和无人农艺、标准体系，将农业生产打造为一个个智能制造的车间和工厂，以此创新我国农业生产模式，为三农问题的解决和促进乡村振兴奠定坚实可靠的科技和产业基础。如图 8-20 所示为无人农场作业现场，8-21所示为无人驾驶插秧机。

图 8-20　无人农场作业现场

图 8-21　无人驾驶插秧机

 思考题

（1）试分析国内智慧农业工程建设的特点和存在的不足。

（2）我国南北不同气候环境条件与智慧农业的发展有何关联特征？

（3）如何在乡村振兴中充分发挥智慧农业技术的支撑保障作用？

实验与课程设计

9.1 实验一——控制系统数学模型转换及 MATLAB 实现

1. 实验目的

（1）熟悉 MATLAB 的实验环境。

（2）掌握 MATLAB 建立系统数学模型的方法。

2. 实验工具

MATLAB 软件开发环境。

3. 实验内容

（1）复习相关内容并验证相关示例。

① 系统数学模型的建立。

系统数学模型的建立包括多项式模型(Transfer Function，TF)、零极点增益模型(Zero-Pole，ZP)、状态空间模型（ State-space，SS ）。

② 模型间的相互转换。

模型间的相互转换包括系统多项式模型到零极点模型（ tf2zp ），零极点增益模型到多项式模型（ zp2tf ），状态空间模型与多项式模型和零极点模型之间的转换（ tf2ss，ss2tf，zp2ss… ）。

③ 模型的连接。

模型的连接含模型串联（ series ）、模型并联（ parallel ）、反馈连接（ feedback ）。

（2）用 MATLAB 做如下练习。

① 用 2 种方法建立系统 $G(s) = \dfrac{s+2}{s^2+5s+10}$ 的多项式模型。

② 用 2 种方法建立系统 $G(s) = \dfrac{10(s+1)}{(s+1)(s+5)(s+10)}$ 的零极点模型和多项式模型。

③ 如图 9-1 所示，已知 $G(s)$ 和 $H(s)$ 两方框对应的微分方程是：

$$6\frac{\mathrm{d}c(t)}{\mathrm{d}t} + 10c(t) = 20e(t)$$

$$20\frac{\mathrm{d}b(t)}{\mathrm{d}t} + 5b(t) = 10c(t)$$

且初始条件为零，试求传递函数 $C(s)/R(s)$ 及 $E(s)/R(s)$。

4. 实验要求

① 验证课内示例，准确理解系统数学模型不同形式的含义及各种函数的使用方法。

② 认真编写程序并做详细注释，并记录实验结果。

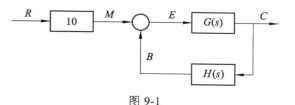

图 9-1

5. 实验思考

① 如何灵活选择函数的各种不同调用方法？

② 复杂系统如何用 MATLAB 建立系统模型？如何对结构图进行化简？

③ 求系统传递函数有哪些方法？各有何特点？适用于什么情况？

6. 参考程序

```
%2-1 : get the transfer function
%Date: 2007.10.29
%method 1
% SYS = TF(NUM, DEN) creates a continuous-time transfer function SYS with
%          numerator(s) NUM and denominator(s) DEN.   The output SYS is a TF object.
num=[1 2];
den=[1 5 10];
tfsys=tf(num, den)
%method 2
% S = TF('s') specifies the transfer function H(s) = s (Laplace variable).
%          Z = TF('z', TS) specifies H(z) = z with sample time TS.
%          You can then specify transfer functions directly as rational expressions
%          in S or Z, e.g.,
%               s = tf('s');   H = (s+1)/(s^2+3*s+1)
s=tf('s');
tfsys=(s+2)/(s^2+5*s+10)
%2-2 : Create zero-pole-gain models
%Date: 2007.10.29
%method 1
% SYS = ZPK(Z, P, K) creates a continuous-time zero-pole-gain (ZPK)
%          model SYS with zeros Z, poles P, and gains K.   The output SYS is
%          a ZPK object.
k=10;
z=[-1];
p=[-2 -5 -10];
zpksys=zpk(z, p, k)
```

```
% method2
% S = ZPK('s') specifies H(s) = s (Laplace variable).
%        Z = ZPK('z', TS) specifies H(z) = z with sample time TS.
%        You can then specify ZPK models directly as rational expressions in
%        S or Z, e.g.,
%              z = zpk('z', 0.1);    H = (z+.1)*(z+.2)/(z^2+.6*z+.09)
S=zpk('s');
zpksys=10*(S+1)/((S+2)*(S+5)*(S+10))
%Date: 2007.10.29
S=tf('s');
G=20/(6*s+10); %GET G(S)
H=10/(20*s+5); %GET H(S)
Gf=feedback(G, H, -1);
Gcr=series(10, CR1)%GET C/R
Ger=10/(1+G*H)%GET E/R
```

9.2 实验二——基于 Simulink 的控制系统仿真实验

1．实验目的

（1）掌握 MATLAB 软件的 Simulink 平台的基本操作。
（2）能够利用 Simulink 平台研究 PID（比例-积分-微分）控制器对系统的影响。

2．实验工具

MATLAB 软件开发环境。

3．实验原理

PID 控制器是目前在实际工程中应用最为广泛的一种控制策略。PID 算法简单实用，不要求受控对象的精确数学模型。

典型的 PID 控制结构如图 9-2 所示。

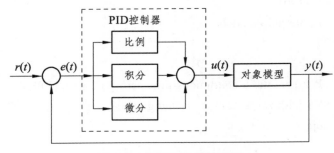

图 9-2 典型 PID 控制结构

连续系统 PID 控制器的表达式为

$$x(t) = K_{\mathrm{P}}e(t) + K_{\mathrm{I}}\int_0^t e(\tau)\mathrm{d}\tau + K_{\mathrm{D}}\frac{\mathrm{d}e(t)}{\mathrm{d}t} \qquad (9\text{-}1)$$

式中，K_{P}，K_{I} 和 K_{D} 分别为比例系数、积分系数和微分系数，分别是这些运算的加权系数。

对式（9-1）进行拉普拉斯变换，整理后得到连续 PID 控制器的传递函数为

$$G_{\mathrm{C}}(s) = K_{\mathrm{P}} + \frac{K_{\mathrm{I}}}{s} + K_{\mathrm{D}}s = K_{\mathrm{P}}(1 + \frac{1}{T_{\mathrm{I}}s} + T_{\mathrm{D}}s) \qquad (9\text{-}2)$$

显然 K_{P}，K_{I} 和 K_{D} 这 3 个参数一旦确定（注意 $T_{\mathrm{I}} = K_{\mathrm{P}}/K_{\mathrm{I}}$，$T_{\mathrm{D}} = K_{\mathrm{D}}/K_{\mathrm{P}}$），PID 控制器的性能也就确定下来。为了避免微分运算，通常采用近似的 PID 控制器，其传递函数为

$$G_{\mathrm{C}}(s) = K_{\mathrm{P}}(1 + \frac{1}{T_{\mathrm{I}}s} + \frac{T_{\mathrm{D}}s}{0.1T_{\mathrm{D}}s + 1}) \qquad (9\text{-}3)$$

4. 实验方法和过程

PID 控制器的 K_{P}，K_{I} 和 K_{D} 这 3 个参数的大小决定了 PID 控制器的比例、积分和微分控制作用的强弱。下面请通过一个直流电动机调速系统，利用 MATLAB 软件中的 Simulink 平台，使用期望特性法来确定这 3 个参数的过程。并且分析这 3 个参数分别是如何影响控制系统性能的。

【问题】某直流电动机速度控制系统如图 9-3 所示，采用 PID 控制方案，使用期望特性法来确定 K_{P}，K_{I} 和 K_{D} 这 3 个参数。期望系统对应的闭环特征根为：-300，-300，-30+j30 和 -30-j30。请建立该系统的 Simulink 模型，观察其单位阶跃响应曲线，并且分析这 3 个参数分别对控制性能的影响。

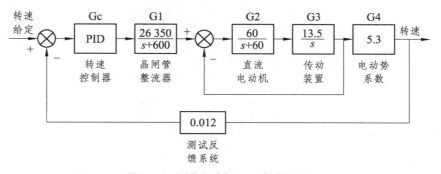

图 9-3　直流电动机 PID 控制系统

（1）使用期望特性法来设计 PID 控制器。

首先，假设 PID 控制器的传递函数为：$G_{\mathrm{C}}(s) = K_{\mathrm{P}} + \frac{K_{\mathrm{I}}}{s} + K_{\mathrm{D}}s$，其中 K_{P}，K_{I} 和 K_{D} 这 3 个参数待定。图 9-3 所示的系统闭环的传递函数为

$$G_{\mathrm{B}}(s) = \frac{113\,120\,550 \times (K_{\mathrm{D}}s^2 + K_{\mathrm{P}}s + K_{\mathrm{I}})}{s^4 + 660s^3 + (3\,680 + 1\,357\,447K_{\mathrm{D}})s^2 + (486\,000 + 1\,357\,447K_{\mathrm{P}})s + 1\,357\,447K_{\mathrm{I}}}$$

如果希望闭环极点为：-300，-300，-30+j30 和 -30-j30，则期望特征多项式为

$$s^4 + 660s^3 + 127\,800s^2 + 6\,480\,000s + 162 \times 10^6$$

对应系数相等，可求得：$K_D = 0.067$，$K_P = 4.4156$，$K_I = 119.34$。在命令窗口中输入这3个参数值，并且建立该系统的 Simulink 模型，如图9-4所示。

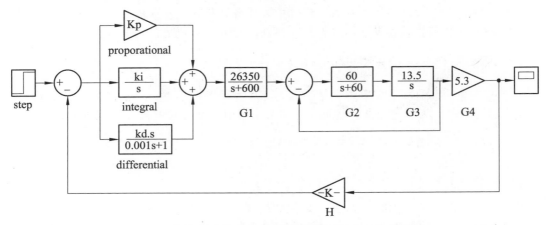

图9-4　直流电动机 PID 控制系统的 Simulink 仿真模型

输入信号为单位阶跃信号，在 $t=1$ s 时从0变化到1。系统响应曲线如图9-5所示。

图9-5　直流电动机 PID 控制系统响应曲线

（2）分析比例系数 K_P 对控制性能的影响。

在 $K_I = 119.34$ 和 $K_D = 0.067$ 保持不变的情况下，K_P 分别取值 0.5，5 和 20，系统的响应曲线如图9-6所示。可见，当 K_P 取值较小时系统的响应较慢，而当 K_P 取值较大时系统的响应速度较快，但超调量增加。

（3）分析积分系数 K_I 对控制性能的影响。

在 $K_D = 0.067$ 和 $K_P = 4.4156$ 保持不变的情况下，K_I 分别取值 20，120，300，系统的响应曲线如图9-7所示。可见，当 K_I 取值较小时系统响应进入稳态的速度较慢，而当 K_I 取较大值时系统响应进入稳态的速度较快，但超调量增加。

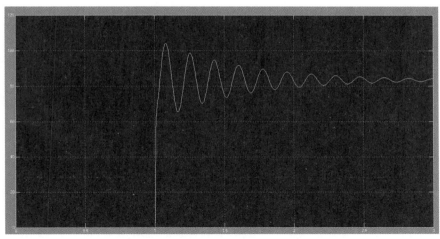

（a）$K_P = 0.5$

（b）$K_P = 5$

（c）K_P

图 9-6 改变 K_P 时的系统响应曲线

（a）$K_I = 20$

（b）$K_I = 120$

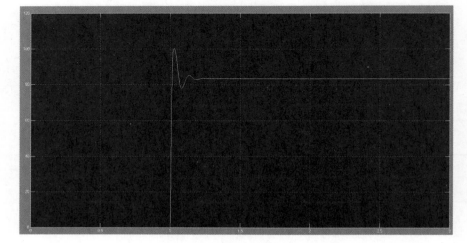

（c）$K_I = 300$

图 9-7　改变 K_I 时的系统响应曲线

（4）分析微分系数 K_D 对控制性能的影响。

在 $K_P = 4.4156$ 和 $K_I = 119.34$ 保持不变的情况下，K_D 分别取值 0.01，0.07，0.2，系统的响应曲线如图 9-8 所示。可见，当 K_D 取值较小时系统响应对变化趋势的调节较慢，超调量较大。而当 K_D 取值较大时系统的响应进入稳态的速度较快，但是超调量增加。当 K_D 取值过大时，对变化趋势的调节过强，阶跃响应的初期出现尖脉冲。

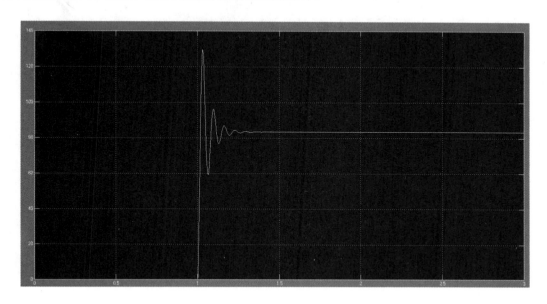

（a）$K_D = 0.01$

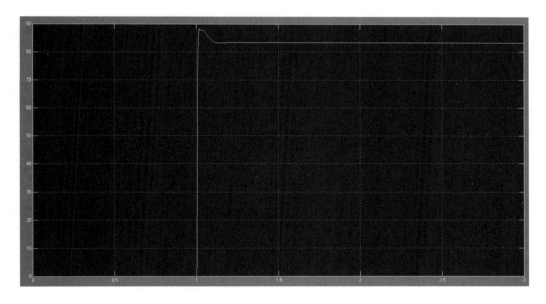

（b）$K_D = 0.07$

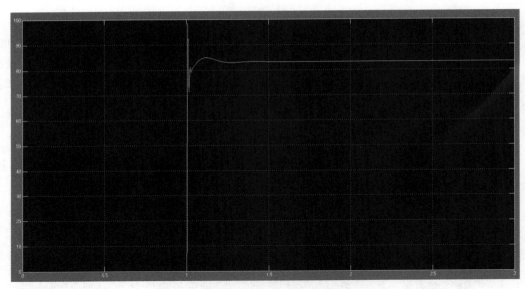

（c）$K_D = 0.2$

图 9-8 改变 K_D 时的系统响应曲线

9.3 实验三——二连杆机器人的运动控制

1. 实验目的

（1）熟悉并掌握机器人的运动学和动力学建模方法。通过三次多项式规划出二连杆机器人各关节的运动轨迹，并采用拉格朗日方法推导出二连杆机器人的动力学模型。

（2）基于增量式数字 PID 算法设计关节角度控制器，给出关节驱动力矩，再结合机器人的动力学模型，实现对二连杆机器人规划轨迹的跟踪控制。

（3）熟悉 MATLAB 软件使用和 MATLAB 语言的编程，以及 MATLAB 环境下机器人的仿真、控制方法。

2. 实验工具

MATLAB 软件开发环境。

3. 实验原理

以图 9-9 所示具有两旋转关节自由度的二连杆机器人为实验对象，其相关参数如表 9-1 所示。

（1）运动学模型。

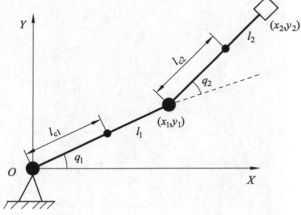

图 9-9 两旋转自由度机械臂的连杆模型

假设二连杆机器人只在 XOY 平面内运动，则由几何关系可得该机器人的连杆末端位置坐标（x_1，y_1）、（x_2，y_2）与关节角度 q_1、q_2 的函数关系表达式为

$$\begin{cases} x_1 = l_1 \cos q_1 \\ y_1 = l_1 \sin q_1 \end{cases}$$

$$\begin{cases} x_2 = l_1 \cos q_1 + l_2 \cos(q_1 + q_2) \\ y_2 = l_1 \sin q_1 + l_2 \sin(q_1 + q_2) \end{cases}$$

表 9-1　二连杆机器人的参数

参数名称	变量符号	参数值	单位
连杆 1 长度	l_1	0.54	m
连杆 2 长度	l_2	0.95	m
连杆 1 质心位置	l_{c1}	0.24	m
连杆 2 质心位置	l_{c2}	0.63	m
连杆 1 质量	m_1	6.58	kg
连杆 2 质量	m_2	0.46	kg
连杆 1 惯量	I_1	0.124	kg·m²
连杆 2 惯量	I_2	0.054	kg·m²
连杆 1 关节角度	q_1	—	rad
连杆 2 关节角度	q_2	—	rad

（2）动力学模型。

采用拉格朗日方法可推导出该二连杆机器人各关节力矩的动力学模型为

$$\tau_1 = [m_1 l_{c1}^2 + m_2(l_1^2 + 2l_1 l_{c2} \cos q_2 + l_{c2}^2) + I_1 + I_2]\ddot{q}_1 + [m_2 l_{c2}(l_1 \cos q_2 + l_{c2}) + I_2]\ddot{q}_2 -$$
$$2m_2 l_1 l_{c2} \sin q_2 \dot{q}_1 \dot{q}_2 - m_2 l_1 l_{c2} \sin q_2 \dot{q}_2^2 + m_1 g\, l_{c1} \cos q_1 + m_2 g[l_1 \cos q_1 + l_{c2} \cos(q_1 + q_2)]$$

$$\tau_2 = [m_2 l_{c2}(l_1 \cos q_2 + l_{c2}) + I_2]\ddot{q}_1 + (m_2 l_{c2}^2 + I_2)\ddot{q}_2 + m_2 l_1 l_{c2} \sin q_2 \dot{q}_1^2 + m_2 g l_{c2} \cos(q_1 + q_2)$$

将该机器人的动力学模型简写成矩阵形式，即

$$\boldsymbol{\tau} = \boldsymbol{D}(\boldsymbol{q})\ddot{\boldsymbol{q}} + \boldsymbol{H}(\boldsymbol{q}, \dot{\boldsymbol{q}})\dot{\boldsymbol{q}} + \boldsymbol{G}(\boldsymbol{q})$$

其中

$$\boldsymbol{\tau} = \begin{bmatrix} \tau_1 \\ \tau_2 \end{bmatrix}; \quad \ddot{\boldsymbol{q}} = \begin{bmatrix} \ddot{q}_1 \\ \ddot{q}_2 \end{bmatrix}; \quad \dot{\boldsymbol{q}} = \begin{bmatrix} \dot{q}_1 \\ \dot{q}_2 \end{bmatrix}$$

矩阵中各元素的表达式为

$$D_{11} = m_1 l_{c1}^2 + m_2(l_1^2 + 2l_1 l_{c2} \cos q_2 + l_{c2}^2) + I_1 + I_2; \qquad D_{12} = m_2 l_{c2}(l_1 \cos q_2 + l_{c2}) + I_2$$

$$D_{21} = m_2 l_{c2}(l_1 \cos q_2 + l_{c2}) + I_2; \qquad D_{22} = m_2 l_{c2}^2 + I_2$$

$$H_{11} = -2m_2 l_1 l_{c2} \sin q_2 \dot{q}_2; \qquad H_{22} = -m_2 l_1 l_{c2} \sin q_2 \dot{q}_2$$

$$H_{21} = m_2 l_1 l_{c2} \sin q_2 \dot{q}_1; \qquad H_{22} = 0$$

$$G_1 = m_1 g l_{c1} \cos q_1 + m_2 g[l_1 \cos q_1 + l_{c2} \cos(q_1 + q_2)]; \qquad G_2 = m_2 g l_{c2} \cos(q_1 + q_2)$$

（3）关节控制器。

为了提高控制的实时性，采用增量式数字 PID 算法根据关节角度误差 e_q、关节角速度误

差 $e_{\dot q}$ 计算关节驱动力矩 τ，增量式 PID 算法的计算表达式如下：

$$\Delta\tau(k)=K_{\text{p\_}q}[e_q(k)-e_q(k-1)]+K_{\text{i\_}q}e_q(k)+K_{\text{d\_}q}[e_q(k)-2e_q(k-1)+e_q(k-2)]+$$
$$K_{\text{p\_}\dot q}[e_{\dot q}(k)-e_{\dot q}(k-1)]+K_{\text{i\_}\dot q}e_{\dot q}(k)+K_{\text{d\_}\dot q}[e_{\dot q}(k)-2e_{\dot q}(k-1)+e_{\dot q}(k-2)]$$

$$\tau(k)=\tau(k-1)+\Delta\tau(k)$$

（4）关节轨迹规划。

采用三次多项式规划机器人关节的运动轨迹，其函数表达式为

$$q(t)=c_3t^3+c_2t^2+c_1t+c_0$$

给定机器人关节起始时刻 t_0（$t=0$）、终止时刻 t_f 的角度 q_0、q_f 和角速度值 ω_0、ω_f，即

$$\begin{cases}q(t_0)=q_0\\q(t_\text{f})=q_\text{f}\end{cases},\quad\begin{cases}\dot q(t_0)=\omega_0\\\dot q(t_\text{f})=\omega_\text{f}\end{cases}$$

可求得三次多项式的系数为

$$\begin{cases}c_0=q_0\\c_1=\omega_0\\c_2=\dfrac{3}{t_\text{f}^2}(q_\text{f}-q_0)-\dfrac{2\omega_0+\omega_\text{f}}{t_\text{f}}\\c_3=-\dfrac{2}{t_\text{f}^3}(q_\text{f}-q_0)+\dfrac{\omega_0+\omega_\text{f}}{t_\text{f}^2}\end{cases}$$

将求解出的系数代入三次多项式函数表达式即可得到机器人关节的运动轨迹。

4. 实验内容和步骤

（1）在 MATLAB 中新建一个 M 文件，命名后保存在 work 文件夹中。

（2）参照图 9-10 所示流程，按功能分模块用 MATLAB 语言编写二连杆机器人的运动控制源程序，并进行调试。连杆机器人的位置、关节角度实际值和目标值，以及关节角度误差的实时运行结果动态显示如图 9-11 所示。

（3）修改关节角度轨迹的约束条件（起止时刻的角度、角速度），并进行仿真。

（4）修改关节角度增量式 PID 控制器的参数，并对比分析控制效果。

（5）修改源程序，添加输出机器人运动中关节角速度和角加速度的曲线。

（6）将关节控制器改为 PD 控制，对比和分析机器人的运动控制效果。

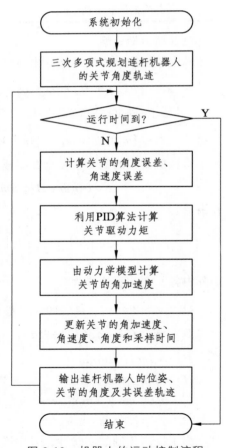

图 9-10　机器人的运动控制流程

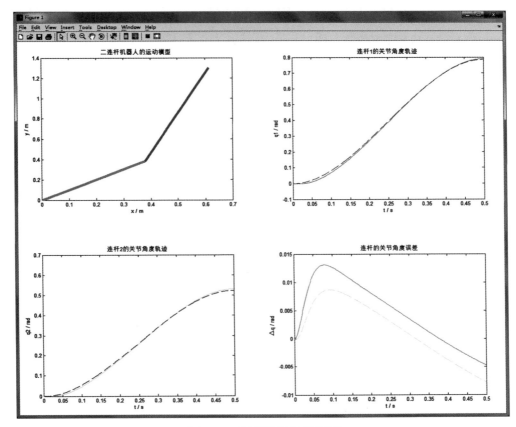

图 9-11　运行结果显示界面

5. 实验要求

（1）记录两组以上 PID 参数的实验数据、响应曲线，并根据实验结果分析 PID 参数对机器人运动控制性能的影响。

（2）记录两组不同约束条件规划轨迹的运动控制效果，并进行实验结果分析。

（3）撰写一份实验报告，要求内容翔实、结构完整、格式规范。

6. 实验思考题

（1）为了进一步减少机器人的角度跟踪误差，可在关节驱动力矩中加入重力补偿，试修改相关源程序，并对比加入重力补偿前后的控制效果。

（2）若采用位置式数字 PID 算法计算关节驱动力矩，请编写相关程序，并说明与增量式数字 PID 算法的区别。

7. 参考源程序

```
function main()    %函数功能:程序的主函数
clear all;         %清除工作区的所有变量
close all;         %关闭所有窗口
clc;               %清楚命令窗口
m1 = 6.58;         %连杆 1 的质量
```

```
l1 = 0.54;        %连杆 1 的长度
lc1 = 0.24;       %连杆 1 的质心位置
I1 = 0.124;       %连杆 1 的转动惯量
m2 = 0.46;        %连杆 2 的质量
l2 = 0.95;        %连杆 2 的长度
lc2 = 0.63;       %连杆 2 的质心位置
I2 = 0.054;       %连杆 2 的转动惯量
g = 9.8;          %重力加速度
x0=0;             %坐标原点位置
y0=0;
dt=0.001;         %采样时间间隔(步长)
tf=0.4;           %机器人运动时间,单位:s
N=tf/dt;          %采样次数
%预先给各变量数组定义维数
t=zeros(1,N);
q1=zeros(1,N);
q2=zeros(1,N);
re_q1=zeros(1,N);
re_q2=zeros(1,N);
dq1=zeros(1,N);
dq2=zeros(1,N);
re_dq1=zeros(1,N);
re_dq2=zeros(1,N);
ddq1=zeros(1,N);
ddq2=zeros(1,N);
%采用三次多项式规划连杆机器人两个关节的角度轨迹
%给定关节角度 1 满足的三次多项式约束条件
q1_0 = 0;
q1_f = pi/4;
dq1_0 = 0;
dq1_f = 0;
%由约束条件求解三次多项式的系数
c10=q1_0;
c11=dq1_0;
c12=3*(q1_f-q1_0)/(tf^2)-(2*dq1_0+dq1_f)/tf;
c13=-2*(q1_f-q1_0)/(tf^3)+(dq1_0+dq1_f)/(tf^2);
%给定关节角度 2 满足的三次多项式约束条件
q2_0=0;
q2_f = pi/6;
```

```matlab
dq2_0=0;
dq2_f=0;
%由约束条件求解三次多项式的系数
c20=q2_0;
c21=dq2_0;
c22=3*(q2_f-q2_0)/(tf^2)-(2*dq2_0+dq2_f)/tf;
c23=-2*(q2_f-q2_0)/(tf^3)+(dq2_0+dq2_f)/(tf^2);
%控制变量是 q1,q2,dq1,dq2
%每组 PID 参数都对应特定的关节角动力学模型
kp=[2000;800];ki=[2.8;1.0];kd=[0.1;0.05];%关节角度 PID 控制器参数
%kp=[2000;500];ki=[1;0.1];kd=[0.1;0.05];
dkp=[100;50];dki=[1;0.1];dkd=[0.1;0.05]; %关节角速度 PID 控制器参数
% kp=[400;10];ki=[0.01;10];kd=[20;1];
%中间变量初始化
q1k=q1_0; %k 时刻的角度 1
q2k=q2_0; %k 时刻的实时角度 2
q1k1=q1_0; %k-1 时刻的实时角度 1
q2k1=q2_0; %k-1 时刻的实时角度 2
dq1k=0; %实时角速度 1
dq2k=0; %实时角速度 2
%PID 中间变量初始化
err_q1_k =0;        %关节角度 q1 在 k 时刻的角度误差
err_q1_k1 =0;       %关节角度 q1 在 k-1 时刻的角度误差
err_q1_k2 =0;       %关节角度 q1 在 k-2 时刻的角度误差
err_dq1_k =0;       %关节角度 q1 在 k 时刻的角速度误差
err_dq1_k1 =0;      %关节角度 q1 在 k-1 时刻的角速度误差
err_dq1_k2 =0;      %关节角度 q1 在 k-2 时刻的角速度误差
err_q2_k =0;
err_q2_k1 =0;
err_q2_k2 =0;
err_dq2_k =0;
err_dq2_k1 =0;
err_dq2_k2 =0;
ddq=[0;0];     %角加速度赋初值
T=[0;0];          %关节驱动力矩赋初值
for k=1:1:N                %循环时间
    q1(k)=q1k;        %k 时刻关节 1 的实际角度值
    q2(k)=q2k;        %k 时刻关节 2 的实际角度值
    dq1(k)=dq1k;      %k 时刻关节 1 的实际角速度值
```

```
dq2(k)=dq2k;        %k 时刻关节 2 的实际角速度值
ddq1(k)=ddq(1); %k 时刻关节 1 的实际角加速度值
ddq2(k)=ddq(2); %k 时刻关节 2 的实际角加速度值
t(k)=k*dt;          %更新采样时刻
re_q1(k)= c13*t(k)^3+c12*t(k)^2+c11*t(k)+c10; %目标角度 q1
re_q2(k)= c23*t(k)^3+c22*t(k)^2+c21*t(k)+c20; %目标角度 q2
re_dq1(k)= 3*c13*t(k)^2+2*c12*t(k)+c11;%目标角速度 dq1
re_dq2(k)= 3*c23*t(k)^2+2*c22*t(k)+c21;%目标角速度 dq2
err_q1_k = re_q1(k)-q1(k);%关节角度 1 误差
err_q2_k = re_q2(k)-q2(k);%关节角度 2 误差
err_dq1_k =re_dq1(k)-dq1(k);%关节 1 角速度误差
err_dq2_k =re_dq2(k)-dq2(k);%关节 2 角速度误差
%计算二连杆机器人动力学模型中的惯性矩阵、向心力和重力项
D11 = m1*lc1^2+m2*(l1^2+lc2^2+2*l1*lc2*cos(q2(k)))+I1+I2;
D12 = m2*lc2*(l1*cos(q2(k))+lc2)+I2;
D21 = m2*lc2*(l1*cos(q2(k))+lc2)+I2;
D22 = m2*lc2^2+I2;
D = [D11 D12;D21 D22];
H11 = -2*m2*l1*lc2*sin(q2(k))*dq2(k);
H12 = -m2*l1*lc2*sin(q2(k))*dq2(k);
H21 = m2*l1*lc2*sin(q2(k))*dq1(k);
H22 = 0;
H = [H11 H12;H21 H22]*[dq1(k);dq2(k)];
G = [ m1*g*lc1*cos(q1(k)) + m2*g*(l1*cos(q1(k))+ lc2*cos(q1(k)+q2(k)));
       m2*g*lc2*cos(q1(k)+q2(k))];
%增量式数字 PID 算法计算关节的驱动力矩(同时跟踪关节角度和角速度)
dT1=kp(1)*(err_q1_k-err_q1_k1)+ki(1)*err_q1_k+kd(1)*(err_q1_k-2*err_q1_k1+err_q1
_k2)+dkp(1)*(err_dq1_k-err_dq1_k1)+dki(1)*err_dq1_k+dkd(1)*(err_dq1_k-2*err_dq1_
k1+err_dq1_k2);
T(1) = T(1)+dT1;


dT2=kp(2)*(err_q2_k-err_q2_k1)+ki(2)*err_q2_k+kd(2)*(err_q2_k-2*err_q2_k1+err_q2
_k2)+dkp(2)*(err_dq2_k-err_dq2_k1)+dki(2)*err_dq2_k+dkd(2)*(err_dq2_k-2*err_dq2_
k1 +err_dq2_k2);
T(2) = T(2)+dT2;
ddq=inv(D)*(T-H-G);%根据动力学模型(方程)求得当前的关节角加速度
%更新 PID 算法中误差变量的数值
err_q1_k2 =err_q1_k1;
err_q1_k1 =err_q1_k;
```

```
err_dq1_k2 =err_dq1_k1;
err_dq1_k1 =err_dq1_k;
err_q2_k2 =err_q2_k1;
err_q2_k1 =err_q2_k;
err_dq2_k2 =err_dq2_k1;
err_dq2_k1 =err_dq2_k;
dq1k = dq1(k)+ddq1(k)*dt;%更新角速度
dq2k = dq2(k)+ddq2(k)*dt;
q1k = q1(k)+dq1(k)*dt;   %更新角度
q2k = q2(k)+dq2(k)*dt;
%由正运动学模型计算机器人连杆关节位置
x1=l1*cos(q1(k));
y1=l1*sin(q1(k));
x2=x1+l2*cos(q1(k)+q2(k));
y2=y1+l2*sin(q1(k)+q2(k));
subplot(2,2,1);        %画出机器人连杆图
plot([x0 x1],[y0 y1],'r',[x1 x2],[y1 y2],'b','LineWidth',5);
%axis([0,1.5,0,1.5]);
xlabel('x / m'),ylabel('y / m'),title('二连杆机器人的运动模型');
subplot(2,2,2);
plot(t(1:k),q1(1:k),'r',t(1:k),re_q1(1:k),'--b','LineWidth',2);
%axis([0,tf+0.05,0,q1_f+0.05]);
xlabel('t / s'),ylabel('q1 / rad'),title('连杆 1 的关节角度轨迹');
subplot(2,2,3);
plot(t(1:k),q2(1:k),'g',t(1:k),re_q2(1:k),'--k','LineWidth',2);
%axis([0,tf+0.05,0,q2_f+0.05]);
xlabel('t / s'),ylabel('q2 / rad'),title('连杆 2 的关节角度轨迹');
subplot(2,2,4);
plot(t(1:k),re_q1(1:k)-q1(1:k),'m',t(1:k),re_q2(1:k)-q2(1:k),'--c','LineWidth',2);
%axis([0,tf+0.05,0,q2_f+0.05]);
xlabel('t / s'),ylabel('Δq / rad'),title('连杆的关节角度误差');
pause(0.001);   %延时
end
end
```

9.4 课程设计一——温室大棚现场照度智能控制系统设计

1. 总体要求

按照任务书中题目规定的具体指标进行设计和仿真，最后提交电子版（Word 文档）和打印版（A4 纸）的设计报告。

2. 设计要求

① 画出系统硬件电路原理图；

② 写出电路的参数计算和必要的公式推导；

③ 设计并编写系统程序，画出主要的程序流程图并附上源代码；

④ 对系统的功能进行仿真，验证可行性；

⑤ 报告内容必须包含题目、个人信息（专业、班别、姓名、学号）、电路原理及设计论证[含原理图、PCB（印制电路板）图和电路板 3D（3 维）图]、参数计算及算法设计、程序设计、系统仿真、元器件清单列表（类别、型号、数值、封装和数量）、设计总结和参考文献等几个部分。

3. 推荐使用的设计和仿真软件

MATLAB、Proteus、Keil μVision 和 Protel。

4. 评分标准

满分 100 分，其中：

① 电路设计合理性占 20%；

② 算法设计合理性占 20%；

③ 程序设计合理性占 20%；

④ 仿真方法及功能实现占 20%；

⑤ 报告内容完整性占 20%。

5. 题目要求

用单片机控制温室大棚现场中的 LED 照明系统，使其输出恒定照度的光，以满足日常生产的需要。要求：

① 设计一个给 LED 供电的可控恒流源电路；

② 要求恒流源输出电流大小可调，最小为（500-学号末两位×10）mA，最大为（1 000+学号末两位×10）mA；

③ 可人工设定输出给 LED 的电流大小；

④ 构成闭环系统，可以实时检测和显示输出电流大小，并运用数字控制算法（如 PID）使输出电流相对稳定在用户设定的数值。

6. 设计提示

参考现有的恒流源电路和电流检测电路，通过单片机+DAC 控制恒流源的输出电流，利用 ADC 实时检测输出电流的大小；利用显示器件[LCD（液晶显示器）或数码管]显示实时电流值；通过键盘接收用户录入的电流值。

7. 参考元器件

AT89S52、ADC0809、DAC0832、LED、运算放大器、功率管、电阻、电容、开关、按键……

9.5 课程设计二——农产品物件计量系统创新设计

1. 总体要求

按照任务书中题目规定的具体指标进行设计和仿真，最后提交电子版（Word 文档）和打印版（A4 纸）的设计报告。

2. 设计要求

① 画出系统硬件电路原理图；

② 写出电路的参数计算和必要的公式推导；

③ 设计并编写系统程序，画出主要的程序流程图并附上源代码；

④ 对系统的功能进行仿真，验证可行性；

⑤ 报告内容必须包含题目、个人信息（专业、班别、姓名、学号）、电路原理及设计论证（含原理图、PCB 图和电路板 3D 图）、参数计算及算法设计、程序设计、系统仿真、元器件清单列表（类别、型号、数值、封装和数量）、设计总结和参考文献等几个部分。

3. 推荐使用的设计和仿真软件

MATLAB、Proteus、Keil μVision 和 Protel。

4. 评分标准

满分 100 分，其中：

① 电路设计合理性占 20%；

② 算法设计合理性占 20%；

③ 程序设计合理性占 20%；

④ 仿真方法及功能实现占 20%；

⑤ 报告内容完整性占 20%。

5. 题目要求

如图 9-12 所示，以单片机为核心设计一个具有独创功能的计量控制系统，控制瓶装农产品包装生产流水线，每计满一定瓶数产品时发出一个包装控制信号，通过相关电路驱动包装机完成一次包装动作。要求：

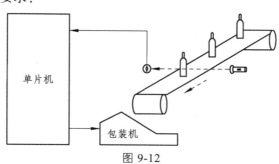

图 9-12

① 每箱产品的瓶数为 35+学号末两位，可记录已封装箱数。

② 系统具有人机交互功能，可由用户控制流水线工作速度，并实时显示已计量瓶数和封装箱数。

③ 流水线使用 36 V、1 500 W 直流电机进行传动，设计 MCU 与该电机的接口电路，实现流水线传动的起停和速度控制，并仿真其可行性。

④ 设计用于检测瓶子的传感器应用电路，实现对瓶数的感测。

⑤ 包装机数据接口为 RS-485 接口，设计 MCU（微控制单元）与包装机的接口电路。

⑥ 包装机的数据通信采用 10 位异步串行通信帧标准格式，即 1 位起始位、8 位数据位、1 个停止位，无奇偶校验和硬件数据流控制，通信波特率为 9 600 bps，帧格式为：

SYN Byte	Command Byte	Checksum Byte

每帧包含 3 个字节：第 1 个字节为同步头字节"0x33"，第 2 个字节为命令字节（"0xAA"启动包装，"0xBB"停机），第 3 个字节为校验和（前面两个字节的无符号代数和），设计、编写具体的通信程序并仿真。

⑦ 除实现上述基本功能外，设计一种创新功能，并仿真其可行性。

⑧ 设计、绘制系统电路 PCB，手写签名在 Top Layer 的正中位置。

6. 设计提示

利用传感器调理电路将传感器输出的信号变换为标准数字信号，分别采用 MCU 的 T0 和 T1 实现定时和计数，由 I/O（输入/输出）口输出相应的 PWM（脉冲宽度调制）信号通过大功率驱动电路控制电机运转，从而实现对生产线启停和速度的控制。

7. 参考元器件

51 单片机、总线接口和驱动 IC（集成电路）、LED 数码管或 LCD、功率 BJT（双极结型晶体管）或 MOSFET（金属-氧化物-半导体场效应晶体管）、光耦合器、运算放大器和相关阻容元器件等。

参考文献

[1] 吉红. 自动控制在国外设施农业中的应用[J]. 农业环境与发展，2007（5）：52-54.

[2] 程鹏. 自动控制原理[M]. 北京：高等教育出版社，2003.

[3] 杨叔子，杨克冲，等. 机械工程控制基础[M]. 武汉：华中科技大学出版社，2005.

[4] 郁有文，常健. 传感器原理及工程应用[M]. 西安：西安电子科技大学出版社，2001.

[5] 宋文绪，杨帆. 传感器与检测技术[M]. 北京：高等教育出版社，2004.

[6] 徐科军. 传感器与检测技术[M]. 北京：电子工业出版社，2008.

[7] 陈建元. 传感器技术[M]. 北京：机械工业出版社，2008.

[8] 黄庆元. 现代传感技术[M]. 北京：机械工业出版社，2008.

[9] 张乃明. 设施农业理论与实践[M]. 北京：化学工业出版社，2006.

[10] 马承伟. 农业设施设计与建造[M]. 北京：中国农业出版社，2008.

[11] 南京农业大学. 农业机械学（上册）[M]. 北京：中国农业出版社，1996.

[12] 周长吉. 我国目前使用的主要温室类型及性能（一）[J]. 农村实用工程技术，2000，（1）：8-9.

[13] 罗镪. 花卉生产技术[M]. 北京：高等教育出版社，2005.

[14] 吴志华. 花卉生产技术[M]. 北京：中国林业出版社，2003.

[15] 王振龙. 无土栽培教程[M]. 北京：中国农业大学，2008.

[16] 杨其长，张成波. 植物工厂系列谈（一）[J]. 农村实用工程技术，2005，（5）：36-37.

[17] 杨其长，张成波. 植物工厂系列谈（六）——植物工厂主要设备与特征[J]. 农村实用工程技术，2005，（10）：36-37.

[18] 刘成国，史光华. 畜禽场环境评价[M]. 北京：中国标准出版社，2005.

[19] 刘大安. 水产工厂化养殖及其技术经济评价指标体系[J]. 中国渔业经济，2009，27（3）：98-105.

[20] 袁桂良，刘鹰. 工厂化养殖——水产养殖业发展的动力与潜力[J]. 内陆水产，2001，（4）：42-43.

[21] 丁为民，姬长英，鲁植雄，等. 农业机械学[M]. 北京：中国农业出版社，1996.

[22] 周晓林，焦仁育，朱文锦. 渔业自动投饲机类型、结构原理与应用[J]. 渔业现代化，2003，（6）：46-47.

[23] 申玉春. 鱼类增养殖学[M]. 北京：中国农业出版社. 2008.

[24] 福建省海洋与渔业厅. 日本人工鱼礁的类型与特点[M]. 福州：福建科学技术出版社，2003.

[25] 倪琦，雷霁霖，张和森，等. 我国鲆鲽类循环水养殖系统的研制和运行现状[J]. 渔业现代化，2010，38（4）：1-9.

[26] 杨菁，倪琦，张宇雷，等. 对虾工程化循环水养殖系统构建技术[J]，农业工程学报，2010，26（8）：136-140.

[27] 姜辉，宋德敬，宋协法，等. 工厂化循环水养殖预排污系统与排水系统研究与设计[J]. 海

洋水产研究，2007，28（4）：77-82.

[28] 王能贻. 国内外工业化养鱼新技术[J]. 渔业现代化，2006，（1）：9-11，16.

[29] 罗烽，柴金龙，凌文森，等. 工厂化养鱼系统及设备的试验研究[J]. 渔业现代化，2008，35（6）：14-17.

[30] 刘长发，晏再生，张俊新，等. 养殖水处理技术的研究进展[J]. 大连水产学院学报. 2005，20（2）：42-48.

[31] 雷霁霖. 中国海水养殖大产业架构的战略思考[J]. 中国水产科学，2010，17（3）：600-609.

[32] 徐皓，张建华，丁建乐，等. 国内外渔业装备与工程技术研究进展综述[J]. 渔业现代化，2010，37（2）：1-8.

[33] 朱建新，曲克明，杜守恩，等. 海水鱼类工厂化养殖循环水处理系统研究现状与展望[J]. 科学养鱼，2009，（5）：3-4.

[34] 胡金成，杨永海，辛乃宏，等. 循环水养殖系统水处理设备的应用技术研究[J]. 渔业现代化，2006，（3）：15-18.

[35] 辛乃宏，杨永海，朋礼泉. 提高循环水养殖产量和质量新技的研究及设备配套[J]. 天津水产，2006，15-19.

[36] 辛乃宏，于学权，吕志敏，等. 石斑鱼和半滑舌鳎封闭循环水养殖系统的构建与运用[J]. 渔业现代化，2009，36（3）：21-26.

[37] 刘鹰. 欧洲循环水养殖技术综述[J]. 渔业现代化，2006，（6）：47-49.

[38] 张明华，杨菁. 海水工厂化养殖水处理系统的装备技术研究[J]. 海洋水产研究，2003，24（2）：30-34.

[39] 马德林，曲克明，姜辉，等. 国外工厂化循环水养殖池底排污及排水系统综述[J]. 渔业现代化，2007，34（4）：19-21.

[40] 陈学锋. 工厂化养鱼基础设施的配置[J]. 北京水产，2003，（4）：33-35.

[41] 杜守恩，曲克明，桑大贺. 海水循环水养殖系统工程优化设计[J]，渔业现代化，2007，34（3）：4-7.

[42] 吴凡，刘晃，宿墨. 工厂化循环水养殖的发展现状与趋势[J]. 科学养鱼，2008，9（7）：2-4.

[43] 吴子岳，龚莉，刘兆明. 深水网箱及其配套设备的应用与研究进展[J]. 水产科技情报，2006，33（4）：169-171.

[44] 张小明，郭根喜，陶启友，等. 歧管式高压射流水下洗网机的设计[J]. 南方水产，2010，6（3）：46-51.

[45] 胡昱，郭根喜，黄小华，等. 高压射流式水下洗网机喷嘴的设计[J]. 南方水产，2008，4（4）：16-20.

[46] 鲁伟，宋协法，林德芳，等，养殖网箱的现状[J]. 青岛海洋大学学报，2007，32：59-63.

[47] 徐君卓. 深水网箱养鱼业的现状和发展趋势[M]. 北京：海洋出版社，2005.

[48] 郑国富. 抗风浪养殖网箱设计中若干问题的研究[J]. 中国水产，2006，（1）：55-57.

[49] 江涛. 大型网箱起网设备及方法[J]. 科学养鱼，2009，（2）：69-70.

[50] 徐君卓. 国外大型深水网箱类型介绍[J]. 中国水产，2001，（10）：54-55.

[51] 朱健康，丁兰. 深水区大型抗风浪网箱配套设施系统[J]. 福建水产，2005，（4）：70-72.

[52] 关长涛，林德芳，黄滨，等. 深海抗风浪网箱养殖设施与装备技术的研究进展[J]. 现代渔业信息，2007，（4）：6-8.

[53] 柯跃前，张培宗. 基于GSM模块的深海网箱养殖监控系统设计[J]. 渔业现代化，2009，36（5）：19-22.

[54] 宋玉锋，周泓. 远程数字视频监控系统的设计与实现[J]. 计算机工程，2002，28（8）：238-239.

[55] 徐芳华. 深水网箱中水声鱼群监测系统研究[D]. 厦门：厦门大学，2004.

[56] 李光祥，班琦. 自动投料机的研究[J]. 包装与食品机械，1997，15（4）：1-5.

[57] 贾晓平. 深水抗风浪网箱技术研究[M]. 北京：海洋出版社，2005.

[58] 徐君卓. 深水网箱养殖技术[M]. 北京：海洋出版社，2005.

[59] 杨星星. 抗风浪深水网箱养殖实用技术[M]. 北京：海洋出版社，2006.

[60] 赵春江. 智慧农业发展现状及战略目标研究[J]. 智慧农业，2019，1（1）：1-7.

[61] 杨丹. 智慧农业实践[M]. 北京：人民邮电出版社，2019.

[62] 吴秋兰，梁勇，杨磊，等. 智慧工程导论[M]. 北京：中国农业出版社，2016.

[63] 王晓丽. 我国畜牧业未来发展的几大趋势[J]. 中国畜禽种业，2019，（3）：23.

[64] 张国锋，肖宛昂. 智慧畜牧业发展现状及趋势[J]. 中国国情国力，2019，（12）：33-35.

[65] 刘泰麟. 智慧渔业大数据平台框架及关键技术研究[D]. 青岛：青岛科技大学，2019.

[66] 王佳方. 智慧农业时代大数据的发展态势研究[J]. 技术经济与管理研究，2020，（2）：124-128.

[67] 孙忠富，杜克明，郑飞翔，等. 区块链助力智慧园艺发展的初步探讨[J]. 蔬菜，2020，（6）：2-9.

[68] 邱宇忠. 智慧渔业水产养殖模式创建分析[J]. 江西水产科技，2020，（2）：42-44.

[69] 蔡自兴. 机器人学基础（2版）[M]. 北京：机械工业出版社，2013.

[70] 战强. 机器人学：机构、运动学、动力学及运动规划[M]. 北京：清华大学出版社，2019.

[71] 杨自栋，雷良育. 农业机器人技术与应用[M]. 北京：中国林业出版社，2020.

[72] 朱立学，林江娇，黄伟锋，等. 设施农业控制技术与装备[M]. 北京：中国农业出版社，2012.

[73] 李生. 农村畜禽养殖环境污染现状及治理对策[J]. 现代农业科技，2020，（5）：167，172.

[74] 王将旭，张云影，侯国喜，等. 畜禽养殖环境污染与防治对策[J]. 现代农业科技，2020，（16）：149，154.

[75] 李生. 农村畜禽养殖环境污染现状及治理对策[J]. 现代农业科技，2020，（5）：167，172.

[76] 黎斌. 畜禽养殖环境调控与智能养殖装备技术研究进展[J]. 健康养殖，2020，（12）：100.

[77] 赵硕，徐蜜，丁章禄，等. 家庭农场模式下养殖环境调控[J]. 今日畜牧兽医，2020，（2）：72-73.

[78] 王根林. 水产养殖水环境调控实用技术[J]. 科学养鱼，2015，（1）：86.

[79] 朱桂兰. 水产养殖中水质调控技术探讨[J]. 农民致富之友，2019，（19）：171.

[80] 戈贤平，缪凌鸿，孙盛明，等. 水产饲料对养殖环境调控的研究与探索[J]. 中国渔业质量与标准，2014，4（4）：1-6.